城市空间更新与规划设计研究

马松杰　刘　彬　李世波　主编

吉林科学技术出版社

图书在版编目（CIP）数据

城市空间更新与规划设计研究 / 马松杰，刘彬，李世波主编 . -- 长春 : 吉林科学技术出版社，2024.5

ISBN 978-7-5744-1390-0

Ⅰ.①城… Ⅱ.①马… ②刘… ③李… Ⅲ.①城市空间—空间规划—研究 Ⅳ.① TU984.11

中国国家版本馆 CIP 数据核字 (2024) 第 101270 号

城市空间更新与规划设计研究

主　　编　马松杰　刘　彬　李世波
出 版 人　宛　霞
责任编辑　郭建齐
封面设计　刘梦杳
制　　版　刘梦杳
幅面尺寸　185mm × 260mm
开　　本　16
字　　数　340 千字
印　　张　17.25
印　　数　1~1500 册
版　　次　2024 年 5 月第 1 版
印　　次　2024 年10月第 1 次印刷

出　　版　吉林科学技术出版社
发　　行　吉林科学技术出版社
地　　址　长春市福祉大路5788 号出版大厦A 座
邮　　编　130118
发行部电话/传真　0431-81629529 81629530 81629531
81629532 81629533 81629534
储运部电话　0431-86059116
编辑部电话　0431-81629510
印　　刷　廊坊市印艺阁数字科技有限公司

书　　号　ISBN 978-7-5744-1390-0
定　　价　88.00元

编委会

主　编　马松杰　刘　彬　李世波

副主编　林迎春　李　哲　郭　强

　　　　雷　婷　於　昕　张秀燕

　　　　吉海玲

前言

Preface

新时代城市规划正在从工程建设转向空间治理，城市空间作为社会资源配置，是聚焦城市规划治理能力提升的关键领域。在新型社会治理背景下，由于城市空间类型多样、多元主体利益复杂，空间规划设计中有必要增强规划沟通的有效性，优化城市更新运行机制。从理论上来看，城市空间先天具有公共资源属性，以及城市建设管理与建造体系构建城市规划进行空间布局的基本诉求。因此，将城市规划设计手段纳入城市空间治理，既有必要性，又有可行性，城市规划工作的目标需要由关注城市空间建设逐步转向兼顾空间治理问题。

全书兼顾理论与实际，论述严谨、结构合理、条理清晰、内容丰富新颖、语言清晰流畅，选题立足于推进生态文明建设，正确处理好经济发展与资源节约、环境保护的关系，努力建设山清水秀、环境优美、生态安全、人与自然和谐相处的新型城市。

笔者在编写本书的过程中，得到了许多专家学者的帮助和指导，在此表示诚挚的谢意。由于笔者水平有限，且撰写时间紧迫，虽然对内容严格把关，反复审校斟酌，并在局部范围内充分征求意见，但书中所涉及的内容难免有疏漏之处，希望各位读者多提宝贵意见，以便笔者进一步修改，使之更加完善。

目 录

Contents

第一章　城市规划理论 …………………………………………………… 1

第一节　城市总体规划概述 ……………………………………………… 1

第二节　城市发展战略研究 ……………………………………………… 3

第三节　城市总体空间布局 ……………………………………………… 7

第四节　城市总体规划编制 ……………………………………………… 11

第二章　城市规划设计 …………………………………………………… 21

第一节　城市规划设计的内涵 …………………………………………… 21

第二节　城市规划设计的作用 …………………………………………… 26

第三节　城市规划设计的类型 …………………………………………… 28

第四节　城市规划设计的发展趋势 ……………………………………… 29

第三章　城市规划设计过程与方法 ……………………………………… 31

第一节　城市规划设计准备阶段的方法 ………………………………… 31

第二节　现状调查与分析 ………………………………………………… 32

第三节　规划设计分析 …………………………………………………… 35

第四章　城乡规划共同治理 ……………………………………………… 38

第一节　城乡规划共同治理的理论内涵 ………………………………… 38

第二节　城乡规划共同治理的基本思路 ………………………………… 43

第三节　城乡规划编制审批中的共同治理 ……………………………… 45

第四节　城乡规划共同治理机制建构 ………………………………………… 54

第五章　城市更新理论 ………………………………………………………… 65

第一节　城市更新的内涵 ………………………………………………………… 65

第二节　城市更新的内容 ………………………………………………………… 78

第三节　城市更新的规范 ………………………………………………………… 80

第六章　城市更新运行机制优化 ……………………………………………… 83

第一节　我国城市更新的演进阶段 ……………………………………………… 83

第二节　我国城市更新的机制 …………………………………………………… 85

第三节　我国城市更新运行机制的优化路径 …………………………………… 99

第七章　城市更新规划理论与应用 …………………………………………… 106

第一节　城市更新规划的定位与目标 …………………………………………… 106

第二节　项目策划方法在城市更新规划中的应用 ……………………………… 112

第三节　旧城社区更新中城市规划方法的应用 ………………………………… 118

第四节　城市既有住区更新改造规划设计探究 ………………………………… 136

第八章　多维视角下城市公共空间更新 ……………………………………… 147

第一节　“人性化”视角下的城市公共空间更新 ……………………………… 147

第二节　供需视角下的城市公共空间更新 ……………………………………… 153

第三节　知觉体验视角下的城市公共空间更新 ………………………………… 162

第四节　日常都市主义视角下的城市公共空间更新 …………………………… 178

第五节　社区营造视角下的城市公共空间更新 ………………………………… 181

第六节　健康城市理念视角下的城市公共空间更新 …………………………… 184

第九章　城市建设管理与建造体系构建……187
第一节　新时代城市规划建设管理的目标与原则……187
第二节　加强建筑设计管理与加快智慧城市建设……193
第三节　城市信息化建设与智慧建造体系的构建……200
第十章　城市给排水管网系统设计……208
第一节　城市给水管网系统的设计计算……208
第二节　城市排水管道系统的设计计算……217
第三节　新型给水排水管材及其连接方式……227
第十一章　城市给排水管道工程安装及验收……242
第一节　管道材料……242
第二节　管道安装……249
第三节　给水管道工程的竣工验收……260
参考文献……265

第一章　城市规划理论

第一节　城市总体规划概述

一、城市总体规划的概念

城市总体规划是对一定时期内城市性质、发展目标、发展规模、土地利用、空间布局，以及各项建设的综合部署和实施措施。

城市总体规划是城市规划中的高层级规划，偏重综合性、战略性、长期性、政策性，其核心是解决一定时期内城市的发展问题。

二、新时代城市总体规划的特征

真正影响城市规划的是深刻的政治和经济的转变。从1990年施行的《城市规划法》到2008年施行的《城乡规划法》，我国的城市规划历经了近30年的发展，而这30年也是中国经济社会发生历史变革的重要时期。我国从计划经济体制转变为社会主义市场经济体制，《宪法》多次修正了治国理政的方针。政治经济体制的转变对城市规划提出了更高的要求，推进城市规划不断修正调整，以适应新时代的社会发展现状。

《北京城市总体规划（2016年—2035年）》的发布引起了全国热议，对未来其他城市的发展规划产生了示范性的引领作用。该规划把以习近平同志为核心的党中央治国理政的新理念、新思想、新战略落实到规划之中，使北京城市总体规划的思想理念发生了深刻变化；规划围绕“建设一个什么样的首都、怎样建设首都”等重大问题，以市民最关心的问题为导向，聚焦了人口过多、交通拥堵、房价高涨、大气污染等“大城市病”的治理，从源头入手综合施策，改变了以往聚集资源谋发展的思维定式，以疏解非首都功能为“牛鼻子”，坚持疏解功能谋发展。

不同的城市发展理念以及背后的社会价值导向都会影响城市规划思想、工作方法和规划重点。新时代下面对复杂多样的城市问题，树立科学理性的发展理念和思想是开展城市总体规划工作的核心。

（一）可持续发展理念

可持续发展理念最早出现在1980年国际自然保护同盟的《世界自然资源保护大纲》中："必须研究自然的、社会的、生态的、经济的以及利用自然资源过程中的基本关系，以确保全球的可持续发展。"这是一种新的发展观，在城市规划中尤其要谋求发展的可持续性，强调人与自然共生，要求经济和社会的发展不能超过环境资源应有的承载力，以谋求人类的可持续发展。

（二）和谐社会思想

改革开放以来，我国的城市化进程不断加快，其中也暴露出许多不适宜中国国情及不利于稳健发展的问题，比如生产力发展不平衡，二元结构的特征极为突出，城乡、区域、经济社会发展不协调，资源消耗过大等。要想妥善解决这些问题，应该注重统筹区域发展，平衡城乡的发展节奏，促进和谐社会建设。

（三）科学发展观

总体规划应该注重城市经济、社会、生态等要素之间的系统发展，市场在资源配置中有其局限性，因此要充分发挥城市总体规划的作用，推动城市协调发展。要充分认识当前我国城市发展中出现的问题，坚持以人为本，坚持协调发展，统筹城乡发展，统筹区域发展，统筹经济社会发展，统筹人与自然和谐发展，走科学发展道路。

三、总体规划与相关规划的关系

（一）城市总体规划与区域规划的关系

区域规划是城市总体规划编制的重要依据，城市和区域是相互影响的，在编制总体规划时，要对区域发展进行分析，使城市发展满足区域的发展定位，两者要相互配合，统筹推进。例如：北京新版城市总体规划紧密对接京津冀协同发展；该规划跳出北京看北京，从京津冀区域发展角度规划北京，用单独章节推动京津冀协同发展，用单独一节对支持河北雄安新区规划建设作出安排，努力打造以首都为核心的世界级城市群。

（二）城市总体规划与国民经济社会发展规划的关系

国民经济社会发展规划是城市总体规划编制的依据，能够指导城市总体规划的编制和调整。但国民经济社会发展规划侧重于近期、中长期的宏观目标的制定，城市总体规划强调城市空间布局的规划，两者缺一不可。城市总体规划应该服务于国民经济社会发展规划，有效配置城市空间资源。

（三）城市总体规划与城市土地利用总体规划的关系

城市土地利用总体规划是宏观层面的土地规划，用于对区域内的全部土地利用和土地开发、整治、保护进行规范统筹。两者是相互协调的，相同点是对一定时期、一定区域内的土地使用进行规划，但土地利用总体规划侧重于对土地的开发、利用和保护的规划，强调保护耕地，而城市总体规划是为了完善城市功能结构对土地进行规划。

第二节　城市发展战略研究

一、城市发展战略的内容

城市发展战略是为了解决和实现在一定时期内城市的发展目标，包括以下三点内容。

（一）战略目标

战略目标是指在一定时期内，城市经济社会发展方向和预期目标，它是城市发展战略的核心。战略目标可以分为总体目标和经济社会等不同方面的发展目标，一般采用定性描述。如经济发展指标有经济总量指标、经济效益指标等。城市战略目标既要立足于城市发展的现实需要，也要着眼于城市未来的发展趋势，科学把握城市的发展动态。

（二）战略重点

战略重点是指对城市发展有全局或关键影响的方面，是为了更好地实现战略目标而设置的。城市发展的战略重点主要表现在市场的优势领域、城市发展的基础设施建设、城市发展的薄弱环节、城市的空间结构和发展方向等几个方面。但是，城市的战略重点是随着城市发展的实际情况随时改变的，应根据实际的发展需要随时进行调整。

（三）战略措施

战略措施是将战略目标和战略重点进行具体细化，以便于操作实施。战略措施是城市发展战略最关键的部分，通常包括制定产业政策、调整产业结构、改变空间布局、安排重大发展项目等。

二、城市职能

城市职能是指城市在一定地域内的经济、社会发展中所发挥的作用和承担的分工，是城市对城市本身以外的区域在经济、政治、文化等方面所起的作用。比如，作为我国首都，北京的主要城市职能是全国政治中心、文化中心和国际交往中心。

为了确定城市性质，可对城市的职能进行分类，主要的定性分类有以下几种：

（一）按照行政职能划分

可分为首都、省会、地区中心城市、县城、片区中心乡镇等。

（二）按照经济职能划分

可分为综合性中心城市（如北京、上海、重庆等）和按某种经济职能划分的城市（如工业城市、矿业城市、林业城市等）。

（三）按照其他职能划分

可分为科研教育城市（如牛津、剑桥等）、历史文化名城（如南京、杭州、曲阜等）、经济特区城市（如深圳、珠海等）、旅游城市（如大连、三亚、桂林等）、边贸城市（如满洲里等）。

三、城市性质

城市性质是指城市在一定区域、国家，甚至更大范围内的政治、经济、社会发展中所处的位置和所担负的职责。城市性质是城市建设的总纲，在制定城市总体规划之前，要首先明确城市的性质，确定城市的基本特征和工作重点，对城市用地规模、城市基础设施配置进行统筹部署。

城市性质在城市建设发展过程中可能会出现变化。比如山西太原，在1954年的总体规划中，确立太原为工业城市，后期随着市场经济逐渐转型，为了落实国家中部崛起的发展战略，突出太原作为国家空间结构中部节点的定位，在2008年的城市总体规划中，将太原的城市性质定位为先进制造业基地和历史文化古都，强调其在金融、文化、科技中的职能。

确定城市性质有以下几种方法：

（一）城市的宏观影响范围和地位

城市在所处区位的宏观影响范围包括国际性的、全国性的、地方性的和流域性的等。城市地位包括中心城市、交通枢纽、能源基地、工业基地等。

（二）城市的主导产业结构

城市的主导产业在经济社会发展中占据重要位置。通过分析主导产业的比重，如钢铁、煤炭产业突出，可以将城市性质定义为以钢铁工业和煤炭工业为主的城市。以主导产业定义的城市性质可以随产业的变化而变化。

（三）城市的其他主要职能和特点

城市的其他主要职能包括历史文化、风景旅游、军事防御等。在定义城市性质时，需要综合考虑城市的自然资源、地理位置、历史现状等影响因素。

我国部分城市的城市性质见表1–1。

表1–1　我国部分城市的城市性质

级别	名称	年份	城市性质
直辖市	北京	2017	北京是全国政治中心、文化中心、国际交往中心、科技创新中心
	上海	2017	上海是我国四大直辖市之一，长江三角洲世界级城市群的核心城市，国际经济、金融、贸易、航运、科技创新中心和文化大都市，国家历史文化名城，并将建设成为卓越的全球城市，具有世界影响力的社会主义现代化国际大都市
省会城市	杭州	2016	杭州是浙江省省会和经济、文化、科教中心，长江三角洲中心城市之一，国家历史文化名城和重要的风景旅游城市
	成都	2017	成都是国家中心城市、世界文化名城，具有国际影响力的文化创意中心和世界旅游目的地
地级城市	大连	2017	大连是北方沿海重要的中心城市、港口及风景旅游城市
	苏州	2016	苏州是国家历史文化名城和风景旅游城市、国家高新技术产业基地、长江三角洲重要的中心城市之一

四、城市规模

城市规模是指城市人口总量和城市用地总量所表示的城市大小。城市规模是进行城市规划的前提，影响着城市的发展方向、空间布局和资源配置等。城市规模包括人口规模和用地规模两方面。

城市人口规模的确定对城市的影响很大，人口规模与城市资源的配置、区域经济基础、地理位置和建设条件、现状特点等密切相关。科学地界定城市人口容量，采取适宜的手段使城市人口规模与其容量相适应，是让城市健康发展的一项十分重要的工作。

城市规模的预测一般从人口规模的预测入手，确定城市人均用地指标，从而推算出用地规模。

城市人口规模的预测不是用于控制人口数量，而是为了使资源环境、经济社会发展、城市发展与人口规模相适应，推进城市健康发展。

城市用地规模的预测与人口预测相关，可根据人口规模和人均用地面积确定用地规模，用公式可以表示为：

$$A=P\times a \qquad (1\text{–}1)$$

式中：A——用地规模；P——人口规模；a——人均用地指标。

人均用地指标=城市规划区各项城市用地总面积/城市人口

目前，我国按照《城市用地分类与规划建设用地标准》（GB50137—2011）对人均城市建设用地进行划分，具体见表1–2。

表1–2　规划人均建设用地标准分级

气候区	现状人均城市	规划人均城市建设用地规模取值区间	允许调整幅度		
			规划人口规模≤20.0万人	规划人口规模20.1～50.0万人	规划人口规模＞50.0万人
Ⅰ、Ⅱ、Ⅵ、Ⅶ	≤65.0	65.0～85.0	＞0.0	＞0.0	＞0.0
	65.1～75.0	65.0～95.0	+0.1～+20.0	+0.1～+20.0	+0.1～+20.0
	75.1～85.0	75.0～105.0	+0.1～+20.0	+0.1～+20.0	+0.1～+15.0
	85.1～95.0	80.0～110.0	+0.1～+20.0	−5.0～+20.0	−5.0～+15.0
	95.1～105.0	90.0～110.0	−5.0～+15.0	−10.0～+15.0	−10.0～+10.0
	105.1～115.0	95.0～115.0	−10.0～−0.1	−15.0～0.1	−20.0～−0.1
	＞115.0	≤115.0	＜0.0	＜0.0	＜0.0
Ⅲ、Ⅳ、Ⅴ	≤65.0	65.0～85.0	＞0.0	＞0.0	＞0.0
	65.1～75.0	65.0～95.0	+0.1～+20.0	+0.1～20.0	+0.1～+20.0
	75.1～85.0	75.0～100.0	−5.0～+20.0	−5.0～+20.0	−5.0～+15.0
	85.1～95.0	80.0～105.0	−10.0～+15.0	−10.0～+15.0	−10.0～+10.0
	95.1～105.0	85.0～105.0	−15.0～+10.0	−15.0～+10.0	−15.0～+5.0

续表

气候区	现状人均城市	规划人均城市建设用地规模取值区间	允许调整幅度		
			规划人口规模	规划人口规模	规划人口规模
			≤20.0万人	20.1～50.0万人	>50.0万人
Ⅲ、Ⅳ、Ⅴ	105.1～115.0	90.0～110.0	−20.0～−0.1	−20.0～0.1	−25.0～5.0
	>115.0	<110.0	<0.0	<0.0	<0.0

通常首都的规划人均建设用地标准应在105.1～115.0m²/人内确定，新建城市建设指标应在85.1～105.5m²/人内确定，偏远地区、少数民族地区以及部分山地城市、人口较少的工矿业城市，可根据实际情况在150m²/人的范围内选择，城市用地较为紧张时一般选择较低级别。

第三节　城市总体空间布局

一、城市功能与结构

（一）城市功能与结构的关系

城市功能的演变在一定程度上推动城市结构变化。城市结构决定城市功能。从城市功能出发可以深入研究城市结构是否符合城市发展的需要，通过不断强化城市功能，能够调整和提升城市的结构。城市功能与结构的关系见表1-3。

表1-3　城市功能与结构的关系

表征	功能	结构
	城市发展的动力	城市增长的活力
含义	城市存在的本质特征系统对外部作用的秩序和能力功能缔造结构	城市问题的本质性根源在于城市功能活动的内在联系及结构的影响更为深远
相关的影响因素	社会和科技的进步与发展城市经济的增长及政府的决策	功能变异的推动城市自身的成长与更新土地利用的经济规律

续表

表征	功能	结构
	城市发展的动力	城市增长的活力
基本构成内容	城市发展的目标发展预测战略目标	城市增长方法与手段的制定空间、土地、产业、社会结构的整合
总体要求	强化城市综合功能	完善城市空间结构

（二）城市功能与结构的协调

城市功能与结构可以分为不同空间层次的协调、不同城市系统的协调和不同发展阶段的协调三类。一个城市的发展需要基于城市的整体性，协调内部与外部、局部与整体，也需要统筹安排不同城市空间系统的关系，从长远和全局的角度进行城市的规划建设，确保城市健康可持续发展。

二、城市空间布局的基本原则

（一）立足区域整体

城市的总体布局受到城市所在区域的自然环境、产业、能源、科技等因素的影响，城市总体布局必须依循区域整体发展思路，分析区域性产业布局和产业结构的影响，解决好经济发展与城市生态资源可持续发展的关系，加强对基础设施建设的研究，关注重大基础设施建设项目对城市布局可能造成的影响。

（二）节约集约、结构清晰

城市空间布局要明确建设重点，抓住城市发展的主要矛盾，在规划布局时，充分发挥城市的主要职能，在保证城市功能正常运行的前提下，尽量节约城市土地，紧凑布局，合理使用农业用地和城市建设用地。空间布局规划结构要清晰合理，明确发展内容的主次，总体布局要充分利用地形地貌、道路绿地等空间划分功能分区，使城市有机高效运转。

（三）远期和近期结合、刚性和弹性结合

城市的总体布局要结合当前城市发展的实际情况，研究城市未来的发展动向，将近期规划与远期规划结合起来，充分利用现有的城市建设基础，注重刚性和弹性的结合，加强城市对外界变化的适应性和应变能力。

（四）保护环境、突出地方特色

城市想要谋求长远的可持续发展就必须重视环境建设。在城市空间布局中，要合理设置城市增长边界，控制城市“摊大饼”式发展，要尽可能减少城市经济社会发展对生态环境造成的负面影响。

三、城市空间布局的内容

（一）确定城市主要发展方向

城市主要发展方向是指因城市各项建设规模需求扩大而引起的城市空间地域扩展的主要方向。一般以用地适用性评价为基础，对城市用地作出合理选择。

（二）布局城市主要功能

要发挥好城市各个主要功能，只有科学地对不同功能用地进行规划部署，才能使城市正常有序运转。城市的功能用地主要包括居住生活用地、工业生产用地、公共设施系统、道路交通系统、城市绿地和开放空间等几方面。

（三）控制整体结构

城市总体布局需要考虑城市各功能要素的整体结构，包括以下几个方面：

1.土地与交通

交通网络对于城市的空间拓展和经济社会的可持续发展具有重大作用，城市的发展应该加快道路基础设施建设和完善交通网络，从城市自身发展要求出发，立足于区域协同发展，整合土地资源和交通网络建设，积极发展公共交通，优化居民出行环境，提高城市可达性。

2.整体与局部

城市整体结构要处理好整体与局部的关系，促进功能分区和综合性分区的有机结合和转化，推进职住平衡，结合不同分区的特征明确区域发展重点，通过局部发展促进整体良性发展。

3.中心体系建设

城市中心体系对于城市空间布局具有引领作用，城市核心功能的融合有利于增强城市的核心竞争力，中心体系的发展会对周边区域的发展产生辐射带动作用。

4.保护区建设

城市保护区一般包括自然资源保护区和历史保护区。在城市空间布局中，应注重保护区建设与城市整体风貌的融合，严格划定保护区的土地建设范围，要正确处理新与旧、自然环境与城市发展之间的关系。

5.空间资源配置

城市空间扩张通常包括同心圆扩张模式、星状扩张模式、带状生长模式和跳跃式生长模式几类。不同的扩张模式形成的条件和发展模式不同，在研究城市整体结构的时候，要注重这些模式之间的时序关系，避免城市空间的无序延伸。

6.多方案比较优化

在编制城市空间布局方案时要从不同的角度对方案进行比较，综合考虑城市发展的内部和外部条件，深入分析城市空间布局的影响因素。通常从环境适应性、工程可行性、布局合理性和经济可行性等几个方面入手对用地方案进行比较。

四、城市空间布局的不同类型

城市空间结构布局主要分为两种，分别是集中式布局和分散式布局。集中式布局的城市特点是城市主要用地集中成片，而分散式布局则与之相反，其比较见表1–4。

表1–4　集中式布局与分散式布局的比较

城市布局形式	集中式布局	分散式布局
举例	大多数中小城市	受自然条件限制的中小城市
特点	以一个生活居住用地为中心，多个工业区布置在周围	受地形和河流影响，把城市用地分成若干片，每片由一个生活区和工业区组成
原因	自然条件	自然条件
优点	节省成本	工业区分散，造成污染源分散
缺点	环境污染较集中	用地分散，联系不便，市政建设投资成本也相对较高

（一）集中式布局

集中式布局主要分为网格状城市和环形放射状城市等。

1.网格状城市

网格状城市较为常见，其主要特点是城市形态规整，道路相互垂直，多见于平原地区。比如，华盛顿就是典型的网格状城市。

2.环形放射状城市

环形放射状城市多见于大中城市，由放射形和环形道路网组成，有高度聚集性，如北京。

（二）分散式布局

分散式布局可分为组团状城市、带状城市、星状城市、环状城市、卫星状城市、多中心与组群城市等。

1.组团状城市

组团状城市是指一个城市分成若干个不连续的城市用地，每块之间被农田、山地、河流、森林分割。此类城市可根据地势条件进行灵活布局，但道路管线需铺设较长。典型城市如重庆市。

2.带状城市

带状城市被限制在狭长的空间内，沿一条主要交通轴线两侧发展，平面景观和交通方向性较强。典型城市如兰州市。

3.星状城市

星状城市是从城市核心地区沿多条交通走廊向外扩张，走廊之间有大量非建设用地。典型城市如哥本哈根市。

4.环状城市

环状城市一般围绕着湖畔、山体、农田等要素呈环状发展。典型城市如新加坡市。

5.卫星状城市

卫星状城市一般是以大城市或特大城市为中心，在周围发展若干个小城市，外围小城市相对独立，但也依靠中心城市发展，如上海为卫星状城市所依靠的大城市。

6.多中心与组群城市

多中心与组群城市是城市在多种方向上不断发展，不同片区或组团在一定条件下独自发展，逐步形成不同的多样化中心轴线，如日本的京阪神地区。

第四节　城市总体规划编制

一、城市总体规划的编制要求

（一）编制年限

城市总体规划的年限一般为20年，同时应当对城市远景发展作出轮廓性的规划安排。

近期建设规划的年限一般为5年。

（二）内容要求

总体规划应体现城市规划的基本原则，根据国家对城市发展和建设方针、经济技术政策、国民经济和社会发展的长远规划来看，在区域规划和合理组织区域城镇体系的基础上，按城市自身建设条件和现状特点，合理制定城市经济和社会发展目标，确定城市的发展性质、规模和建设标准，安排城市用地的功能分区和各项建设的总体布局，布置城市道路和交通运输系统，选定规划定额指标，制定规划实施步骤和措施，最终使城市工作、居住、交通和游憩四大功能活动相互协调发展。总体规划方案应包括规划文本（包括规划的强制性内容）、图纸、规划说明、研究报告和基础资料等。

（三）编制依据

城市总体规划一方面要遵循党和国家的政策要求，遵循《中华人民共和国城乡规划法》《中华人民共和国土地管理法》《中华人民共和国环境保护法》等，尤其是全国城镇体系规划、省域城镇体系规划。另一方面要遵循相关技术规范、规定、文件。城市总体规划还要与交通、基础设施、市政工程、环境卫生工程等其他专业规划相协调。

二、城市总体规划的编制程序

城市总体规划编制的程序要贯彻“政府组织、专家领衔、部门合作、公众参与、科学决策”等原则。工作程序包括：前期研究；编制纲要，提请审查；根据审查意见编制规划成果，提请审查和批准。

三、城市总体规划的编制内容

（一）前期工作

城市总体规划的前期工作包括基础资料的收集和规划调研，需要通过文献阅读、访谈、实地勘察等方法，对规划区域的经济社会发展情况进行细致地了解，掌握土地的实际使用情况。

前期工作中有一项重要的工作就是对现行的城市总体规划进行评估，寻找现有规划与城市发展不相适应的部分，针对现有问题开展调研，结合城市发展需要和发展趋势，针对城市性质、功能、空间布局等为城市总体规划的修订提供参考。

（二）编制城市总体规划纲要

城市总体规划纲要的主要任务是研究确定城市总体规划的重大原则，作为编制城市总体规划的依据。《城市规划编制办法》中确定城市总体规划纲要包括下列内容：论证城市国民经济和社会发展条件，原则确定规划期内城市发展目标，论证城市在区域中的地位，原则确定市（县）域城镇体系的结构与布局；原则确定城市性质、规模、总体布局，选择城市发展用地，提出城市规划区的初步意见，研究分析确定城市能源、交通、供水等城市基础设施开发建设的重大原则问题以及实施城市总体规划的重要措施。

（三）编制城镇体系规划

城镇体系规划按行政区域划分为全国城镇体系规划、省域城镇体系规划、市域城镇体系规划和县域城镇体系规划。城镇体系规划内容包括城镇发展布局、功能分区、用地布局、综合交通体系、限制性用地范围和各类专项规划等。

（四）中心城区规划编制

城市中心城区规划要从宏观角度出发，研究城市的发展目标和发展战略，统筹安排城市各项建设。中心城区规划内容包括城市性质、职能和目标，城市人口规模，空间布局，城市各类用地指标，城市交通布局，综合防灾等。

（五）近期规划编制

近期规划是实施城市总体规划的第一阶段，原则上近期规划要与国民经济和社会发展规划一致，规划年限为5年，内容包括近期的人口数量、用地规模、交通发展情况、基础设施建设、保护区建设等。

四、城市总体规划编制中常用的技术方法

（一）收集资料方法

1.现场调查法

现场调查法通过现场勘测、观察和访谈掌握城市发展现状。现场调查法通常在规划编制初期和中期使用，通过现场勘查能够对城市有更直观和感性的认知。

2.访谈法

访谈法按照访谈方式不同可分为访问和座谈；按照接触方式不同可分为直接访谈和间接访谈。访谈时，采访者应保持中立，并及时掌握受访者的情绪反应，判断其回答的有效

程度，避免无效访谈。

3.发放调查问卷法

发放调查问卷法是规划调研时使用较多的一种方法。调查问卷分为封闭式和开放式，封闭式问卷是将问题及答案全部列出，开放式问卷是将问题列出，不给出问题的答案，由问卷填写者根据自身情况填写答案。问卷便于调查人员对结果进行定量分析，但有时从问卷中不能得到深入了解的资料，或由于问卷填写者的个人原因不能获得有效问卷。

（二）数据描述分析法

1.频数

频数反映事物绝对量的大小。通过频数可以得到频率大小，公式为

频率=频数/总数×100%

频数大表示事物出现的次数多，频率亦然。

2.平均数

平均数反映了各指标之和的平均。公式为

$$\bar{X}=\frac{\sum X}{n} \tag{1-2}$$

式中：$\bar{X}$——平均数；X——总体各指标；n——总体单位数。

3.标准差

标准差表示个体在总体上的差异，即离散趋势，标准差也称为均方差，是方差的平方根，用公式表示为

$$S=\frac{\sqrt{\sum\left(X-\bar{X}\right)^2}}{n-1} \tag{1-3}$$

（三）数据说明性分析法

1.相关分析

相关分析表示一个变量y与另一个变量x之间关系的密切程度和相关方向。公式表示为

$$R=\frac{n\sum xy-(\sum x)(\sum y)}{\sqrt{n\sum x^2-(\sum x)^2}-\sqrt{n\sum y^2-(\sum y)^2}} \tag{1-4}$$

R是0到±1之间的系数，若结果为0，表示x与y与不相关；若结果为1，则表示x与y之间正相关；若结果为-1，则表示x与y之间负相关。

2.回归分析

回归分析表示要素之间的相关程度，函数表达式为回归方程。当只有一个自变量时

称为一元回归分析，表达式为$y=a+bx$；当有两个及两个以上的自变量时，称为多元回归分析。

（四）趋势预测方法

1.因果推断

因果推断指通过已知事实推断可能产生的结果，并对结果进行估计，如通过人口数量来推断用地面积。

2.趋势外推

趋势外推是指根据过去的统计数据，推断从过去到现在再到未来的发展趋势。

3.情境分析

情境分析又称为前景描述法或脚本法，是在推测的基础上对未来情境进行描述。

（五）地理信息系统分析法

地理信息系统（GIS）是运用计算机处理地理信息的综合技术，将空间数据数字化、图像化。GIS主要有以下三种功能：

1.描述功能

GIS能够描述人口密度、土地使用、建筑质量、交通流量等属性。

2.分析功能

GIS可以将各种因素对应的专业图层叠合起来，进行综合评价。

3.查询功能

GIS可以对空间、属性信息进行查询。

五、城市用地适用性评价

城市用地评价主要包括自然环境条件评价、建设条件评价及用地的经济性评价三个方面。其中，每一方面都不是孤立的，而是相互交织在一起的。必须要用综合的思想和方法进行城市用地评价。

自然环境条件评价也称为用地适用性评价，与城市的形成和发展密切相关。它不仅为城市提供了必需的用地条件，也对城市布局、结构、形式、功能的充分发挥有着很大的影响。城市用地适用性评价主要分为以下几大类：

（一）城市建设用地位置确定的原则

一般情况下，确定城市建设用地位置时需要遵循以下几个原则：

1.选择有利的自然条件

有利的自然条件一般指地势较为平坦、地基承载力良好、不受洪水威胁、节省工程建设投资成本，而且能够保证城市日常功能的正常运转等。对于一些不利的自然条件，可采用现代技术通过一定的工程措施加以改造，但都必须经济合理、工程可行，要从现实的经济水平和技术能力出发，按近期和远期的规模要求来合理选择用地。

2.尽量少占农田

保护耕地是我国的基本国策，因此也是城市用地选址必须遵循的原则。在选择城市建设用地时应尽量利用劣地、荒地、坡地，少占农田。

3.保护古迹与矿藏

城市用地选择应避开有价值的历史文物古迹和已探明有开采价值的矿藏的分布地段。

4.满足主要建设项目的要求

对城市发展关系重大的建设项目，应优先满足其建设需要，解决城市用地选择的主要矛盾。此外，还要研究它们的配置设施如水、电、运输等用地要求。

5.要为城市合理布局创造良好条件

在用地选择时，要结合城市总体规划的初步设想，反复分析比较，优越的自然条件是城市合理布局的良好基础。

（二）城市居住用地指标和选择

1.城市居住用地指标

城市居住用地的指标包括居住用地的比重和居住用地人均指标。

（1）居住用地的比重。按照《城市用地分类与规划建设用地标准》规定，居住用地占城市建设用地的比例为25%～40%，可根据城市具体情况取值。如大城市可能偏于低值，小城市可能接近高值。在一些居住用地比值偏高的城市，随着城市发展，道路、公共设施等相对用地逐渐增大，而居住用地的比重会逐渐降低。

（2）居住用地人均指标。按照《城市用地分类与规划建设用地标准》规定，居住用地指标按照气候分区划分，Ⅰ、Ⅱ、Ⅵ、Ⅶ区人均面积为28.0～38.0m²，Ⅲ、Ⅳ、Ⅴ区为人均23.0～36.0m²。在城市总体用地平衡的条件下，对城市居住区、居住小区等居住地域结构单位的用地指标，在《城市居住区规划设计规范》中均有规定。

2.城市居住用地的选择

选择城市居住用地时，一般应考虑以下几个方面：

（1）选择自然环境优良的地区，有着适于建筑的地形与工程地质条件。

（2）避免易受洪水、地震灾害、山体滑坡、沼泽、风口等不良条件的地区。在丘陵地区，宜选择向阳、通风的坡面，在可能情况下，尽量接近水面，选择风景优美的环境。

（3）居住用地的选择应协调与城市就业区和商业中心等功能地域的相互关系，以缩短居住地—工作地、居住地—消费地的出行距离与时间。

（4）居住用地选择要十分注重用地自身及用地周边的环境污染影响。在接近工业区时，要选择在常年主导风向的上风向，并按《环境保护法》等法规规定间隔有必要的防护距离。

（5）居住用地选择应有适宜的规模与用地形状。合适的用地形状将有利于居住区的空间组织和建设工程。

（6）在城市外围选择居住用地，要考虑与现有城区的功能结构关系，利用旧城公共设施、就业设施，有利于新区与旧区的密切关系，节省居住区建设的初期投资。

（7）居住区用地选择要结合房产市场的需求趋向，考虑建设的可行性与效益性。居住用地的选择要注意留有余地。

（三）城市公共设施布局

1.公共设施项目

要合理地配置公共设施项目。所谓合理配置，有着多重含义：一是指整个城市各类公共设施应按照城市的需要配套齐全，以保证城市的生活质量和城市机能的运转；二是按城市的布局结构进行分级或系统的配置，与城市的功能、人口数量、用地的分布格局具有对应的整合关系；三是对局部地域的设施按服务功能和对象予以配套设置，如地区中心、车站码头、大型游乐场所等地域；四是指某些专业设施的集聚配置，以发挥联动效应，如专业市场群、专业商业街区等。

2.公共设施服务半径

公共设施要按照与居民生活的密切程度确定合理的服务半径。服务半径的确定首先是从居民对设施方便使用的要求出发，同时要考虑到公共设施经营管理的经济性与合理性。服务半径是检验公共设施分布合理与否的指标之一，对它的确定应是科学的，而不是随意的或是机械的。

3.公共设施的布局

要结合城市道路与交通规划布局公共设施。

4.公共设施的特点及对环境的要求

应根据公共设施本身的特点及其对环境的要求进行布置。

5.公共设施布置

公共设施布置要考虑城市景观组织的要求。

6.公共设施布置顺序

公共设施的布置要考虑合理的建设顺序，并留有余地。在按照规划进行分期建设的城市，公共设施的分布及其内容与规模的配置，应该与不同建设阶段城市的规模、建设的发展和居民生活条件的改变过程相适应。

7.利用城市原有基础

要充分利用城市原有基础公共设施布置。老城市公共设施的内容、规模和分布一般不能适应城市的发展和现代城市生活的需要。它的特点是：布点不均匀，门类余缺不一，用地与建筑缺乏，同时建筑质量也较差，具体可以结合城市的改建、改扩规划，通过留、并、迁、转、补等措施进行调整与充实。

（四）城市工业用地布局

1.工业的分类

按工业性质不同可将工业分为冶金工业、电力工业、燃料工业、机械工业、化学工业、建材工业等。在工业布置中可按工业性质不同分为机械工业用地、化工业用地等；按环境污染程度可将工业分为隔离工业、严重干扰和污染的工业、有一点干扰和污染的工业、一般工业等。

其中，隔离工业指放射性、剧毒性、有爆炸危险性的工业，这类工业污染极其严重，一般布置在远离城市的独立地段上。严重干扰和污染的工业指化学工业、冶金工业等，这类工业的废水、废气或废渣污染严重，对居住和公共设施等环境有严重干扰。

有一定干扰和污染的工业指某些机械工业、纺织工业等，这类工业有废水、废气等污染，对居住和公共设施等环境有一定干扰，可布置在城市边缘的独立地段上。

一般工业指电子工业、缝纫加工厂、手工业等，这类工业对居住和公共设施等环境基本无干扰，可分散布置在居住用地的独立地段上。

2.工业布局的原则

在城市中，工业布局的一般原则有以下几点：

（1）有足够的用地面积，用地基本符合工业的具体特点和要求，有方便的交通运输条件，能解决给排水问题。

（2）居住用地应分布在卫生条件较好的地段上，尽量靠近工业区，并有方便的交通系统。

（3）在各个发展阶段，工业区和城市各部分应保持紧凑集中、互不妨碍，并充分注意节约用地。

（4）相关企业间应取得较好联系，开展必要的协作，考虑资源的综合利用，减少市内运输。

3.工业用地布局的形式

常见的工业用地在城市中的布局形式有以下几种：

（1）工业用地位于城市特定地区。通常中心城市中的工业用地多是呈聚集形态布局，其特点是总体规模较小，与生活居住用地之间具有较密切的联系，但容易造成污染，并且当城市进一步发展时，有可能形成工业用地与居住用地相间的情况。

（2）工业用地与其他用地形成组团。这种情况常见于大城市或丘陵区城市，其优点是在一定程度上平衡组团间的就业和居住，但由于不同程度地存在工业用地与其他用地交叉布局的情况，不利于防范局部污染。

（3）工业园或独立的工业卫星城。

（4）工业地带。

（五）城市交通用地布局

1.城市道路系统与城市用地的协调发展关系

初期形成的城市是小城镇，规模较小，也是后来发展城市的“旧城”部分。城市道路大多为规整的方格网，虽有主次之分，但明显宽度较窄、密度偏高，较适用于步行和非机动化交通。

城市发展到中等城市仍可能呈集中式布局，城市道路网在中心组团仍维持旧城的基本格局，在外围组团会形成更适合机动交通的现代三级道路网，但多依旧保持方格网型。

城市发展到大城市逐渐形成相对分散的、多中心组团式布局，中心组团（可以以原中等城市为主体构成）相对紧凑，相对独立，若干外围组团相对分散。城市道路系统开始向混合式道路网转化。

特大城市可能呈“组合型城市”的布局，城市道路进一步发展形成混合型网。

2.城市用地布局形态与道路交通网络形式的配合关系

城市用地的布局形态大致可分为集中型和分散型两大类。集中型较适用于规模较小的城市，其道路网形式大多为方格网状。在分散型城市中，规模较小的城市大多受自然地形限制；而规模较大的城市则应形成组团式的用地布局，组团式布局城市的道路网络形态应该与组团结构形态相一致。

沿河谷、山谷或交通走廊呈带状组团布局的城市，往往需要布置联系各组团的交通性干路和有城市发展轴性质的道路，与各组团路网共同形成链式路网结构。

中心城市对周围城镇有带动辐射作用，其交通联系也是呈中心放射的形态，因而城市道路网络也会在方格网基础上呈放射状的交通性路网形态。

公交干线的形态与城市道路轴线的形态对城市用地形态有引导和决定性的作用。

六、城市总体规划的编制重点

（一）战略引领和刚性管控

城市规划是对城市发展的总体部署与具体安排，对城市未来发展具有战略引领性，应当具有超前的意识、宽广的视野、战略的高度。而城市总体规划是城市规划发挥战略引领和刚性控制作用的关键环节，城市总体规划的编制应当更加尊重和顺应城市发展的内在规律，促进人与自然的和谐相融。规划理念上有创新、规划内容上有突破、规划方法上有改进，同时加强城市总体规划的刚性管控，从完整布局走向结构量化，进一步突出总体层面的结构控制性思维，通过确定全域城乡发展的总体格局，包括生态格局及空间格局，作为划定生态空间、农业空间及城镇空间，以及划定生态保护红线、城市开发边界等的前提和基础，完善城市治理体系，提升治理能力。

（二）突出区域协调

城市和区域发展是相辅相成的，要充分分析城市在区域发展中的定位和作用，结合发展特点，突出区域协调，鼓励城、镇最大限度地发挥比较优势，从而提高整个区域的发展效率。

（三）突出空间管制

城市在发展过程中具有开发性及复杂性的特点，在城市发展的探寻过程中，人们开始逐渐重视对生态环境的保护，而总体规划中的空间管制就是遵循可持续发展战略思想，对城市的空间进行有效管制，严格控制开发区域，设立开发标准，划定禁建区、限建区、适建区和已建区，加大对环境资源的保护力度。

（四）突出规划的法制性和可实施性

城市总体规划是具有法制性的，特别是涉及城市发展的重大问题都必须以法律、法规和方针政策为依据。同时，城市总体规划是为了城市建设，规划方案的编制必须反映城市建设的实际需求，解决当前城市面临的突出问题。城市规划的编制则是为了满足实际需求，因此，规划方案必须有可实施性，要符合城市发展的客观要求。

第二章　城市规划设计

第一节　城市规划设计的内涵

随着社会经济的发展，城市也在不断发展，而城市的规划则对其发展程度有着重要的影响。现阶段，我国城市规划设计还处于新旧交替的时期，所以规划设计工作人员在进行城市规划时就要综合考虑城市的历史文化、经济发展及地理环境等多种因素，这样城市规划设计才能够与城市发展的需要相吻合，如此一来也能更好地为城市的发展奠定基础。所以，本节将对城市规划设计的原则以及存在的问题进行一定的分析，并对城市规划设计适应城市发展的对策进行一定的探讨，希望能够为城市规划设计在促进城市发展方面，发挥积极的作用，产生积极的影响。

一、城市规划设计概述

随着社会经济的发展，人们的消费水平及消费能力也在不断地提高，这也就加快了城市化的进程，而我国作为人口大国，人口基数大，并且仍在不断地增长。与此同时，城市人口数量也在不断增加，这就给城市的规划设计增加了难度。城市规划指的则是相关工作人员根据城市发展情况对其进行一定的分析，进而在城市资源安排、功能布局及空间结构等方面进行科学合理的统筹规划过程。为了最大限度地利用城市中的有效资源，在进行规划设计时往往是依据其自身的布局并在此基础上进行一定的调整。此外，进行规划时还要将城市的发展情况预计发展水平相结合，这样才能够更好地保证其规划的科学性及高效性，而且在管理城市的方法中进行城市规划也是最有效的。

二、城市规划设计的特点

（一）服务性

为了使生态城市处于良好的发展状态，高效率、高质量地完成相关的规划设计工作，应考虑服务性原则的要求。设计人员可将生态性与服务性原则相结合，满足当下城市发展的社会需求，积极开展切实有效的规划设计工作，促使生态城市规划设计达到预期效果，满足建设事业长效发展要求。城市规划设计应在服务性原则的指导下，完善针对性强的生态城市规划设计制度，使其设计质量更可靠，设计方案应用价值良好，确保生态城市建设的有效性。

（二）经济性

在实现生态城市规划设计目标的过程中，充分考虑经济性原则要求，有利于控制设计成本，保障生态城市建设与发展，确定符合其实际情况的规划设计方案，为生态城市可持续发展奠定坚实的基础。在经济性原则的指导下，有利于降低生态城市规划设计问题发生率，不断完善其设计方案，满足生态城市建设中的资金高效利用要求，避免影响其规划设计工作落实的效果。

（三）准确性

信息化时代下各种信息技术的快速发展，在城市规划的设计过程中，能够结合信息技术中的卫星定位对城市发展概况和未来发展进行全面的整合分析。通过应用卫星技术，既能了解和认识城市内部的地形及水文特征，又能结合信息系统了解目前城市的人口数量及居住情况。在设计过程中，这些数据来源都能通过信息技术得到及时准确地呈现，设计人员也能够对这些数据进行详细准确的了解、认识和分析，从而为城市将来的发展制订科学合理的设计方案。除此之外，在城市规划设计过程中，信息技术形成的准确性特征也能以大数据作为依托，充分保障整个功能区域的科学划分和功能呈现，还提升城市规划设计的准确性。

（四）技术性

信息化时代下城市规划设计工作的开展从理念设计到方案设计都离不开相关专业设计技术的应用，随着信息化技术手段功能的不断强化，城市规划设计水平也在不断提升和发展。一方面，各种信息技术的应用能够提升城市规划设计过程中各项技术的应用条件和设计水准；另一方面，各项功能技术的应用支撑也能够帮助规划设计人员结合城市的功能划分进一步提升设计水平。这样，既保证了信息时代下城市规划设计的合理性和科学性，也通过技术水平的提升优化了城市的发展结构和方向，进一步提高了城市的智能化水平。

（五）复杂性

城市发展既涉及群众日常生活的各个方面，也涉及城市发展中的各行各业。因此，信息化时代下城市规划设计工作具有较强的复杂性特征，各种信息技术在规划设计应用时也需要进行复杂的信息和数据计算工作，因此，导致城市规划过程中的工作量巨大，这种技术性工作难题也随之产生。除此之外，在城市规划的工作过程中，人民群众的生活需求也较为复杂，需要设计者在展开城市规划设计的过程中尽可能满足群众生活需求和城市发展需求，积极引进相关的技术人才来解决城市规划设计中的难题，从而确保城市规划工作的顺利开展。

（六）地域特色

设计人员在进行城市规划设计时，还要对当地较有特色的自然景观和历史文化资源进行保护，并将城市规划与自然环境相结合，这样才能够更好地实现生态文明城市的创建，进而也会对城市旅游行业的发展产生积极影响[①]。为了能够有效地推动当地经济的发展，设计人员在进行城市规划时，要对其历史文化底蕴进行了解和分析，并将其融入城市规划中去。如此一来，城市规划就能够与人文文化和历史文化有效融合，进而也就能够表现出城市的自身特点，使其具有自己独特的优势，有利于特色城市的构建。

（七）其他方面的设计

地域性原则，该原则的制定，有利于提高绿色植物在生态城市规划设计中的成活率，提升城市建设中的效果，并使其具有更好的生态功能，实现对绿色植物的高效利用。完整性原则。在进行生态城市规划设计工作的过程中，基于对完整性原则的考虑，可实现对城市实际情况的全面分析及调查，实现对调查结果的高效利用，提高生态城市规划设计质量，增强其设计方案的适用性。

三、城市规划设计的基本原则

（一）整体性原则

城市规划设计工作在开展过程中涉及城市管理的各个方面，对城市居民的日常生产生活产生十分深刻的影响，也直接影响城市未来的发展方向。因此，在信息时代下，城市规划设计工作必须遵循整体性原则，尤其在细节设计上要结合城市居民的整体需求进行整体性的设计，需要规划设计者从城市基础、人文地理和自然特征的层面出发，结合城市基础经济、组成结构和发展水平等进行全面整体性的考量，在协调好设计过程中各方面冲突和矛盾的基础上进行整体城市规划方案的设计工作。只有这样，才能更好地满足社会未来经济发展需求与城市居民的日常生活需求。

① 刘娟．基于绿色交通理念的生态城市规划设计 [J]．今日财富，2021（4）：203-204.

（二）节能化原则

在信息化时代下的技术革命给人类的生产生活方式带来了深刻的变化，在便利人们日常消费生活的同时带来了一系列严重的问题。如电力资源和水资源消耗较大等，这种能源的消耗是直接影响城市发展空间的重要问题。因此，在信息化时代下开展的城市规划设计工作必须坚持节能化的基础原则，在设计过程中强化对各种节能材料、节能工艺的使用，以及节能技术的推广等。只有这样，才能够从根源出发，减少城市资源的消耗，逐渐降低城市发展过程中对不可再生资源的依赖程度，从而实现城市的智能化和可持续发展，为人民群众提供安居乐业的环境。

（三）生态性原则

城市是人口高度密集的地区，这种人口的高度密集化现象使得城市污染，尤其是与人类日常生活密切相关的大气污染和水污染较为集中，在阻碍城市智能化和可持续发展进程的同时，也给城市居民的健康和生命财产带来了威胁。如大气污染问题直接造成现代社会中城市居民呼吸系统疾病发生率日益提升，这些问题都对信息化时代下的城市规划设计工作提出了更高的要求。因此，需要设计工作者在开展城市规划设计工作时坚持生态性的基础原则，一方面要加强生态化处理技术在环境处理中的应用，从而降低城市污染水平，提升城市环境质量；另一方面，要对城市未污染地区的生态环境加以保护，坚持社会发展生态为先的基础原则，促进城市化进程中人与自然的和谐统一。

四、城市规划设计的要素分析

（一）绿色交通规划

将绿色交通理念转化为规划技术是实现城市交通可持续发展的关键。我国在20世纪末引入绿色交通理念，2000年后，开始进行广泛研究和实践。在规划的各层面均应减少交通系统给环境带来的影响与压力，并将其控制在可接受范围内，支撑城市环境可持续发展，这是绿色交通的基本内涵。根据绿色交通规划技术路线，在编制具体规划方案时，首先要考虑公共交通与非机动交通系统的构建，小汽车交通、货运交通、旅游交通等其他子系统的构建则围绕公共交通和非机动交通系统开展。在公共交通方面，根据“截流式”交通组织模式要求，沿着规划区内部中部客流走廊设置中运量公共交通，形成以轨道交通为中心、以公交为辅线、以个人运输系统和柔性公交为补充的多层次公共交通体系。在非机动交通方面，规划充分考虑了周边的林荫道、侧面绿化带建设与机动车道路相分离的自行车准用道路，极大地提高了自行车网络的通达程度。在小汽车交通方面采用以静制动的方式，在静态交通组上，提倡停车换乘、调控车流量；在动态交通上，限制道路红线宽度，使得城市拥有更多慢行空间，达到生态、绿色的目的；通过交通稳静化措施和交通管理，将机动车分散在次干路上，实现交通分流。

（二）雨水洪水管理技术

城市内部水生态合理建设是海绵城市建设的核心，通过城市内湿地、绿化等设施进行洪水防治，合理管理雨水排放。海绵城市建设过程中需要对城市内各个湿地系统进行整合规划，同时保证生态系统内的生物生存环境不会遭到破坏，改善城市环境与保护生态系统兼顾，实现人与自然和谐发展。注重湿地系统净水功能，合理利用地下雨水回水，实现地下水良性循环。

（三）城市生态廊道规划

"生态廊道"一词最初被应用在生物学研究领域中，因为工业化与城市化导致城市空间结构呈现碎片化的特点，能够将分散区块连接起来的"生态廊道"理念应运而生。生态廊道是地质环境的狭长地带，是生态系统中实现各生态景观单元的空间类型。生态廊道具有防灾安全、景观生态重建、卫生防护、生物信息传递通道、保护生物多样性等多种生态服务功能。

（四）加强可持续发展的制定

在进行城市规划时要对城市的环境和其空间资源所存在的关系予以重点考虑，而且在此基础上还要综合考虑城市的文化现状、政治现状及经济现状，这样城市规划才能够更好地促进城市的发展并为其可持续发展指明方向。另外，设计人员在进行城市规划时还要对城市的承受力予以重视，因为城市在发展过程中其环境资源的承受力往往是有限的，如果提出其承受范围就会使得城市的发展出现问题。所以，在进行城市规划时要保证其内容的可持续发展。

（五）空间规划设计与管理的联系

虽然我国城市规划及空间布局取得了较大的发展，不过在实际设计工作中，仍发现一些不合理之处，如城市空间利用不科学，大量的违规建筑占用高效的土地资源，限制了城市的经济发展和规划设计的规范性等，对城市形象造成不良影响。因此，为完善城市空间规划体系，则须强化与城市管理的联系，尽可能地减少漏洞的存在，严格规范城市规划管理工作，注重对城市空间资源利用的监管。同时，需要通过严格城市管理和执法工作，以保障城市规划设计的有序推进。根据城市实际的发展需求，对空间进行合理布局，为形成科学的城市发展格局奠定坚实的基础。

（六）统筹城市空间资源，促进协调发展

城市规划设计要对城市所具备的所有空间资源进行统筹，包括土地、产业园区、人口居住区、商业区、绿化区等，要在促进城市发展的基本要求上，开展符合城市自身需要的规划设计方案。针对当前城市空间布局和规划设计存在的问题，要积极了解和掌握城市现有的空间资源，对其进行整合，基于“以人为本”以及打造“地域特色”的规划原则，以满足人们安居乐业的需求为目标，对空间资源进行科学合理的安排，制定城市发展规划与城市管理加强联系，对现有空间资源进行有效的协调，杜绝违规违建等行为，推动城市管理发展的同时，保障城市规划设计工作的有序开展。

随着当前我国城市建设水平逐渐提高，对于城市未来规划设计的要求也在不断加强。它可以确保工作质量状况良好，为城市建设效果增强提供更多的专业支持。在提升生态城市规划设计水平、优化其设计方式的过程中，应加深对具体措施科学使用的重视程度，落实针对性强的设计工作，确定符合实际要求的规划设计方案，满足城市的可持续发展要求。

第二节　城市规划设计的作用

城市是人类文明与文化的象征，各个时代城市规划的目的均有所不同。影响城市规划设计的因素很多，主要是经济、军事、政治、卫生、交通、美学等。古代城市规划设计多受防卫等因素的影响，现代城市规划设计则多受社会经济的影响，城市也变得愈加复杂。

一般来说，城市规划体系是由城市规划的法规体系、行政体系和运行体系三个子系统组成①。城市规划的法规体系是城市规划的核心，为城市规划工作提供法律基础和依据，为规划行政体系和运作体系提供法定依据和基本程序；城市规划的行政体系是指城市规划行政管理的权限分配、行政组织架构及行政过程的全部，对规划的制定和实施具有重要的作用；城市规划的运行体系是指围绕城市规划工作建立起来的工作结构体系，包括城市规划的编制和实施两部分，它们是城市规划体系的基础。

城市规划设计作为城市规划运作体系的重要组成部分，是政府引导和控制未来城市发展的纲领性文件，是指导城市规划与城市建设工作开展的重要依据。具体而言，城市规划设计主要有三方面作用。

① 黄齐名．城市规划设计中的健康生态城市规划探索 [J]．城市建筑，2020，17（24）：32-33.

一、实现对城市有序发展的计划作用

城市规划从本质上讲是一种公共政策，是城市政府通过法律、规划和政策以及开发方式对城市长期建设和发展的过程所采取的行动，具有对城市开发建设导向的功能。城市规划设计作为技术蓝本，根据城市整体建设工作的总体设想和宏伟蓝图来制定和执行，并结合城市区域内的政治、经济、文化等实际情况将不同类型、不同性质、不同层面的规划决策予以协调并具体化，以有效维持城市整体建设的秩序。

二、实现对城市建设的调控作用

城市规划在经过相当长的发展过程之后，尤其是通过理性主义思想在社会领域的整合，已经成为城市政府重要的宏观调控手段。城市规划是对城市空间的建设和发展更是保证城市长期有效运行和获益的基础。城市规划设计作为城市规划宏观调控的依据，其调控作用主要体现在几个方面：

（1）通过对城市土地使用配置的合理利用，即对城市土地资源的配置进行直接控制，特别是对保障城市正常运转的市政基础设施和公共服务设施建设用地的需求予以保留和控制。

（2）在市场经济体制下，城市的存在和运行主要依赖于市场。市场不是万能的，在市场失灵的情况下，处理土地作为商品而产生的外部性问题，以实现社会公平。

（3）保证土地在社会总体利益下进行分配、利用和开发。

（4）以政府干预的方式保证土地利用符合社会公共利益。

三、实现对城市未来空间营造的指导作用

城市规划设计的主要研究对象是以土地为载体的城市空间系统，规划设计是以城市土地利用配置为核心，建立城市未来的空间结构，限定各项未来建设空间的区位和建设强度，使各类建设活动成为实现既定目标的实施环节。在预设价值评判下，通过编制城市规划设计对城市未来空间营造进行制约和指导，成为实现城市永续发展的有力工具和手段。

第三节 城市规划设计的类型

随着城市规划内涵的拓展和城市发展的不断推进，城市规划设计的类型变得越来越丰富。在开展具体的城市规划工作过程中，根据不同的分类原则、工作需求和空间尺度，城市规划设计可以有多种分类。

一、按照规划对象的空间尺度

在区域层面有国土空间规划和主体功能区规划，在城市层面有城乡总体规划、分区规划和小城镇规划，在开发控制层面有控制性详细规划，在建设实施层面有修建性详细规划。

二、按照规划编制的不同阶段

按照规划编制的不同阶段可以分为战略规划、概念规划、总体规划、分区规划、详细规划、近期建设规划等。

三、按照规划对象的专业属性

按照规划对象的专业属性可以分为综合规划和专项规划。综合规划包括区域规划、总体规划、分区规划等；专项规划包括城市历史文化遗产保护规划、旧城改建与更新规划、公共服务体系规划、城市风貌特色规划、城市色彩规划、城市照明规划、低碳生态城市规划、城市地下空间规划、城市防灾规划等。

四、按照规划对象的空间类型

按照规划对象的空间类型可以分为住区规划设计、中心区规划设计、产业园区规划设计、校园区规划设计、风景区规划设计等。

此外，还有以某种规划理念为主导的规划设计，如城乡一体化规划、城乡统筹规划、新型城镇化规划、生态型城镇规划等。

第四节 城市规划设计的发展趋势

笔者通过梳理中共二十大中央会议精神，可以看出国家对城市建设和管理提出了清晰且明确的要求：①把生态文明放在突出位置，实现国土空间开发格局的优化；②空间治理体系由空间规划、用途管制、差异化绩效考核等构成；③空间规划以用途管制为主要手段，以空间治理和结构优化为主要内容；④下一步要通过规划立法、统筹行政资源，实现国家治理体系的现代化。

这些新的执政理念对城市规划改革提出了具体要求，当前城市规划改革面临两个主要任务：①以提高国家治理能力现代化为目标的任务，建立国家空间规划体系，对现行城市总体规划编制进行改革；②以人的宜居城市发展方式转型为目标的任务，加强城市设计，提倡城市修补，把粗放扩张型的规划转变为提高城市内涵质量的规划。

近年来，规划界积极响应着国家层面的变革，无论是在法定规划层面还是在非法定规划层面都做了积极的探讨和摸索，主要有以下几方面。

一、法定规划层面将乡村规划纳入编制体系

《城乡规划法》将城市—乡村纳入统一规划编制体系，确定了“五级、两阶段”的城乡规划体系，即城镇体系、城市、镇、乡、村五级和总体规划、详细规划两个阶段，这是我国规划编制体系最大的变革。这将引导城乡规划从城乡统筹的视野进行探索和实践，改变过去“重城轻乡”、城乡“两张皮”的规划现象，使规划对全域范围进行空间管控有了法律基础和依据。

二、建立以空间规划为平台的规划编制理念、方法、内容

在改革规划编制体系的基础上，针对空间规划做了编制理念、方法和内容上的探索。明确了总体规划阶段的战略性目标，加强了总体规划阶段空间规划的刚性要求[①]。比如，覆盖市域的空间规划，划定城镇空间、生态空间、农业空间、生活空间；明确城镇开发边界，实现以城镇建设用地和农村建设用地的“两图合一”为主的“两规合一”；通过划定规划目标、指标、边界刚性、分区管控的方式，明确城市总体规划的战略引领，底线刚性约束；重要专项规划简化提炼，明确刚性要求和管控内容；规划内容和要求“条文

① 张勇．城市规划设计如何适应城市发展的思考 [J]．建材与装饰，2021，17（28）：71-72.

化”，内容明确，遵循可实施、可监管的基本原则。

因此，按照城乡一体化发展要求，统筹安排城市和村镇建设，统筹安排人民生活、产业发展和资源环境保护，统筹安排城乡基础设施和公共设施建设布局，努力实现城乡规划的全覆盖、各类要素的全统筹、各类规划在空间上的全协调。

三、深化城市设计工作的管理、实施

针对目前城市空间品质不高、“千城一面”的现象，需要在规划理念和方法上不断创新，增强规划的科学性、指导性，加强城市设计，提倡城市修补，加强对城市的空间立体性、平面协调性、风貌整体性、文脉延续性等方面的规划和管控。这就为在规划的各个阶段贯穿城市设计的思想提出了具体要求。区域层面，明确区域景观格局、自然生态环境与历史文化特色等内容；总体规划层面，须确定城市风貌特色，优化城市形态格局，明确公共空间体系，建立城市景观框架，划定城市设计的重点地区；重点地区层面，明确空间结构，组织公共空间，协调市政工程，提出建筑高度、体量、风格、色彩等方面的控制要求，作为该地区控制性详细规划编制的依据。各个空间层面的落实，使城市设计能真正发挥其应有的作用，成为城市内涵发展的重要抓手，以及城市精细化管理的重要手段。

四、加强城市空间生态化建设的研究、落实

城市双修（生态修复和城市修补）是国家针对城市问题提出的城市建设策略，旨在引导我国城镇化和城市空间转向内涵集约高效发展的方向。城市修补是针对城市基础设施和公共服务设施建设滞后、空间缺乏人性化等问题提出的城市空间品质提升策略，这不仅是城市空间环境的修补，更是城市功能的修补；城市生态修复是针对城市生态系统遭受的污染和破坏、城市公共绿地不足等问题进行的全面综合的系统工程。城市生态环境具有生态安全性和惠民性的双重要求，以此来改善人居环境和促进城市功能提升，促进城市与自然的有机融合。

第三章　城市规划设计过程与方法

第一节　城市规划设计准备阶段的方法

实践中的城市规划设计通常是一个较为漫长的过程。在城市规划设计的各个工作阶段，方案设计一项重要工作。在这个阶段，设计者需要研究规划设计条件，针对规划区域构思和确定规划理念、思想和意图，对各个物质要素进行空间布置，然后将设计思维进行整理、记录和形象化，提出具体的建筑空间组织、环境景观规划、绿地系统构建、交通系统组织，并用专业的图形和文字规范地表达出来。

一般来说，规划设计有两个目的，一个目的是把我们对城市中的一个区域或一个空间带入有序发展的需求和愿望，与现状的物质和精神状况联系在一起，并能更好地服务于未来的发展需要；另一个目的是对一个地区的发展过程进行指导。无论哪一个目的，都需要规划师对该地区的现状、存在问题、形成原因及该地区的各种发展可能性和相关人群的发展意愿进行充分的了解和把握。

作为客观因素和基地各种特征的综合，都将被作为规划设计的基本条件，成为规划师进行思考和设计过程中的重要环节①。城市建设的规划是一个非常庞杂的题目，要求规划师必须对自己的任务进行界定，对每一个工作重点进行梳理。规划师在接受一项规划设计任务之后，需要对工作思路进行梳理并考虑规划步骤。表3–1为项目开始前需要思考的问题。

表3–1　项目开始前需要思考的问题

工作和规划步骤	思考的问题
现状资料的调查与分析	任务所在区域的物质和精神特征是什么？ 现状中有哪些是需要保护的有价值的要素，应当在规划中作为预设加以考虑
现状要素的关联性	规划场地满足哪些功能？如何在宏观层面和微观层面进行评价

① 罗立红. 探析城市规划设计如何适应城市发展 [J]. 城市建筑，2020（11）：40–41.

续表

工作和规划步骤	思考的问题
不利因素	现状用地有哪些不利因素（交通、污染等）必须进行改变和完善？导致缺陷的原因是什么？从狭义和广义影响来看存在哪些相互作用和依赖性
规划目标	基地在哪些方面有发展潜力？实施后有哪些影响？需要考虑哪些限制条件
规划对策	如何分解规划目标和设计理念
概念设计策略	如何设计解决方案？借助何种可能性？规划会产生哪些影响（基础设施、生态、交通等）？怎样达到平衡？有哪些示范性的经验可供借鉴

以上这些思考的问题可以用叙述性语言描绘，也可以用简单的图表、示意图勾画。即先要对整个设计任务有一个整体的把控，然后，再进入详细的规划设计分析阶段。

第二节　现状调查与分析

一、现状及主要调查内容

在城市建设实践过程中，我们可以按照设计任务的性质将设计任务分为两类区域，分别是城市更新改造类设计任务和待开发建设类设计任务。针对不同的规划设计任务，现状调查的侧重点也有所不同。表3–2为不同规划目的设计项目需要调查的内容。

表3–2　不同规划目的设计项目需要调查的内容

内容/类别	更新改造类	开发建设类
规划场地	地形、水域、土壤、植被、生态价值	地形、水域、土壤、植被、生态价值
用途	建筑和土地利用、利用方式和范围、土地利用冲突	土地利用、土地利用冲突
建筑物	历史、现状、保存/更新的需要、造型、保护、特殊特征	建筑结构，容积率分配

续表

内容/类别	更新改造类	开发建设类
道路	等级、连通性、安全性	区域路网结构、地块可达性
开放空间	现状、规模、使用情况、社会与生态功能、定性与定量的适宜性、设施配置、造型	开放空间的结构、规模、用途、空间连通性和可达性、生态
形态	形象特征、空间序列、比例、建筑韵律、空间形式、古迹/标志	景观、城市形象特征、空间结构、天际线、广域空间标志、视线关系
社会经济形态	主要为街坊层面的数据	城市层面的数据

二、主要地图资料适用范围

根据不同的设计任务及设计的不同阶段需要分析的内容来确定所需的地图资料及合适的比例。表3–3为不同阶段需要分析的内容的地图资料及合适比例。

表3–3　不同阶段需要分析的内容的地图资料及合适比例

序号	需要的分析内容	适宜图纸比例
1	土地使用规划、区域性的空间结构规划	1：5000~1：10000
2	设计地段所属研究范围的总体规划、整体城市设计总平面、规划理念	1：2000~1：5000
3	设计地段的方案总平面、控制引导性图则、重要节点空间结构规划	1：1000~1：2500
4	局部地块的详细设计	1：500~1：1000

三、规划基地要素分析

（一）自然要素

1.地形地貌

规划基地的地形地貌是探讨空间发展可能性和确定空间结构及形态的基本条件。基地的地形地貌越复杂对设计的影响就越大，主要影响土地的使用、空间划分、建造可能性、道路建设、自然景观及建筑个体和整体的造型、细部设计与气候的关系等。

2.水体

水体可分为：流动的自然水——溪流、河流等；静态的自然水——池塘、湖泊、水库等。

水体是自然景观中具有显著特征和体验价值的地貌形式，同时它们又在自然界自身的活动中扮演着重要角色。一般情况下，水体是重点保护对象，调查中需要重点关注水体的断面尺度、形式、作用及其所影响的周边区域（植物和动物的生活空间）的情况，要作为整体加以考虑。

3.植被

在舒适健康的生活环境中不可缺少丰富的植被系统。在进行现状调查时，必须给予植被高度的重视，尤其是乔木类的植被类型对自然景观、气候、空气净化和人的体验都有很重要的价值，尽量做到在设计时保护每一棵植被。

为了避免妨碍树木的生长，需要为树木划定一个保护范围，这个范围一般至少与树木的树冠直径相称。树木的大小决定保护范围的大小。树木的大小分类如下：

第一类树冠直径为7 ~ 10m（如悬铃木属）。

第二类树冠直径为5 ~ 7m（如刺槐）。

第三类树冠直径为2 ~ 4m（如槭树）。

一般树木的安全保护范围在3 ~ 5m，第二、第三类树木还可以种植在地下车库的上方。

4.气候与环境

基地内的小气候在基地分析和空间使用性质选择时也是备受关注，建筑物位置的选择与基地的地形、风向、植被都有很大的关系①。

（二）空间要素

1.土地的使用功能与产权

对于基地的用地从使用功能的角度进行分类并做标志，每种用地的边界范围要清晰（用地性质的分类按国家用地分类标准统计）。不同的用地又有不同的所属关系，要分别记录。

2.建筑物

基地内现有建筑物的情况是调查的重点项目，需要掌握各类建筑物的详细情况。

3.道路

道路交通是衡量基地可达性的重要特征，也反映了基地对外交通联系的便捷程度。通常可将基地的交通条件分为车行道路系统、步行或自行车道路系统及停车设施三个方面。

（1）车行道路系统。主要是机动车行驶的通道，按城市道路等级可分为快速路、主干道、次干道和支路；道路断面形制一般分为一块板、两块板、三块板。

（2）停车设施。基地内停车设施的配置和布局，主要调查机动车的停车方式、出入

① 陈俊. 风景园林在城市发展中的意义 [J]. 中国建筑装饰装修，2021（3）：23-23.

口的位置与车行或步行是否有冲突。机动车的停车方式有停车楼、集中式停车场、路边停车等方式。停车楼和停车场重点关注出入口与机动车道和步行道路的衔接是否有冲突，路边停车则要综合考虑道路的通行能力及其对步行的干扰。

第三节　规划设计分析

随着社会的持续发展和科学技术的进步，城市开始在国内发展过程中占据主要位置。因此，城市规划设计工作受到社会各界人士的高度关注。城市规划设计工作对促进城市的飞速发展有着十分重要的作用，它不仅是城市管理和发展的准则，还是社会经济和国民经济持续增长的主要动力。但是，国内的城市规划设计工作仍然存在各种问题，所以设计人员应该从多角度、多方面进行分析，并且要根据城市的具体情况来完成相关工作，从而推动整个城市的可持续发展。

一、城市规划设计的重要性

（一）有利于控制城市扩张

在信息时代背景下，各个行业的发展都将面临更多的挑战。在此基础上，城市也在持续扩张，特别是城市郊区的发展速度较快，这一现象虽然提高了当地的经济效益，但城市建设环节却出现了盲目扩张的问题。所以，相关部门应积极开展城市规划设计工作，从而加快城市改革和建设的进度，控制城市的不断扩张，更加合理地配置城市资源，从而促进城市的健康发展。

（二）有利于构建完善的管理体系

在信息时代背景下，国内城市规划设计工作仍存在着各种各样的问题。比如，各地都有着严重的环境污染问题，各种污染物的出现时刻影响着城市管理效果，甚至对城市的发展造成威胁[①]。因此，工作人员要利用信息技术对城市进行规划设计，并建立完善的管理体系。这样不仅可以将责任一一落实到相关人员的身上，还能够对规划区域进行合理划分，确保城市管理工作能够顺利开展，最终提升广大民众的幸福感。

① 何影，刘星言，李馨雨，等. 探析海绵城市理念在绿地系统规划当中的应用 [J]. 陶瓷，2021（8）：57–58.

二、城市规划设计的主要方法

（一）做好城市产业设计

在信息时代背景下，设计人员在对城市进行规划设计时，应该遵循资源节约和环境保护原则，减少不可再生资源的使用，提高可再生资源的利用率，尽量防止资源过度浪费情况的发生，对当地的生态环境进行保护。只有城市产业设计具有较高的科学性与合理性，才能减少能源的消耗，避免当地环境受到严重污染。所以，在城市规划设计工作中，设计人员应该明确产业发展和生态保护之间的关系，构建完善的城市产业体系，推动产业顺利转型升级，实现城市的稳定发展。同时，设计人员还要对城市现有产业结构进行调整，推动产业创新，加快城市经济发展。设计人员要做好城市产业设计工作，并对工作效果进行客观评价，明确工作中存在的不足，做好调整和改进，从而使城市环境和城市经济都能够获得良好的发展。

（二）做好城市住宅区设计

在信息时代背景下，设计人员想要对城市住宅区进行合理设计，就要做好交通、能源生产、通信等重要产业的建设工作，以提高人们的生活质量，改善人们的居住环境。在对城市住宅区进行设计时，设计人员要遵循生态学的相关原则，使基础设施建设和生态环境建设保持高度一致，从而实现生态环境保护和经济社会发展的双赢。另外，在开展城市住宅区设计工作时，设计人员应该结合当地的地质条件、气候因素、环境特点等，保证住宅区设计符合城市的实际情况和居民的生活习惯。最重要的是，设计人员应该高度重视城市住宅区的绿化工作，合理规划住宅区内部空间，并且在住宅区内预留大量的绿化空间，增加绿化面积，从而提高居民的幸福感。此外，设计人员还应该做好节能减排、污水处理等工作，对住宅区内污染较为严重的地方要进行有效治理，从而实现城市环境保护目标。

（三）优化城市内部空间结构

目前，城市空间边界变得越来越模糊，商业区和居住区深度融合，高污染的工业区开始向城市边缘慢慢转移。针对以上问题，设计人员需要利用信息技术来优化城市内部空间结构，明确功能定位，满足人们日益增长的生活需求。

（四）做好景观规划设计

在信息时代背景下，人们的生活节奏日益加快，巨大的工作压力和生活压力让人们更加喜欢在自然环境下放松自己，陶冶情操。但随着城市化进程的不断推进，昔日的城市景观已经无法满足人们的实际需求。因此，在开展城市规划设计工作时，设计人员应该对景观进行优化设计，并且将人们的审美观念、当地的传统文化和风俗习惯等充分融入景观设计中，使景观具有丰富的文化底蕴。这样既能够吸引人们的目光，也能够提高人们的艺术素养和人文素养。由此看来，设计人员在开展规划设计工作时，要遵循因地制宜原则，把人文特点和当地的景观设计有机结合起来，从而为人们提供更舒适的居住环境。

（五）凸显城市规划设计的针对性

在信息时代背景下，设计人员在进行城市规划设计时，要充分应用信息技术对城市未来的发展情况和发展前景进行准确判断。设计人员只有保证城市规划设计工作的针对性，才可以有效应对风险。因此，设计人员可以应用先进的信息技术来增强规划设计效果，保证城市规划设计可以满足广大人民的实际需求。另外，想要保证城市规划设计工作具有较强的针对性，设计人员应该不断学习理论知识和专业技能。除此之外，设计人员还要应用信息技术来分析城市建设环节遗留的问题，并针对这些问题制定出切实可行的措施，将其彻底解决。这些措施对城市规划设计工作的顺利开展有着巨大的帮助。由此看来，设计人员在开展城市规划设计工作时，既要凸显城市规划设计的针对性，还要满足广大人民群众日益增长的生活需求。只有这样，才能增强城市规划设计的效果。

综上所述，在城市飞速发展的过程中，做好城市规划设计工作，能够提高当地经济发展水平。因此，在对城市进行规划设计时，设计人员要充分应用信息技术来保证规划设计工作的合理性与有效性，有效解决城市发展过程中的各种难题。设计人员只有加强信息技术的合理应用，才能提高自己的工作能力，推动我国城市的发展，为当地社会经济的全面发展奠定坚实的基础。

第四章 城乡规划共同治理

第一节 城乡规划共同治理的理论内涵

一、基于合作政府等理念的共同治理

本书结合中国公共政策变迁，以民主制行政阶段的代表理论整体性治理理论为基础，参考了合作政府、协同政府、整体政府的内涵，提出“共同治理”而非“合作政府”的概念。

“合作政府”“协同政府”“整体政府”作为政府管理的新生理念，国内对其理念的起源、本质、功能等尚未有非常准确的定论，而将理念融合到公共政策建立的模式之中的研究更是少之又少。这几个理念模式在西方先进国家有着丰富的理论基础和社会治理实践经验，是在统治型、管理型治理结构之后衍生出来的新的社会治理模式，这种模式与以往的“中心—边缘”模式有着很大的区别，其诞生伴随着服务型社会治理模式的演变。“合作政府”等理念在现代社会是非常重要的治理题目之一，同时反映了一种自发性认同的趋势。

将这些概念引入中国需要结合中国公共管理和社会实际，提出适合中国特色的管理模式。在层级事权不清、部门分割严重、社会参与不足等问题依旧存在的情况下，本书提出“共同治理”这一概念是为了与“政府治理”相对应，凸显政府在推进多方合作中的主体作用，即所有合作应在政府的规范和引导下有序地进行。“政府搭台、合作唱戏”，包括政府内部层级、部门的合作和政府与社会组织、公众的合作。

二、共同治理的新特征

“合作政府”“协同政府”等是本文研究的基本落脚点，只有对“合作政府”和“协同政府”两个概念的意义、特点充分地了解和认识，才能对研究的内容进行深入的剖析。

曾令发提出合作政府并不单单是指多个政府间的联合，更是指多政府间的协作，这种

协作不仅包括政府内部不同部门、不同单位间的协作，更包括政府和市场、政府和社会间的协作，因此合作政府既是单位部门的联合，也是政府运营机制的联合①。刘伟则认为，协同性政府（亦即合作性政府、整体性政府）是进入新世纪的后公共管理时代的最新产物，它不仅代表了政府改革创新的最新成果，也代表了政府对新型公共管理理念和模式认知之后的继承和超越②。

除此之外，周志忍基于政府“跨界性”合作的整体性认知，提出通过增强制度化、长期化和跨界化来增加政府的公共价值。政府间的跨界合作表现为纵向协同、横向协同和内外协同三个方面：纵向协同指上下级政府或政府的上下级部门间应该跨界合作；横向协同指同级政府、同一政府不同部门间应该跨界合作；内外协同指政府部门和非政府部门间的跨界合作③。

高轩强调，协同政府就是政府内部、政府之间的纵向和横向的相互协调，通过这种协调去除一些政策相互矛盾的现状，从而达到高效利用稀有资源、为公众提供无缝服务的目的。他指出协同政府共有三个基本特征：第一，政府各阶层的纵向协同，如中央与地方、地方与区县的协作；第二，政府内部各部门的横向整合，如中央政府各部委、各机关的协作整合；第三，公共和私人间的整合，如促进政府和私人部门、政府和非营利机构的接轨，促进政府、私人、非营利机构的协作互补式发展。由此可见，高轩的观点与上述周志忍的观点相似，都是通过协作促进政府部门间、政府上下级间和政府与社会、市场的整合，从而形成多维立体空间，实现政府主导、多方合作、文化协同的目的④。

蒋敏娟认为，整体政府的“整体性”包括五个方面：第一是政府各组织机构的整合，即废弃原有金字塔式的上下各部门分离的现状，将其整合为新型的有机网络机构系统；第二是政府业务的整合，即在共同的目标下，对各部门进行拆解和建构，重新构建业务程序，使多个部门协作发力；第三是信息资源的共享，打破原有政府各部门间信息独立、封闭的壁垒，打造共同的平台共享信息资源；第四是文化的整合，鼓励共同文化观和价值体系的营建，从而实现政府不同部门内部价值和文化的整合；第五是服务和方法的整合，即通过政府的整体合作式的公共服务体系的一体化和一站式⑤。

---

① 曾令发．合作政府：后新公共管理时代英国政府改革模式探析 [J]. 国家行政学院学报，2008（2）：95-99.

② 刘伟．论“大部制”改革与构建协同型政府 [J]. 长白学刊，2008（4）：47-51.

③ 周志忍，蒋敏娟．整体政府下的政策协同：理论与发达国家的当代实践 [J]. 国家行政学院学报，2010（6）：28-33.

④ 高轩．当代西方协同政府改革及启示 [J]. 理论导刊，2010（7）：102-104.

⑤ 蒋敏娟．从破碎走向整合：整体政府的国内外研究综述 [J]. 成都行政学院学报，2011（3）：88-96.

三、共同治理的类型

本书主要针对共同治理的特点，以纵向的政府内部合作和横向的各地政府、政府内部各部门，和政府与社会、政府与公众为剖析对象，展开深入研究。

（一）中央地方共同治理

随着社会经济的不断发展，之前相对独立的政府间纵向关系，如中央和地方关系等，也开始走向相互依赖、相互合作、上下联动的轨道上来。“经济、集中和迁移已经使中央与地方关系的重新调整成为必要。”在深化简政放权、放管结合、优化服务改革，加快转变政府职能的要求下，中央政府和地方政府在一些领域呈现“伙伴化”的合作发展趋势，由中央垂直控制到地方扩权，再到中央与地方政府的合作。许多学者都在运用社会学、政治学、法学、历史学、统计学、经济学等多元交叉学科的理论和研究方法对中央和地方关系进行研究，尤其是改革开放以来，我国学者对政府间关系的研究呈现一片繁荣景象，不同领域的学者都从各自研究领域的视角和维度出发，对中央和地方关系进行探索和诠释。

总体而言，中央和地方的权责还未得到科学化的分工和制度性的规定保障，中央与地方之间更多是依靠财权和事权的行政博弈，而非制度框架，这就容易造成中央与地方之间出现潜在的模糊地带。同时，中央和地方的关系也依赖于国家和社会关系的变革，在转变政府职能的倡导下，中央和地方政府应更好地承担起公共服务和社会管理的职能，将部分其他职能逐步让渡给社会和市场。

（二）跨区域共同治理

出于统治的需要，各个国家往往将领土划分为多个层级的行政管理区域，并设置地方政府，但这种传统延续下来的边界清晰、壁垒分明的传统行政区划模式已无法满足日益多样和复杂的公共事务的需求。因此，我国采用了包括制定区域规划、“河长制”等在内多种手段来进行区域统筹和引导。近年来，地方政府也在跨区域合作治理方面进行了积极有益的探索。其中，较为常见的措施是建立区域间政府沟通和合作平台，如政府联席会议的开展就打破了政府的边界，促进了区域政府的沟通和协作。

跨区域的政府事务管理在进行区间协调合作时，除上述的开展行政联席会议外，还可就交通、贸易、公共卫生等特定领域签订协议、协定、备忘录等行政协议。钱颖一把中国地方政府间的竞争关系视为“诸侯经济”——“有中国特色的维护市场（marketpreserving）的经济联邦制”①。李军鹏认为，政府间的竞争主要集中在办事效率、法律制度和投资三个方面②。美国跨区域合作专家戴尔·莱特（Dell Wright）基于各级政府关系，将政府政策制定分为四种类型，分别是区域边界型、规制型、发展分配型、再分配型。以此为参照，我国的政府行政协议也可划分为四种类型：

1.区域边界协议

区域边界协议是政府为通过二次划线界定存在行政纠纷的区域，从而解决边界纠纷而签订的协议。行政区划是国家进行行政管理的基础，只有先体国经野，划定行政管辖区域，然后才能派遣相应的地方官员。我国采用中央政府领导、下管一级的行政区域边界争议解决机制，与此同时，也允许地方政府通过签订行政协议的方式进行解决。如2007年中央综治办、中央民委办等10部门联合下发的《关于开展平安边界建设的意见》，要求存在毗邻边界的各级地方政府宜签订省、市两级的行政界线，这就是区域边界协议的一种表现形式。

2.区域发展协议

区域发展协议是各级地方政府间基于区域内社会、经济发展的目的而签订的协同管理、共同发展、合作的协议。协议包含的内容广泛，既包括经济、教育、旅游、人才等，也包括基础设施、水资源分配等，如北京市与河北省签署的《共建北京新机场临空经济合作区协议》《共同加快张承地区生态环境建设协议》等合作协议和备忘录，通过发展协议的签署实现资源共享和共同发展的目的。

3.行业规制协议

行业规制协议是各行业机构基于强化领域内部合作的目的而签订的规制协议，主要包括食品安全、公共安全、环境治理等领域。如2016年1月，冀、苏、鲁、豫、皖五省工商部门在亳州签署合作协议，共建反不正当竞争执法协作机制。规制协议是跨区域地方政府间的合作，随着我国迈向法治社会，规制协议也将在跨区域政府间的合作中起着越来越重要的作用。

4.区域再分配协议

区域再分配协议是通过社会中教育、就业、医疗、养老、失业等资源的重新分配，达到区域间公共服务资源均等的目的。比如，长三角地区社会保障合作与发展联系会议通过医疗、养老、失业等再分配协议，极大地促进了医疗和社保的跨地区转移支付和接续。

① 张明军，汪伟全.论和谐地方政府间关系的构建：基于府际治理的新视角[J].中国行政管理，2007(11)92-95.

② 李军鹏.论新制度经济学的政区竞争理论[J].唯实，2001（4）：52-58.

（三）政府与社会组织的共同治理

在历史上，政府作为公共权力的载体，一直被视作公共事务管理的唯一负责人。随着经济社会的不断发展，政府因过度官僚化而逐渐暴露出低效以及无法有效地满足民众需求等问题。自20世纪80年代以来，人们开始对单一化的公共事务管理模式进行反思，并开始产生以善治为目标的治理运动变革。这意味着，政府开始由最早的公共事务负责人的角色转变为主导者的角色，新兴的非营利机构开始作为公共事务的参与者与政府进行合作，分担政府管理公共事务和提供公共服务的责任，有效地弥补政府治理的不足和失位。

无论是发达国家还是发展中国家，都已经深刻地认识到非营利组织在公共事务治理中的作用。政府唯有与非营利组织合作，与之建立现代伙伴关系，才能实现双方甚至多方“共赢”的治理博弈结果。但是，我国的这种合作关系与西方存在较为明显的区别。西方发达国家用“公私伙伴”来指代政府与非营利组织间的关系，这种所谓的“公私伙伴”关系是一种竞争性的合作关系。

政府将一些关乎社会公平性的职能，如提供公共物品、提供生产公共服务等，转嫁给非营利机构来承担，依靠其成本和技术优势，更有效地为公众提供品质更优的公共服务和产品，最后形成公民自主自我服务与政府、非营利组织服务相结合的多中心的公共事务管理体系。在这种体系中，非营利机构打破了政府公共服务唯一提供者的职能，一方面，二者相互合作；另一方面，为了提高公共服务质量和效率而引入竞争和半市场机制导致政府与非营利组织间形成竞争关系，因而两者之间是竞争性的合作关系。这种关系建立在两者独立运营的基础上，它们合作共赢的主要形式是合同，在合同中明确规定双方的权利和义务，并取得法律和制度的保障，是契约性质的体现。非营利机构参与社会公共事业的管理，并通过竞争与政府共同维护彼此的权利和利益，达到政府、非营利机构竞争参与的目的。在竞争性合作体系下，一方面，公共服务和产品的提升更好地满足了公众多元化的需求，政府获得更多的合法性；另一方面，非营利组织通过与政府的合作，进一步提升组织的公信力和影响力，并取得进一步的发展。在我国，非营利组织成立的主要目的是弥补政府和市场向社会提供公共服务的不足，但同时又是具有民办性和官办性的社会组织类型。和西方非营利组织相比，我国的非营利组织不同于完全的市场组织，具有一定的行政色彩，其独立性和自主性与西方相比较弱，在与政府的合作中，反映出的更多的是对政府的依赖，主要体现在“双重管理”的登记注册制度。西方国家采取注册制和登记制等制度对非营利组织进行管理，只要其符合政府规定的发展规模、组织资产和会员数量等一系列规定和标准，就可以登记注册，经审查合格后获得合法地位，此后，非营利组织的一切活动均由本组织自行负责。在我国，非营利组织除了需要达到民政部门设立的成立标准外，还需找到相应的政府部门作为本组织的“业务主管单位”，由“业务主管单位”对其进行业务指导和负责，并对其具有人事任免权，同时，非营利组织的主要资金来源于政府财政，这进一步加深了政府和非营利组织合作的一致性。非营利组织一方面可以吸纳高素质和业务能力强的政府行政部门的工作人员，同时，又由于具有可观稳定的经费投入、充足和低成本的办公设施，为社会公众提供高品质的公共服务，也为政府在进行社会管理时节省了大量的行政管理成本，最终达到政府与非营利组织合作的共赢。

第二节　城乡规划共同治理的基本思路

随着公民越来越多元化的需求、公共事务管理要求的不断提升以及信息技术的不断发展，城乡规划正处于面临变革和机遇的新时代，相应地，城乡规划管理工作也应转变思路，以顺应经济社会和科技的发展。城乡规划共同治理的兴起和发展将是对当前“条块”分割体系下政府和城乡规划管理部门现有的职能体系、组织结构和业务流程的一次挑战和变革，对于加快推进我国服务型政府的建设和规划管理工作的改革具有重要的指导意义。从城乡规划共同治理的角度来审视我国规划行政管理的现状和前景，对于拓宽规划管理的内涵和思路具有重要意义。

一、实现以共识为目标的区域协调机制

我国从2000年开始，长三角地区“一市两省”和16个城市政府各个职能部门之间建立了联席会议、论坛、合作专题等合作机制，规划是其中一个重要的专题领域。同时，区域内的一批行业协会通过开展跨地区的行业互动与联合，推动着企业间的交流。长三角区域合作呈现省（市）级、部门间、行业间多层次的合作态势①。

长三角、泛珠三角、京津冀等地区的区域良性互动发展表明未来的城乡规划需要更加注重区域间的协作，建立区域间共同治理机制，解决区域城乡规划困难的问题。空间格局需要从行政边界规划向跨区域规划转变，而规划管理模式也需要随其变化而变化，从行政区管理规划向跨行政区域间的规划管理和政府协作转变，以解决区域分割管理造成的城乡规划协调困难的问题。从区域整体优化的视角，通过签订协议等方式，建立区域间共同治理机制，对区域空间结构及其职能分工进行协调安排，形成有序竞争和合作的协调关系，是促进技术、资源和信息的跨界流动而构建的一种有序的、一致性的、可预见区域城市政

① 赵峰，姜德波．长三角区域合作机制的经验借鉴与进一步发展思路[J]．中国行政管理，2011（2）：81–84.

府协作性公共管理的制度框架。

二、构建以效能为核心的纵横联动制度

我国目前的政府职能体制不是孤立的，而是强调分工与合作并存，分工不是绝对的，单凭一个部门无法面面俱到地进行管理，而重大公共决策和目标的实现必然要仰仗其他部门职责的完整履行，所以我国在部门建设上，行政体系所倡导的是职责部门之间的分工与合作①。现如今，不同的政府行政部门之间存在着职能交叉、机构重叠、政出多门而造成的越位、缺位、错位等现象，所以加强城乡规划及相关部门间的整合，变多个部门分割管理为一个部门相对集中管理是十分必要的。例如，深圳市在原市规划局、国土资源局、市住宅局、市海洋局的基础上组建新的深圳市规划和国土资源委员会（市海洋局），充分发挥综合管理的体制优势，统筹规划陆海空间，并探索建立高度城市化地区城市规划和土地利用总体规划的规划计划调控和管理机制，有效地提升了城市空间质量并推动了城市发展转型。在城乡规划管理中，通过逐步建立各级政府上下联动，部门之间协同配合的建设项目，协同配合管理机制，实现“横向到边”联通发改、规划、国土、环保等部门，“纵向到底”贯通各级政府的规划编制并建设项目审批监管协同机制，以解决行政审批效率低下的问题，提高城乡规划服务效能。通过建设成果完善、标准统一、数据规范的综合数据体系，实现部门间信息共享，并通过统一的系统接口标准，实现各部门审批的互联互通和数据动态维护更新。再造建设项目审批流程，将各部门审批从串联改为并联，“规划引领、平台整合、市区联动”推动审批人员跨部门集中办公，减少审批环节，提高审批效率。

三、搭建参与式规划编制和实施管理桥梁

城乡规划共同治理需倡导“参与式管理”，强调社会组织和公众积极参与到城乡规划各个阶段的管理工作中的重要性。搭建市民和规划师沟通的桥梁，由“精英规划”向“大众规划”转变。城乡规划行政部门在规划管理工作中要树立公众参与的理念，形成政府与公众共同参与社会管理的体制机制，通过多种方式来鼓励和指导一些民众和社会组织积极加入对城市和所在社区的管理工作中去，通过对大数据等信息技术进行梳理、整合和提升，不断提高规划信息公布的透明度和实效性，提升社会组织和公众的知情权和参与能力。通过公众参与，构建社会利益协调机制和社会矛盾化解机制，形成城乡规划管理与服务的整体合力，使城乡规划管理更具有科学性、前瞻性、包容性和可实施性。

参与式规划强调公众对规划编制和实施全过程的参与，体现政府和公众之间的良性互

① 孟庆国，吕志奎．协作性公共管理：对中国行政体制改革的意义 [J]. 中国机构改革与管理，2012（2）：33-37.

动。推动城乡规划的公众参与有三项基本原则：第一就是信息公开，保障公民的知情权；第二是信息可达，使利益相关人能真正参与到与自身利益密切相关的规划管理中去；第三是要有信息反馈，积极地对公众提出的意见进行搜集、整理和答复，并及时反馈给公众。对于采纳或者不采纳的原因进行正式答复并说明理由。基于以上原则建立和完善公众意见的采信原则、处理程序、反馈机制，明确公众参与的形式，针对不同的规划、同一规划的不同阶段设计不同的公众参与方式，增强可操作性。

第三节 城乡规划编制审批中的共同治理

城乡规划的编制和审批是政府调控城乡空间资源、指导城乡发展与建设、维护社会公平、保障公共安全和公共利益的重要行政行为之一。要保证城乡规划编制得科学、合理，既要适应国家经济、社会发展水平，又要符合国家城乡规划和建设的法律、法规和方针政策；城乡规划的审批既要核定编制内容的完整性，又要确保审批规程的法定性。如何在城乡规划的编制和审批管理中推动城乡规划共同治理，以提高城乡规划的科学性、可实施性，进而强化规划的权威性是本章要讨论的内容①。

一、城乡规划编制审批的政府横向合作研究

城乡规划编制中政府的横向合作研究主要探讨城乡规划编制过程中，政府通过在政府各相关部门之间政府和社会公众之间建立有效的协作机制，使规划在制定过程中在最大限度体现社会多元的利益需求的同时，也充分体现政府各相关管理职能。本节试图从政府向科研院所购买公共服务、政府与第三部门合作、区域中地域相邻政府间的合作等角度探索城乡规划编制中政府横向合作机制。

（一）政府购买公共服务

决策研究和决策落实是两个相互关联的决策环节，在这两方面分离的基础上构建对应的整合策略是未来的发展趋势。通过利用公众参与展开大范围的讨论和经验吸取，有助于决策者更好地作出决策，使研究和落实的过程形成一定的机制，培育和提高研究的系统化水平，以科学研究来保证决策的合理性。

管理学家彼得·德鲁克（Peter F.Drucker）曾经指出，政府必须面对一个事实：政府

① 边经卫．城乡规划管理：法规、实务和案例 [M]．北京：中国建筑工业出版社，2015：109.

的确不能做，也不擅长社会或社区工作。按照公共服务的供给、生产和消费三个环节确立公共服务的购买者、承接者和使用者三类主体。政府作为购买者，在城市基础设施等公益性较强的领域引入社会化和市场化机制，通过合同、资助、购买等方式将政府公共服务转接给私营部门或单位，从而与社会主体建立起利益共同体关系，减小社会主体风险的同时减轻政府的财政负担，公众也获得了多样化、个性化的高质量的公共服务①。政府在组织编制城市规划时，将一些规划研究和规划编制任务以委托或招投标的方式交给规划编制单位或科研院所，即政府谋划公共政策时，通过购买公共服务的方式完成编制。既然是“购买”，就需要政府完善机制，精明购买②。

1.完善公共服务购买机制，提高规划编制的科学性

城市规划是理论研究与实践应用的统一，并且其规划的管理、实施和反馈全程更加重要。因此，政府或规划管理部门向规划编制单位委托规划编制任务时，应当做好充分的前期准备，通过多方合作，研究提出明确、全面、可行的委托规划编制任务要求。

在计划经济体制下，规划部门从属于计划部门。在很多城市，规划设计与规划管理并未截然，规划管理工作人员往往也承担着一部分规划设计工作，因而当时的规划编制组织实际上实行的是内部运行模式。自1986年为加强对全国规划设计单位和设计工作的管理，进行全国规划设计单位实行技术经济责任制试验开始，我国的规划设计单位已形成全额拨款、差额拨款、自收自支等不同形式的事业单位或企业单位。随着市场经济的推进，具有高知识性、高增值性和低消耗、低污染等特征的规划设计领域市场化趋势不断强化，对民间资本和外资的限制逐步放开，规划编制的主体开始呈现多元化的趋势。

目前，我国城市规划编制组织中，下放修建性详细规划的组织编制权，控制性规划及以上层面的法定规划均由政府委托并组织规划编制单位完成。在政府和规划编制单位合作过程中，规划项目计划、任务书编写、下达任务委托、编制过程中的技术协调、成果验收等任务由政府负责，规划编制单位则承担规划的前期论证、调查、分析，提出编制成果等任务。

在规划院进行市场化运作的背景下，完善规划委托与编制的合作机制，突出城乡规划的公共政策属性，更加注重维护城市公共利益和社会公平，更好地实现城乡规划的公共服务职能，具有现实意义。

政府在进行规划委托时，应首先对规划院的基本情况、业绩、报价、完成工作时限、管理机制等方面进行综合考评，并在合作协议中分别明确规划管理部门和规划院的职责，对委托事项的目的、内容构成、成果形式和进度安排作出规定。考虑到城乡规划自身

① 孙晓莉．政府购买公共服务的实践探索及优化路径 [J]. 党政研究，2015（2）：5-8.

② 红培．政府与社会组织关系重构：基于政府购买公共服务的分析 [J]. 广东社会科学，2015（3）：205-212.

的复杂性，为避免出现规划编制不适应城乡社会经济发展需求的情况，在委托时，规划管理部门应明确基本工作内容，对规划院的调研等工作作出强制性或建议性的规定。规划院在编制的方法、技术、成果方面应建立一种适于管理且可操作性强的规划编制模式，为政府进行规划的实施和监督、制定城乡规划政策提供相应的技术支持或参考，便于提高行政管理效率。

政府或规划部门在规划组织编制初期，开展多方合作和多视角研究，有利于向规划编制单位提出明确、全面、可行的任务要求。一是重视多视角的切入，进行经济、社会、人文、资源环境和基础设施等多方位的研究，推动规划咨询的多专业、多部门的共同参与，多方位找准城市发展需要解决的问题，科学提出城市发展目标，结合多学科研究间的合作，为城市规划提供多元的视角，增强规划管理和编制的合理性，尽其所能降低规划中的不确定性；二是综合协调多个部门间的利益，充分调动各管理部门参与规划管理的积极性，在任务委托之前，就要开展与其他职能部门的合作，综合协调多部门的利益，明确各部门职责范围，以期得到各部门的积极响应，为规划实施提供良好的基础；三是对城市规划实施的便利性提出要求，在规划成果表达上要注意读者的不同层次，使公众轻松读懂规划的缘起、过程和得出的结论。

同时，要重视城市规划编制和实施过程中的反馈，将实施中出现的问题未雨绸缪地在编制过程中进行反思，形成有机互动，加强规划编制的合理性和科学性。

规划管理部门在制定和实施规划时，推动城乡规划第三部门的发展也十分关键。城市规划是服务型政府提供的一项重要的公共物品和公共服务，要达到公共服务所要达到的目标，政府必须从自上而下的科层制的管理模式转向网络化合作的运行机制，这就需要与社会组织等第三方进行合作，并赋予社会组织一定的角色来协作进行城乡规划管理。通过加强政府与社会组织的合作，并向其购买公共服务，使政府由公共服务的直接提供者转化为公共服务政策的制定者、购买者和监督者，实现政府角色的全面转换。一方面，政府部门的主要职责变为制定公共服务的数量和质量标准，强化对生产过程的监督和评估；另一方面，政府从单一的行政方式转换为政府、市场和社会组织三者有机合作的机制[①]。

在委托编制法定规划时，提供给经济、社会、文化、民意调查等领域的社会组织大量的公共资金，合作做好前期的研究工作。政府在其中的角色是搭建、运作和维护网络化的合作机制，类似于交响乐指挥在指挥一群技艺高超的艺术家演奏曲目时起到的作用一样，当然，指挥家本身不演奏任何乐器，而是引导复杂网络中的主体间的合作行为。以公共服务需求为导向，进行政府主导的多方合作，使规划的编制更加符合城市发展的现实需求，提高政府在提供公共服务过程中的针对性和有效性。

大量的国际性证据表明，随着各国政府日益认识到需要借助外力解决它们面临复杂的

① 王浦劬．政府向社会组织购买公共服务研究 [M]．北京大学出版社，2010：10.

生态环境和社会经济等问题，政府与非营利组织间的合作也不断加强。因此，在全世界范围内这种合作关系普遍存在[①]。美国规划协会是目前世界上规模最大、历史最悠久的城市规划智库组织，作为一个公益性的非政府机构，它的成员大部分服务于政府部门，常规工作包括规划技术培训、专题研讨、学术交流等。

基于此，各级政府和规划行政部门在行使城乡规划职能时，应积极推动城乡规划第三部门的发展，形成政府与其他社会组织共同参与规划管理的机制，广泛动员和引导城乡规划第三部门参与规划管理并提供服务。制定相关的法律法规和政策，建立严格的评估和监督体系，支持社会基层组织的发展，拓展社会公众参与规划管理和决策的范畴，使社会组织成为政府提供城乡规划公共服务的合作伙伴，发挥协会、社会团体等组织在反馈诉求、参与互动、规范行为中的作用，协同作业解决公共问题。

改革开放以来，我国的社会组织不断发展壮大，志愿者组织、行业协会等各种社会组织在各自领域发挥着越来越重要的作用，在政府从计划经济体制下的独断包揽向民主的有限责任政府的角色转变过程中，提高了公共服务的质量。

在城乡规划中，政府应更多地关注宏观管理政策，加强对城乡规划的战略管理，具体的规划管理工作则交由社会组织等城乡规划第三部门来完成，如各层级的城市规划协会等，政府则负责对这些社会组织进行管理和监督，这种职能的分工既有利于城乡规划政策的制定，又有利于提高城乡规划服务的质量和效率、降低财政成本，有助于提高公共服务的针对性和均等化，调动规划管理各方面的积极性。

2.做好购买服务成果向决策的转换

政府购买的成果不能原封不动地转化为决策，要有所筛选，有所转换，依据法定程序使服务成果顺利地转化为政府可操作、可实施的公共政策和进行规划监督的行政依据，先“谋”后“断”，实现规划编制与规划管理的有效衔接。

如在控规的编制阶段进一步深化、细化城市设计、产权调查、经济核算、公众参与等相关工作，据此提出更为细致、明确的规划管控要求，减少许可环节的自由裁量权，并形成面向公众的咨询与宣传文件，便于建设单位和个人依规划实施建设。下面以城市设计为例，探讨购买成果与法定规划的衔接。

城市设计在我国的城市规划体系中缺乏法律地位，原因在于多数的城市设计都仅仅停留在概念设计和方案指导阶段，缺少可操作性的具体指引。其次，城市设计多为主观性因素，其衡量标准多为舒适宜人、美观大方等感性引导因素，缺乏客观的评价指标因子。因此，设计者将这种主观性、概念性的方案转化成有效的、规范化的管理语言的难度十分巨大，这也造成了城市规划管理部门对于城市设计的实施缺少管控依据，很难加大管控力度。

① 徐苏宁．设计有道：城市设计作为一种“术”[J]．城市规划，2014（2）：42-47.

加强城市设计将城市设计与法定规划衔接已成为各方共识，因此有必要将城市设计纳入城市规划法定管理体系，积极构建城市设计管控体系，明确各层面城市管控需求和内容，并在具体地块中强化可控、可量化的设计规范，实现对城市三维空间的管控的落实，完善城乡规划管理和各项具体工程设计的衔接。

总体城市设计层面应从宏观层面强调其对城市空间结构的控制，强制和引导相结合。其中，通用指标应包含城市风貌、公共开敞空间、高度空间序列、界面、轴线与视廊、城市节点、道路等内容；特殊区域控制指标则应包含自然要素和历史文化要素两方面的内容。

在区段城市设计层面是对总体城市设计进行深化的过程，对应的是街区等小范围的目标。

在地块城市设计层面，应以可量化的强制性控制要素为主，以实现对空间的精细化控制。以建筑贴线为例，当前，大量的建筑退线不统一，是造成部分地区街道空间连续性不好、杂乱无章的重要原因。通过对贴线率和建筑退线的控制可以实现对建筑贴线的控制，所以将上述两项因素纳入城市设计法定性内容，并在编制过程中对不同性质用地、不同性质街道的贴线率和建筑退线作出量化考虑，则可成为城市管理的部分依据。

将城市设计与法定规划相衔接，通过管控要素对未来开发项目的空间形态和使用状况进行清晰地预测和控制，形成具有可度量性、可行性、可操作性的城市设计的管与控。

（二）区域内地域相邻政府间的合作

二十年前，中国开展了行政权力下放和财税体制改革。随着权力的逐步下放，地方政府对于土地等资源的控制权利增加，财政权也相对独立，使各级政府间的竞争日益激烈。区域相邻政府间的共同治理是政府创新的一个重要领域。

当前，随着我国城市化水平的不断提升，区域间的经济、空间也逐渐呈现出一体化的快速发展趋势。区域中地域相邻政府间的合作主要是指同级别的省级、地级市、县级政府之间的“横向”合作，也有学者认为还包括相邻地域间没有直接的上下级关系、不是平级的政府之间的“斜向”合作。在区域合作中，地方政府探索出了许多跨区域的新的组织架构和合作模式。目前，地方政府的观念正在逐步转变，由传统的封闭主义转变为强调协同发展的合作主义，从强调自身权利转变为区域协同发展的新地方主义。因此，地方政府开始重视各平行政府之间的合作协调机制，以期通过这些解决自身发展所面临的问题[①]。例如，从2000年开始，长三角地区“一市两省”以及16个城市政府各个职能部门之间建立了联席会议、论坛、合作专题等合作机制，规划是其中一个重要的专题。长三角区域合作呈现省（市）级、部门间、行业间多层次的合作态势。国土空间规划中要发挥不同地域的区

① 李瑞昌．政府间网络治理[M].上海：复旦大学出版社，2012：20.

间优势，实现生产要素的跨区域流动，促进不同区域的协调发展。长三角、珠三角和京津冀等区域协同发展过程中，更加注重跨省区的区域合作。在空间规划中，弱化行政边界，转向跨行政区边界的区域合作规划管理，实行跨区域政府联动的模式，突破传统行政分割、各自为政的规划管理思维方式，形成区域间的整合合作、援助和利益补偿机制。

城乡规划跨区域共同治理对促进城乡统筹和区域协调发展的作用主要表现在以下几个方面：

第一，引导城乡与区域空间的功能布局，促进城乡与区域环境保护。城乡规划根据城乡发展基础和发展条件，从区域整体优化的角度，对城乡和区域空间结构及其职能分工进行协调安排，通过时空布局强化分工与协作，可以促进城乡和区域之间形成有序竞争和合作的协调关系。通过明确城乡和区域内适宜开发区域、限制开发区域和禁止开发区域，实施区划调控，避免建设开发活动对生态环境的破坏，严格保护基本农田、水源保护区、地下矿产资源分布区等生态敏感用地，可以实现城乡和区域环境保护与可持续发展。

第二，引导城乡与区域空间资源的合理配置，实现资源节约集约利用。城乡规划根据城乡和区域的生态环境、土地、水资源、能源和文化遗产等基础条件，综合协调城乡和区域的各类用地布局，可以使工业生产活动就近资源、能源产地，城乡居民生活居住地与工作及游憩场所有便捷的交通联系，实现城乡和区域空间资源的合理和优化配置，降低消耗，促进资源节约集约利用。

第三，引导城乡与区域空间基础设施建设，改善城乡区域整体人居环境。城乡规划在综合考察城乡和区域发展态势的基础上，可以从区域整体效益最优化的角度，对城乡和区域的基础设施建设进行合理布局，包括对基础设施空间布局及其建设时序的调控，避免“就城市论城市”“就乡村论乡村”及重复投资建设的缺陷，改善城乡、区域的人居环境。

第四，加强城乡和区域的合作，实现双边经济的共同发展。城乡规划根据区域整体的观念协调城乡不同类型空间开发中的问题和矛盾，可以将城乡资源开发、人口转移与区域产业布局、城镇化发展等紧密联系起来，统筹城乡经济社会发展和区域城镇体系建设，协调城乡基础设施、公共服务设施的建设，实现城乡与区域社会经济的整体优化发展与共赢。

城乡统筹和区域协调发展涉及城乡规划建设的各个领域、各个方面，既要从整体层面上加强，也要从关键环节上突破。城乡规划跨区域共同治理的重点任务主要有：

第一，认真制定和实施城镇体系规划。城镇体系规划是政府综合协调辖区内城镇发展和空间资源配置的依据和手段。《城乡规划法》规定：要制定全国城镇体系规划和省域城镇体系规划。要依据城镇体系规划，研究制定城镇化和城镇发展的相关政策，规范和约束城乡规划的制定和实施，协调区域重大建设项目和基础设施的布局。

第二，加强对城镇群发展的规划引导。随着我国城镇化进程中城镇数量的增加和人口规模的扩大，城镇的空间密度不断提高，这样不仅形成了京津冀城镇密集地区，而且围绕重庆、武汉、沈阳等大城市和特大城市诞生了以单核或多核为主，周边城市协同发展的区域城市集群。这些地区是国家和区域发展的核心地区，加强对这些地区的规划引导，既是这些地区自身发展的需要，也是提升国家和区域综合竞争力的需要。

第三，推进城乡规划空间全覆盖。城乡统筹是落实城市和乡村紧密连接的举措，协调城乡空间和资源，统筹发展，不留空白和盲区，以确保政府在协调城乡发展中拥有依法行政的依据。在长三角等我国经济较发达的地区，城乡矛盾问题尤为突出，城乡统筹规划的实践也走在前面。浙江省创新城乡规划编制方法将县、市域整个行政区作为城市规划区范围，在全省范围内推行县市域总体规划编制工作，对城乡空间资源统筹规划，要求做到城乡规划一张图。

第四，积极推动区域综合交通枢纽的规划建设。公路、铁路、民用航空和江海航运都在城市汇集，以城市为枢纽。这些交通枢纽不仅为枢纽城市的发展服务，更为区域发展服务。要加强综合交通枢纽的规划建设，一是促进多种交通方式的有机衔接，二是促进枢纽城市与区域综合交通网络的有机衔接，三是促进区域交通与城市内部交通的有机衔接。在合理安排交通功能的同时，统筹安排高新技术产业、商贸物流、商务办公、休憩旅游等功能。要把综合交通枢纽的规划建设作为提升城市功能、增强辐射带动能力、促进区域协调发展的关键环节。

第五，促进村庄合理布局和功能提升。促进农村人口合理、有序地向城镇转移，充分发挥城镇的引擎作用，是城镇化的重要任务。随着农村人口的转移，农村居民点主要面临以下几种发展途径：

一是将城市周边的乡、村纳入中心城市，农民实行就地城镇化；

二是在原有居民点的基础上大力发展非农产业，打造新的城镇；

三是充分维护原有的农村风貌和景观，通过健全基础设施和公共服务体系，发展成为新型农村社区；

四是随着人口的输出和转移，原有的居民点缓慢发展。

促进村庄合理布局和功能提升，一是要关注到城镇化过程中乡村人口减少的趋势，优化村镇布局，促进村镇的合理聚集。促进乡村人口适度集聚，不仅有利于合理配置建设用地，实现集约紧凑发展，而且有利于提高农村公共服务设施建设的效益，降低农村现代化的成本。积极发展重点镇和中心村，提高村镇节约集约用地水平，优化城乡空间并提升城镇化质量。二是要着力推进城市基础设施向村镇延伸，推动城市社会服务事业向村镇覆盖。三是要根据村镇原有的生态资源条件、经济社会发展水平，结合城镇化过程中乡镇和农村居民点演化的特点，按照集聚优化型、拓展提升型、限制规模型、撤并搬迁型和特色保护型分类引导村镇建设。

应以地方为主体实现城乡规划相邻政府间区域协同合作和制度创新。城乡规划区域共同治理制度主要包括：区域政府间信息沟通和协商机制。区域内政府间应该建立一个交流互动的平台，在编制跨行政区域城乡规划或本行政区域法定规划前期，通过对地区间公共事务（如能源、交通、公共安全等领域）进行充分沟通，统筹区域内重大基础设施布局、资源保护和合理利用，合理安排本行政区域内产业发展和空间布局；建立规划实施的公约机制，加强规划编制和实施管理的联合，合理分解任务，共同落实规划确定的应由政府实施和管制的内容，强化地方政府政策的规范化、法治化，规范有关行政许可行为；建立健全监督管理机制。英国思想家霍布斯曾说“没有武器胁迫的约定，那就是玩笑而已”，相关专家也指出，不同地方的政府会基于能源、交易等原因出现远近亲疏的动态关系发展，所以鼓励能促进合作的积极要素，消除产生消极影响的要素，是区域间平衡发展的重要原则。城乡规划时，必须约定监督与约束机制，才能维系府际合作的顺畅，保障规划得到有效实施。

（三）实行横向合作的城乡规划委员会制度

城乡规划的首要步骤是确定其政策与批复等环节的科学性、民主性和高效性，直接关系到城乡规划管理效能的提高和城乡发展目标的实现。随着城乡和市场经济的不断发展、依法行政的全面落实，多元化利益主体要求在参与规划管理决策中有越来越大的“话语权”，在这种背景下，大部分的省会城市和部分的地级城市都针对自身发展中的问题，建立了城乡规划委员会制度，以适应城乡发展的要求，其中，深圳和上海的城乡规划委员会制度最具有典型性和代表性。

在规划管理审批过程中实行城乡规划委员会制度，实际上是政府横向合作的体现，用委员会的集体决策替代各部门的首长决策，避免以行政决策替代科学决策，更有利于提高规划决策和审批的科学性和民主性。同时，多元化的利益主体参与决策也有助于增强规划的公平性，使得决策更容易获得各方面的理解和支持，进而便于实施。在决策过程中，充分发挥委员会的协商功能，使得政府各部门在政策和计划制定过程中更有效地协调，减少各部门在城乡规划决策中的“摩擦”；城乡规划委员会有利于集中行使政府各部门中与城乡规划相关的职权，弥补城乡规划管理部门职权不足的弊端，最终增强城乡规划决策和审批的权威性。

1.组织构成

城乡规划委员会成员应包括公务员、专家和民意代表三个领域的人员。公务员领域委员应包括与城市建设相关的各个主管部门（诸如规划、国土、园林、交通等）的首长，他们对于城市的发展环境和发展状态都有比较全面和深刻的认识。为了保证规划决策的均衡性，他们应该以个人身份而非组织身份委任，在与专家、代表社会公众、市场主体等的民意代表委员充分讨论过程中，提供必要的信息，便于委员会能够更为准确、清晰地根据城市实际发展状况进行决策，提高科学性和可操作性。从专家角度看，城乡规划作为一项专业性较强的公共政策，其决策应涵盖土地、环保、能源以及法律、工商等相关领域的专业人士，尽可能地将主要行业的专家纳入城乡规划委员会，充分发挥各个专家委员在技术层面的整合、协调和润滑作用，提高决策的权威性。民意代表则应是通过公开征询或者相关利益群体直接推举的办法产生，由具备较高道德素质和城乡规划专业素质的人员来代为决策。民众可以将自己的建议呈交委员，也可以通过各种形式的听证和咨询活动参与到城乡规划决策中来。城乡规划委员会各委员应以维护城市公共利益和大多数公民利益为己任，恪尽职守，同时接受人大、司法、人民团体和新闻媒体的全程监督。

2.决策方式

当前，我国各城市的城乡规划委员会普遍存在召开会议次数过少的问题，应将会议从不定期的召集制改为每季度一次的例会制。同时，为了提高会议的决策效率，应将法定最少参会人数降低到十人以下，未到会的委员可通过网络和电视电话的形式参会并提交书面文件。此外，对不同层次规划选择不同决策，如宏观规划采用一致通过的决策方式，中观层次规划采用2/3多数通过的决策方式，对于微观层次规划，可采用过半数通过的决策方式[①]，另外，应采用无记名投票的方式，从而为委员表达反对意见创造更为宽松的环境。

二、城乡规划编制审批中的政府纵向合作研究

《城乡规划法》的一个突出特点是上位规划对下位规划有绝对指导作用，下位规划应该遵守上位规划，每个级别的政府对应的是相同级别的规划和事权。作为政府职能的城市规划，有诸多的限制因素，如不能超越行政辖区，也不能超越法定的行政事权。国家、省、县的规划就是在区域层面上对镇、村庄的建设和管理进行协调和把控。区域层面的控制与具体实施方面的职责都不可缺少，上下级政府也同样存在着类似的面与点的关系。各级政府和行政部门都要从自身角度出发，结合科学管理规划理论，完成和本级政府相应层面的发展规划。如重要政府协调各省、自治区的发展规划，而市县在统筹乡镇发展规划的同时，其发展规划需要由省、自治区等来相应统筹。依据级别的不同，国家、省、县等层次需要制定和统筹下一个级别的行政管辖范围的城镇体系规划，市、镇、乡则制定其管辖范围内的总规划和详细规划。

要实现政府间的纵向合作，需在不同层级政府建立规划成果的衔接及协调程序。一方面，在规划编制中，明确各阶段的工作内容和各级政府的职责，在技术规范上明确编制内

① 施源，周丽亚．现有制度框架下规划决策体制的渐进变革之路 [J]. 城市规划学刊，2005（1）：35-39.

容、编制要求、工作重点和成果形式等编制标准，整合各类和各版本规划，为之后规划的审批和监督奠定基础。另一方面，建立中央与地方多层次、多主体之间的规划编制和审查工作机制和程序，使规划政策得到统一有效的贯彻，在规划编制阶段加大中央对地方的引导力度，强化对不同层级规划的衔接和细化。

第四节 城乡规划共同治理机制建构

坚持正确的政治方向，树立正确的价值观，解决为什么人的问题是一切工作的前提。城市规划只有以空间为载体，落实国家战略，按照党中央提出的认识、尊重、顺应城市发展规律，统筹空间、规模、产业；统筹规划、建设、管理；统筹改革、科技、文化；统筹生产、生活、生态；统筹政府、社会、市民的要求，发挥综合性、前瞻性、政策性的特征，以规划总揽全局，落实群众对城市发展的意愿，所形成的一个具有广泛代表性的“共识”，才能成为统筹城乡社会经济发展的抓手。始终坚持党的统一领导，实行党政主要领导主责，主抓城市规划，突出群众主体地位，发挥人民首创精神，上下密切联动、左右通力协作，厘清政府与市场、政府与社会的关系，才能形成推进规划改革的强大合力，推动《城乡规划法》的修改，依法走出具有中国特色的城市规划道路。

一、以明确权力清单和责任清单为前提建立合作机制

确定清晰的责权边界，建立权力清单和责任清单是建立有效共治机制的前提和基础。在改革开放这一框架下，社会主义市场经济的生机和活力得以焕发，“权力”一词愈发受到大家的关注。知情权、表达权、参与权、监督权等公众权力的不断加强，也从侧面彰显出中国的进步。作为协调城乡发展布局的重要手段，城乡规划具有明确的公共政策属性，所以，建立一个科学决议、执行果断、监督有效的权力运行体系是非常有必要的。

（一）厘清层级政府间的权责关系

在城乡规划工作中，中央政府（上级政府）由于省域城镇体系规划、城市总体规划审批内容过多、过细导致不同层级政府职责关系混乱。一方面，中央政府过多承担本应由地方政府（下级政府）承担的规划管理的职责（如城乡发展建设具体地块的空间布局和调整、城市基础设施和公共服务设施布局）；另一方面，一些本应由中央（上级）政府承担的城乡规划职责（如国防设施和区域基础设施建设，落实国家区域发展战略、重点生态区

域的保护等）却转移到了地方（下级）政府。城乡规划领域内上下级政府的权责划分未在编制、审批和监督内容中充分甄别的问题十分明显。

中央政府与地方政府的政策目标存在一定差异。中央目标统领全局，更具整体性与指导性，而地方目标则因偏好及能力水平不同而带有地方特色，同时相对更加具体明晰。《城乡规划法》明确，国务院城乡规划主管部门负责全国城乡规划管理工作，县级以上相应行政区域内的城乡规划管理工作则由地方人民政府的城乡规划主管部门负责。这些依据《组织法》确定的城乡规划管理职能要求与中央决策一起成为推进城乡规划层级管理制度改革的前提和基础。因此，理顺各层级政府城乡规划管理的权责是城乡规划管理制度改革的重要内容之一。经依法审批的、具有可实施性的城市总体规划需要明确空间管制层级要求，即各级政府分别提供、禁止、引导、监管内容。其中，落实国家战略措施、区域协调、城市增长、边界划定、区域重大设施布局、重大生态环境资源和历史文化遗产保护等内容，应当属于中央政府重点监管内容；城市发展方向、城市用地结构和布局、对产业引导控制等内容，在符合有关标准规范的前提下，应当划分为地方政府规划权责。

全力推进现行城市总体规划制度的改革，按照一级政府一级事权原则，明确中央、省级及城市政府职责，建立分级分层的规划管理制度，批什么、管什么，刚弹并举，维护规划权威性，保障规划可实施性。中央政府重点对涉及国家战略、空间布局、生态底线、文化传承进行审批和监管，对城市开发边界、城市重点区域的蓝线、绿线等四线加大管控力度。明确省级政府管理权限，扩大城市政府在公共服务设施配建、城市环境改善等方面的自由裁量权限。

（二）明确政府相关部门责任范围

合作不是简单的共同工作，而是明确责任范围是有效合作的前提。城乡规划作为空间平台，涉及多行业管理的内容，随着依法行政意识的增强，政府各行业管理部门逐渐意识到涉及本领域建设项目空间布局的工作，必须依法符合城乡规划要求；只有充分考虑和有效整合各相关行业的具体发展需求，明确各部门在规划制定和实施中的不同职责，才能制定出有效的、可实施的城乡规划。例如，2013年底，住房和城乡建设部与人防办联合开展了地下空间规划建设管理试点工作，试点城市从明确各相关部门的职责和权限开始，建立责权明晰、分工合作的协调机制，进行地下空间管理。这种探索和尝试，将为建立务实的地下空间管理制度和开展立法提供实践基础。

各级规划管理部门应逐步建设城乡规划管理信息平台，加强平台数据共享。通过建立多部门联动合作机制，统一各类规划编制工作流程、基础数据底板、规划成果规范以及成果审查程序，深化“多规合一”工作。

（三）细化行政许可的权力清单

在市场经济条件下，为了有效规范市场主体行为，减少市场投机和政府过度干预，政府在实施治理，尤其对微观经济主体进行调节和监管时，需要保证规则性和稳定性①。如果政府和市场未划定清楚明确的职能边界，权力不能被有效约束，政府对经济的大量干预，可能造成经济非理性波动，有限的财政资源被浪费、挤占，最终导致政府职能模糊。在经济方面“越位”的同时，社会公共服务如基本社会保障、公共卫生和基本医疗、义务教育、资源保护等缺少保障。在城乡规划领域，公权与私权的关系贯穿于城乡规划编制和实施的各个阶段，但往往最终表现为政府对具体地块开发利用的许可和管制。规划管理部门在对建设项目实施规划许可的过程中，存在因具体管理者的业务素质和审美偏好不同而出现审查要求不同的情况，导致建设单位认为规划管理部门自由裁量权过大，管理随意；同时，规划管理部门也认为仅以简单的几项规划条件作为管控的依据并不能达到规划实施管理的要求。产生不同看法的原因在于城乡规划在实施开发管制时，没有清晰界定公权界限，列出权力的清单。通过细化行政许可的权力清单，划清政府与市场的界限，推动私权与公权的平衡，实现“看得见的手”与“看不见的手”共同推动经济社会健康发展。

要列出建设管控的权力清单，应该在规划编制时做深入细致的前期准备，充分尊重现有权属，推进自下而上的渐进式规划方法②。

城乡规划工作须兼顾宏观与微观，一方面需要落实国家的调控要求，另一方面要合理管控微观经济行为，在城乡规划权力清单的建立上体现中国特色。对内，横向达成明确事权与充分合作，纵向实现合理分权与有效制约；对外，严格限制政府，将其规划权力限定在公共领域，使市场和社会的作用得到充分发挥③。

以德国为例，德国规划管理中公共利益与私人利益的协调，首先需通过初始公共参与、公共机构参与以及环境评价明确双方利益在规划范围内的具体内容和要求。其次，通过公开招标竞争，选择优秀方案作为规划建设的基础。这种规划偏向城市设计与景观设计，属于物质形态规划，建设中的控制措施由规划设计图抽象而成。项目审批时多采用通则式审批，判例式审批应用于特殊建设规划覆盖地区，在基础设施可以得到保证的前提下，项目若与控制要求没有矛盾，即可获得许可。由此，德国规划管理部门对项目进行审批时，建造规划成为一张详细的权力清单。在柏林市原东德外交部停车场用地改造项目中，经过对传统城市肌理的分析之后，建造规划提出控制要求，分割地块使之成为6米×

① 艾丹．权力清单只是职能转变的起点 [N]. 湖北日报，2014-04-01（3）．

② 周庆智．控制权力：一个功利主义视角：县政“权力清单”辨析 [J]. 哈尔滨工业大学学报（社会科学版），2014，16（3）：1-11.

③ 何雨．责任清单：构建基于社会治理背景下的权力清单制度核心 [J]. 上海城市管理，2014，23（4）：37-40.

12米的单元，以此为单位进行出售，后续对每个地块的具体方案不予以更多限制。这种类似于“负面清单管理模式”，有利于充分挖掘街区活力，延续传统特色，尊重市场本身的作用，形成了整体性与多样性并存的街区形态，可供参考借鉴。

我国现行规划许可制度改革的重点应在进一步厘清政府与市场关系基础上，大力推进审批流程减并，对各审批的合法性、必要性进行全面研判，减少可有可无事项；通过制定完善技术标准，推行行政审批与技术审查相分离，推进行政审批与技术审查相分离，推动政府部门的审批管理重点从技术审查转向批后管理。修订和完善立法，形成与规划管理审批相适应的法规体系。

二、城乡规划共同治理的政府内部机制建构

在城乡规划共同治理基本思路指导下，将不同层级政府、不同部门的权力、职能、资源和优势整合成为一个网络化的治理结构，形成跨边界、跨部门、跨层级、跨行业的城乡规划共同治理的总体框架，促进政府、社会组织、公民等各种公共管理主体在城乡规划过程中积极参与合作、高效互动交流，建设功能体系完备、资源使用合理、公共价值创造效率高、无缝隙提供公民服务的服务型政府。

（一）城乡规划共同治理基本观点与初步框架

城乡规划共同治理是基于实现共同利益与促进发展的目的，在城乡规划编制、实施和监督中建立起相互联系的行为与过程，其基本观点主要包括以下五点：

一是推动上下级政府之间的合作。出于不同的目标利益，中央政府和地方政府在城乡规划管理方面体现出不同的政策取向，如中央政府更加注重生态环境的维护、历史文化的保护、区域基础设施的建设、国家发展战略的落实，而地方政府则更加看重城乡规划对地方经济、市政建设、就业和税收的贡献。在充分甄别中央和地方政府的权责划分基础上，推动中央和地方政府在规划编制、实施监督中的信息充分沟通和管理有效合作，有利于提高城乡规划的科学性和严肃性。

二是打破规划管理与其他部门之间存在的嫌隙和壁垒。由于特殊的空间规划目标、政策和任务，构建规划管理部门与其他部门间的跨部门协作机制或成立部门间协调机构。对规划、发改、国土、环保等部门的管理内容和许可事项实施优化整合，并督促部门之间进行良好的沟通与积极的协调。建立联合队伍和资源共享平台，使稀缺资源得到进一步的高效利用。同时，多部门合作提供“一站式”的城乡规划公共服务平台，共享公共服务界面，提供整体化和高效的公共服务。

三是倡导政府及其规划管理部门与社会企业及组织三者之间形成跨界合作理念，积极交流，打破割裂式的管理方式，在不同部门之间、政府与社会之间采用系统整体的思维互

动模式，实现跨部门、跨组织的资源信息及技术能力的整合统一，从而使城乡规划管理的运转更具系统性、整体性和灵活性。

四是通过文化、价值观、信息和培训进行协作，尽可能减少同一层级政府间、规划管理部门与其他部门间和社会间的损害彼此利益的边界和不同政策，将城乡规划政策领域的各方利益相关者组织到同一系统中，形成旨在创造公共价值及提供公共服务的规划管理行动网络，最终实现1+1>2的协同效应。

五是倡导政府、社会组织、社会公众合作互动构建城乡规划编制的多方参与机制和城乡规划实施的绩效评估机制。引入公众作为规划管理工作的考核参数，在考核中，将公众对政府官员的意见纳入政府官员的考核体系中，以改变以往政府自我评价的做法，实行自评与他评相结合，提高考核质量，抑制地方官员的短视行为和表面工程。

城乡规划共同治理体现了现阶段城乡规划管理的发展趋势，在今后的发展中，城乡规划管理将呈现“城乡规划共同治理”模式。近年来，规划学者、规划编制人员和规划管理人员已经从不同角度对上述内容进行了不同深度的研究和实践，可将这些研究和实践归纳为纵向合作和横向合作两个方面。

（二）纵向路径建构

城乡规划共同治理的纵向建构主要是指建构上下级政府间的合作路径，目的在于厘清上下级政府间的权责关系，推动层级合作与制衡。

构建纵向合作路径，涉及中央和地方政府的职权关系。我国在行政体制上实行中央集权制，而所有事务的具体实施行为均由中央在地方的代理机构——地方政府进行，以至于地方政府的事权高度集中，中央无法脱离地方独立行动，从而自然形成中央与地方的合作和利益制衡机制。建构中央与地方政府的纵向合作机制是解决中央与地方事权越位、缺位、错位，降低中央与地方政府、上级与下级政府间的博弈难度和谈判成本，促进层级合作和利益制衡的有效途径。

我国的城乡规划政府纵向合作也应通过新组建高层级的协调机构，或者明确城乡规划的综合协调职能，确立其核心地位，加强对其他城乡规划相关部门在政策制定与执行上的协调。

（三）横向路径建构

与纵向建构相对应的是横向建构，主要是指同层级政府间、政府内部不同部门间的合作路径，目的是促进同层级政府、部门间的有效合作。城乡规划是具有综合性、全局性、战略性的公共政策，具有典型的多属性特征，需要各个政策执行者彼此之间的合作协调。由此可知，明确政府各相关部门的权利义务，在理顺横向权力清单的前提和基础上，建立良好的部门合作机制，是解决政府横向合作困境的有效途径。

我国的城乡规划政府横向合作应通过在同层级不同政府之间、政府不同部门之间、政府与社会之间建构以公众需求为导向的合作机制，实现跨部门、跨组织的政策和资源整合，提供无缝隙的公共服务。改革的中心思想是通过政府各个部门之间的配合以及政府内外组织间的沟通协作达到以下四项目标：减少政策矛盾冲突、充分利用稀缺资源、组织政策利益相关者进行合作、提供给民众无缝隙公共服务。各相关部门分别通过财政、经济、法律等手段保证各级规划顺利地进行。其中财政金融对规划的实施起到重要作用，明确划分各级政府部门的财权和事权；实行人均税收较高的地区救助较低者的横向拨款制度和政府补助低财力地区的纵向拨款制度；国家投入资金以确保规划顺利实施。使用经济手段促进规划实施的具体行为是使用诱导资金和减税。

三、城乡规划共同治理的制度建设对策

我国在《城乡规划法》中对城市规划的信息公开已经作出了规定，然而在具体实施过程中，公众往往在规划基本成形后才开始了解和接触，缺少前期的知情权。我国应充分借鉴境外的做法，在规划的初始阶段就将公众纳入规划管理中，让公众在城乡规划管理全过程中始终对相关信息有充分的知情权。这种做法有助于化解社会矛盾和冲突，提高城乡规划的科学性和可操作性。

（一）对城乡规划公众参与的范围作出明确规定

公众参与城乡规划管理的前提是规划信息的可达性。只有充分了解规划信息，公众才可能真正参与到城乡规划中去。目前，尚未有专门的法律条例对公众参与范围作出明确的规定。很多政府部门为了稳妥起见，对规划资料和信息采用“一刀切”的做法，增加了不同部门和公众了解深入规划信息的难度，也在一定程度上滋生了腐败现象。

城乡规划公众参与的主要内容应包括：在国家法律法规规定的保密范围外的城乡规划行政管理事项，主要有：城乡规划政策法规与管理职能；城乡规划的制定、实施管理、检查监督等规划业务管理；各种服务事项及办事程序等。由于城乡规划管理具有较大的自由裁量权和较强的专业性，不仅应该公开规划内容，还应该对规划许可的行为过程和结果进行公开，包括以下几方面：

第一，公开行政依据。即对城乡规划编制和实施的依据进行公开，主要有四个方面：一是城乡规划管理的法律、法规和规章标准，如《中华人民共和国城乡规划法》；二是相关的技术规范，如《城市居住区设计规范》；三是本地区、本部门制定的技术规定和标准；四是各类法定规划，如城市总体规划、控制性详细规划、修建性详细规划等。

对于已公开的法律法规和技术规范，规划管理部门可以汇编成册和在网站上公布，便

于公众查询。对于本地区、本部门制定的技术规定、标准等，也应当予以公布。按照《行政许可法》的规定，行政许可所依据的规定若未经公布则不能作为依据。因此，为了避免最终作出违法或无效的行政许可，应在审批过程中公开作为依据的各项规定。按照法定程序编制的各类城乡规划也须向社会公布。

第二，推动规划编制机制的创新，按照“共同缔造”共谋、共建、共管、共评、共享的理念，在规划编制调研阶段，利用社区组织等平台了解社区街道需求，宣传讲解规划编制，以发动群众共同参与为核心，以供给侧为导向，提高规划有效性。畅通听取公众、利害关系人、人大代表、政协委员、人民团体、基层组织、审计监察、信访等意见渠道；利用“多规合一”综合平台及时征询区政府、行业部门意见；探索专家意见采纳情况说明制度，健全部门论证、专家征询、公众参与和中介机构评估等机制。建立微信公众号，加强规划宣传工作，建立广泛地征求公众意见渠道。

第三，城市规划和“一书三证”审批过程公示。为了使城市规划部门与公众之间产生良好的双向互动交流，如果在城市规划审批环节中或在建设项目核发“一书三证”的过程中产生了意见，应在核发“一书三证”前进行公示。公众在了解项目建设的实时动态、审批信息后，提出的意见将作为规划部门调整规划设计及项目建设的依据。

第四，城市规划和建设项目批后公示。城市规划批后公示与建设项目批后公示的形式有所不同，但两者的目的均在于提高公众参与度，增强监督意识，加强规划实施刚性。

第五，城市近期和年度规划项目公示。规划部门应超前研究确定城市近期和年度重要建设项目，编制规划并形成项目资料库，将公示之后获得的专家和公众意见作为近期城市规划项目的参考。

第六，城市规划违法建设案件查处公示。对城市规划违法案件下达行政处罚决定后，将违法项目名称、建设单位、违法事实和处理意见向社会进行公示，提高社会各界在规划问题上的守法与监督意识，通过社会各界的声音共同遏制和纠正违法建设行为①。

除此之外，城乡规划部门还应该建立有效的城乡规划信息披露机制来保证公共参与的信息需求。比如，城乡规划部门可以采用新闻发布会或公益广告等形式，及时宣传国家的城乡规划政策及法律法规，使重大决策和方案能够迅速、准确地为社会公众所了解，获得公众的支持，确保城乡规划政策和执法的有效实施。同时，城乡规划部门要定期发布城乡规划执法状况报告，及时报道和表彰先进典型，公开披露和批评城乡规划违法行为，对严重违反城乡规划的单位和个人予以曝光②。

① 汪德华．中国城市规划史纲 [M]. 南京：东南大学出版社，2005：28.
② 李瑞昌．政府间网络治理 [M]. 上海：复旦大学出版社，2012：19.

（二）完善城乡规划公众参与工作的经费保障机制

1.提高党政领导的重视程度

领导作为一个组织的领军人物，在机制的实施中起到至关重要的作用。要完善城乡规划公众参与工作的经费保障机制，必须提高党政领导的重视程度。一方面，可以通过学习培训使他们认识到建立公众参与工作的重要性，进行“主动公开”和“依申请公开”；另一方面，可建立监督机制，监督党政领导是否真正重视公众参与工作的经费保障机制，是否依据《行政许可法》《政府信息公开条例》《城市规划编制办法》相关规定进行公众参与。对于不遵循法律规定、玩忽职守的领导予以严处；反之，则予以嘉奖。

2.确保公众参与工作经费的合理预算

要完善公众参与工作经费保障机制，确保工作正常进行，各级财政（务）部门在年初做好经费预算，避免追加。首先，财政（务）部门要提高该项工作公用经费的保障定额，建立和完善城市规划信息系统，构建城乡信息政务公开制度。各地城乡规划部门均应建立一个提供城乡规划建设相关信息的动态展示和服务咨询平台，将收集的数据资料用作政府决策和城乡规划的技术支撑。

其次，可与各级统计和测绘部门配合建立统一的城市空间划分及空间单元编制体系，从而使社会、经济、环境等信息的共享成为可能；建立城市动态监测系统，通过对卫星影像信息的分析处理获得城市增长指数、城市社区指数等信息，预测城市规划发展趋势；将规划基础数据、规划成果、规划法规标准、规划案例、规划实施评价和用户规划数据合并统一建立城市规划的资料框架，并及时更新数据资料，全程动态监测规划的审批实施过程。

3.制定和落实合理的公众参与经费保障标准

要完善城乡规划公众参与工作的经费保障机制，应制定和落实合理的经费支出标准。首先，对于城乡规划信息平台应采用定额定量的管理制度。其次，对于会议费、宣传和普及教育费用等这类原来已有标准的项目，可以结合实际情况适当调整。再次，由规划部门结合日常工作合理计算，确定阶段工作的最低保障标准。最后，经过地方政府审核通过后将其纳入财政预算并予以坚决保障。

（三）建立和完善公众意见的采信原则、处理程序、反馈机制

《城乡规划法》确立了在城乡规划管理中公众参与的法律地位，但对于规划管理过程中的采信原则、处理程序、反馈机制，并未作出详细规定。这也是公众参与流于形式、难以落实的重要原因。从某种程度上讲，制定采信原则、处理程序、反馈机制是决定公众参与规划管理的核心。

国外公众参与规划管理的机制主要满足以下原则：一是全程参与。从规划的立项到监督，公众参与贯穿于城市规划管理的全过程。二是循环性。建立公众参与的评价体系和相应处理程序，对各个阶段进行评价，若未能良好执行，则不能进入下一阶段的规划。三是反馈性。收集分析公众意见，并及时将处理意见反馈给公众。如果意见未被采纳，则必须进行正式的答复及解释，公众还可以针对这些解释进行辩论。明确公众参与的处理程序，针对不同的规划以及在同一规划的不同阶段分别设计不同的参与方式，增加整体的可操作性。

建立公众参与的反馈机制，可以起到保证规划管理公平公正的作用。传媒等为公众表达意见、参与公共事务决策提供了广阔的空间，但由于媒体当事人有其独立的观念和需求，社会大众的言论和观点也比较自由多元，媒体报道和社会舆论难免会存在有失公允的情况，因而不应过分夸大和依赖媒体的作用。在肯定媒体作用的同时，也应看到其局限，专有的公众参与反馈制度和程序性保障在城市规划领域仍然需要[①]。

（四）社区规划师制度

服务型政府更加强调政府与社会的良好合作、互动。公众价值观、需求的多元化和参与意识的增强对规划管理提出了新的要求，公众参与规划管理强调对规划管理的编制、审批、实施、监督全过程的参与，城乡规划管理从“指令型”向“服务型”转变，通过合作关系确立共同的目标，实施对规划事务的管理，有利于为市场和公民提供更有效的公共服务，体现政府和公众的良好合作。作为现代城市规划管理的要素之一，公众参与制度是“精英规划”向“民主规划”转变的重要标志[②]。20世纪60年代，城市规划人员走向社区和普通民众，公众参与开始在西方城市规划领域兴起。不同于作为基层自治组织的狭义“社区”概念，这里指广义上的“社区”，是“在相互影响密切的基础上通过相互信任联系在一起的一组人”[③]。

现阶段，社区层面城市规划公众参与主体主要存在两方面问题：第一，缺乏对一般社会公众利益的重视。市民只关注与其直接利益相关的规划，开发商则是想通过规划参与促使其利润最大化。双方更多是从自身利益出发，而非站在公众的角度来给规划提出公正的意见和评判。第二，公众参与导致规划编制效益降低。其主要原因是规划师协调公众利益矛盾能力不足和客观上规划编制时间因参与环节的增加而延长。政府官员作为规划决策

① 赵民，刘婧．城市规划中“公众参与”的社会诉求与制度保障：厦门市“PX 项目”事件引发的讨论[J].城市规划学刊，2010（3）：81-86.

② 冯现学．对公众参与制度化的探索：深圳市龙岗区“顾问规划师制度”的构建[J].城市规划，2004，28（1）：78-80.

③ ［日］速水佑次郎，神门善久．发展经济学——从贫困到富裕[M].李周，译．北京：社会科学文献出版社，2005.

者，难以平衡复杂的协调过程，从而造成行政效率的降低和公务成本、企业建设成本的上升。

社区规划师是服务城市街道一级的城市规划师，致力于社区管理、更新和复新等事项。主要的工作内容是向社区居民提供与其利益相关的规划方面的咨询服务，并定期或不定期地开展规划知识培训和规划宣传，同时为政府或规划机构进行城市或公共政策的研究和制定提供材料，组织居民对本社区的规划和建设情况做发展评估等，是市民和政府之间沟通的桥梁。

境外许多国家都实施公众参与的相关制度，如在美国西雅图邻里计划中，地区自发组建地区性组织，在专家指导下，组织参与说明会及地区基础资料调研等活动，同时充分考虑民众意见，分步持续执行地区计划，有序推进整个地区发展；对于不同地区，考虑不同计划，发展方式多元化，在环境与空间外更注重整个地区的社会性和生活性议题。

境外相关经验表明，城市社区组织的成立使得境外城市规划的公众参与得到稳步实施，成为城市政府与居民交流的中转站，使得城市居民能够有效地参与到城市规划中来。

在我国的城乡规划过程中，一方面，公众普遍缺乏对城市规划的基本认识；另一方面，公众参与的社区组织程度较低，以自发参与为主，因而很难对规划决策形成有深度、有强度的公众影响力。因此，应该使城市社区组织在公众参与中的地位得到进一步强化，并以此为平台，提升公众参与的影响力。在城乡规划管理中建立社区规划师制度，可为社区居民提供更为深入的、更贴近社区的专业知识和技术手段等帮助，在提高公众参与度的同时为社区居民传播城市规划的相关知识，通过鼓励公众参与培训等教育方式，提高居民规划素养，使其更好地参与城市规划。可以采用的组织和工作方式如下：

1.实行社区顾问规划师聘选和专家派遣咨询制度

区一级的政府负责进行顾问规划师的聘选，实行一年一聘并可续聘的方式。顾问规划师应对各社区的建设情况和规划设计进行充分的了解。专家派遣咨询制度建立在社区顾问规划师之上，专家应利用其在管理实践中的专业技术和经验协助顾问规划师更好地完成规划工作。

2.成立顾问规划师服务中心及工作小组

为便于整体开展工作，政府可设立“顾问规划师服务中心”，以确保制度正常运行。服务中心应承担落实提案、组织协调、检查监督、教育培训、宣传推广、网络平台运营与维护等任务，将其建设成为顾问规划师工作网络的核心以及对外交流的平台。

3.明确公众意见的反馈方式

顾问规划师应在第一时间对社区居民提出的疑问或意见予以答复。若因涉及其他相关部门等原因无法立即回复，规划师应将居民的问题意见进行汇总，通过“顾问规划师服务中心”这一平台组织促进政府、专家和大众三方代表的切磋讨论，将三方汇总意见措施交给相关行政部门依权办理。

4.社区规划师的角色定位

社区规划师应成为政府与民众之间联系的纽带，一方面，解读政府的规划政策，以简洁易懂的方式传递给社区居民；另一方面，处理和收集居民意见，实现社区的规划编制、实施和管理的稳步推进。社区规划师应定位为社区服务的角色，而非承担私人或营利性事务，所以社区规划师必须具有较强的奉献精神和社会责任感。

通过参与“社区规划师制度”的工作，规划师可以运用专业知识技能，征求社区居民意见，据此进行社区更改计划，为社区发展作出合理规划。因此，社区规划师有必要让更多公众了解规划信息，参与规划活动，让规划走出“象牙塔”。

社区顾问规划师制度的实行有助于逐步将政府的规划政策与规划管理的观念转变为“服务”的观念，将公众参与渗入规划实施和监督中，以促进政府职能转变。

第五章　城市更新理论

第一节　城市更新的内涵

在当代社会，城市更新的内涵取决于城市发展水平。随着城市发展水平的不断提高，人们对城市更新的认识不断深入。一般来说，城市发展水平越高，城市更新的内容就越广泛。城市更新不再是简单的城市建筑环境改造，而是一项与城市发展相关的系统性战略工程。只有科学地理解城市更新的基本内涵，把握城市更新的基本特征，理解城市更新的基本原则，才能充分利用城市更新的动力机制，前瞻性地制定切实可行的城市更新规划，最终实现我国城市更新的伟大目标。

一、城市更新概念的界定

城市更新的概念因城市发展阶段的不同而有所差异。人们普遍认为，城市更新是一种指导和解决城市问题的全面的愿景和行动。它寻求不断改善一个地区过去和现在的经济、物质、社会和环境状况。

城市更新也是一个在实践中深化认识的过程。在工业革命期间，特别是英国的城市更新期间，工人居住区的环境改造和城市贫民窟的改造，以及城市贫民窟的大规模拆除，都曾使许多工人流离失所。

19世纪中叶，法国巴黎进行了翻修，城市林荫道成为城市更新的重点。第二次世界大战之前，欧美国家的城市更新主要针对老城的破旧房屋和出租房屋。例如，霍华德（Howard）主张建设田园城市，将内城工人迁往远郊新城，为旧城更新提供条件；柯布西耶（Corbusier）主张建设光辉城市，针对法国巴黎旧城建设，认为应该大扫除式拆除重建。在“二战”后的城市重建中，欧洲各国普遍采用了现代城市规划理念，但由于时间紧迫，这些国家大多没有对城市结构进行大规模调整。包括英国在内的旧住宅区大多被重建。

20世纪60年代，随着欧美经济的快速增长和产业结构的调整，为了解决城市内部衰退的问题，欧美国家的城市更新开始强调引入具有多种综合功能的城市再开发理念。20世纪

70年代，人文主义和可持续发展思想兴起。欧美国家的城市更新大多采取渐进式改进的方式，注重城市更新的社会经济意义，这标志着欧美城市更新进入了一个新的发展阶段。

城市更新的认知过程与城市发展的历史逻辑基本一致。世界城市历史悠久，但早期城市的出现主要是出于政治、军事和意识形态的需要。城市建筑环境的局部性、孤立性地改造和扩展是当时城市更新的基本特征。

工业革命以后，城市的兴起主要是出于经济的需要。城市与经济资源和生产要素紧密相连。城市的一个组成要素的变化往往导致城市其他组成要素的相应变化。在这种情况下，城市更新必须从系统和整体的角度出发，关注城市的长远发展。相对而言，欧美国家的城市更新代表了世界城市更新的方向。我国可以借鉴国外城市更新的经验和教训，避免走弯路，更好地使城市更新服务于我国社会经济发展的需要，提高我国城市居民的生活质量。

二、中国城市更新概念的形成阶段

我国城市更新概念的演变经历了“外引内消”的过程，具体可以分为初步引入、多元完善、本土创新三个阶段。

（一）第一阶段：初步引入

二十世纪八九十年代，国内学者开始初步引入国外城市更新的相关概念，概念的诠释与西方国家存在很大的相似性。例如，20世纪80年代初，陈占祥先生较早引入“城市更新”概念，强调城市更新是城市“新陈代谢”的过程，目标是振兴大城市中心地区的经济，增强其社会活力，改善其建筑和环境，吸引中、上层居民返回市区，通过地价增值来增加税收，以此实现社会的稳定和环境的改善；吴良镛先生于1994年提出了“有机更新”概念，从城市的“保护与发展”出发，体现“可持续发展”思想。

（二）第二阶段：多元完善

进入2000年后，国外更多的城市更新概念被引入国内。例如，2004年，张平宇从城市化过程中出现的城市问题的角度提出“城市再生”概念；2005年，吴晨提出“城市复兴”，强调整体观以及改善结果的持续性；2007年，于今对“城市更新”概念进行了补充，强调城市更新应包括物质环境和非物质环境的持续改善；2010年，阳建强进一步完善了“城市更新”概念，认为城市更新是一种城市的自我调节机制，结构和功能调节使其能够不断适应未来社会和经济发展的需求。总之，在这一阶段，我国城市更新的概念更加多元，并结合我国国情进行了优化完善。

（三）第三阶段：本土创新

目前，我国城市发展进入存量发展阶段，一些大城市在较短的时间内就完成了发达国家近百年的城市化进程。2015年“城市双修”（生态修复、城市修补）的提出，标志着我国开始基于本国国情提出本土化城市更新概念。城市双修成为城市更新的新形式，成为治理城市快速成长带来的“城市问题”、改善人居环境、转变城市发展方式的有效手段。

综上可以看出，我国城市更新概念及内涵随着我国城市化发展阶段的变化而变化，从早期解决经济发展、历史保护、功能提升等具体问题逐步演化至综合解决城市发展中的问题，成为推进城镇化高质量发展的重要措施与手段。当前阶段的城市更新已经演变为“时空压缩”城镇化背景下解决“城市问题”的一种空间治理手段。

三、城市更新的基本特征与特色

（一）城市更新的基本特征

与传统的城市维修、城市改建和扩建、城市翻新不同，当代社会的城市更新程度具有以下五个方面的基本特征：

第一，城市更新是一项干预活动。城市的兴起和发展有其内在规律，城市的衰落也是市场作用的结果。通过调整市场力量的结构和规模，城市更新将改变城市原有的发展速度和内容，甚至改变城市原有的发展方向。因此，城市更新是一种典型的外部干预活动。城市更新主体只有了解城市运行和发展的基本规律，才能采取有针对性的政策和措施，达到预期的城市更新效果。

第二，城市更新是一种涵盖公共、私人和社区部门的活动。城市更新是一种系统行为，涉及利益分配的各个方面。城市更新必须最大限度地吸收社区和相关个人参与，统筹考虑，将他们聚集在一起，认真听取他们的合理建议和意见，确保他们能够从城市更新中受益。城市更新应该是一种双赢行为，要充分发挥社区的纽带作用，把公共部门和私营部门的利益结合起来。

第三，城市更新是一种可能因为体制变化而产生的活动，这种体制变化是对变化的经济、社会、环境和政治状况的一种反映。城市是一个地理位置集中的经济活动中心。不同的城市要素构成了多元化的城市组织形式，发挥着不同的城市组织功能。当城市经济、社会、环境和政治条件发生变化时，城市功能和城市组织形式可能也随之发生变化，从而形成城市更新的基本动力。城市更新不同于城市发展。城市发展的方向通常是向上的，城市更新可以是水平方向的变化，也可以只是城市要素在不同程度上的重组。

第四，城市更新是一种调动集体力量的方式，它为协商适合的解决方案提供了基础。城市更新意味着城市运营的内容将发生变化，这将影响公共部门、社区和个人的利益。在这种情况下，城市更新不仅是协调个人利益的平台，也是制定利益最大化计划的渠道，还是凝聚人心、发挥集体力量的有力保障。

第五，城市更新是一种决定政策和行动的方式，这些政策和行动的目标是改善城市地区的条件、构建支持相关建议的必要体制。从经济资源优化配置的角度看，城市生产要素的构成不会一成不变。它将随着经济、政治、社会和意识形态的变化而变化。这一变化反映在城市更新中，即不同时期的城市更新政策不同，城市更新方式也不相同，但城市更新的基本目标不变，即响应人们不断变化的需求，改造城市，提高城市居民的生产生活满意度。

（二）城市更新的特色

以城市更新的基本特征为前提，在现实生活中，大多数的城市更新都有自己显著的特色。

（1）从性质上看，城市更新是政策引导，而非直接干预。

（2）城市更新实质为一个战略行动。

（3）城市更新实现不同组织、机构和社区的利益分享。

（4）城市更新通过合作方式实现最优结果。

（5）城市更新需要多方面的技术和资金资源支撑。

（6）城市更新围绕发展和实现一个清晰的远景，集中在什么样的行动应当执行上。

（7）城市更新从每个区域、城镇或街区的实际需要和机会出发。

（8）城市更新关注城市整体。

（9）城市更新能够被衡量、评估和审查。

（10）城市更新致力于既寻找解决眼前困难的短期解决办法，也寻找可以避免潜在问题的长期解决方式。

（11）城市更新建立工作优先目标，允许选择不同路径去实现它们。

（12）城市更新与其他的政策领域和计划存在联系。

尤其需要强调的是，未来的城市更新要注意以下三个方面：

第一，城市更新需要全面、协调地处理经济和社会问题，确立长期、全局的战略方向，以可持续发展为目标，从而确定城市更新理论和实践的性质、内容和形式。统筹考虑是市区重建的主要特色。

第二，在区域或次区域一级确定城市更新的行动领域，确保城市更新能够更好地处理各种问题，如将城市更新的利益分配给预期的接受者，全面协调地开展城市更新，全面处理城市和非城市问题。随着城市问题和地区问题日益统一，市区重建有时相当于区域重建。

第三，合作体系在理念和城市管理方式上将不断完善。合作有利于共赢，减少城市更新的负面因素，发挥集体力量，实现城市更新的最终目标。

四、城市更新的目的、动力与基本原则

（一）城市更新的目的

城市更新的目的是提高城市居民的生活质量，具体体现在以下四个方面：

第一，适应经济转型和就业变化的需要。城市在运行发展过程中，随着自身生产要素和经济环境的变化，需要对经济结构和产业结构进行调整。因此，就业要求也将发生变化。城市更新应反映城市经济转型和就业变化的需要。

第二，解决社会和社区问题。城市化是工业社会以来提高人们生活质量的基本选择。城市在极大地提高人们生活质量的同时，也引发了一系列的社会和社区问题。但是，这些社会和社区问题并未从根本上影响城市居民的生活。更重要的是，相当一部分社会和社区问题属于城市发展问题，即随着城市的逐步发展，这些问题将逐渐得到缓解并最终消失。城市更新必须为城市现有社会和社区问题的最终解决或缓解提供必要的条件。①

第三，避免建筑环境退化，满足城市发展的新要求。更新建筑环境是最传统的城市更新形式。建筑环境是一个有形的对象。随着时间的推移，城市建筑环境会产生物理磨损和价值磨损，影响城市功能的充分发挥。特别是由于技术进步，价值磨损将使城市建筑环境不再适应城市经济和社会发展的需要。城市发展需要城市更新和相应的城市建筑环境。

第四，提高环境质量，实现城市可持续发展。随着科学技术的快速发展，人类社会生产力的发展有了很大的提高，工业对自然资源的消耗大大增加，但自然环境的保护却相对滞后，这严重阻碍了城市经济的进一步发展。城市更新应利用技术进步来改善城市环境，缓解人与自然的矛盾，为城市的可持续发展奠定坚实的基础。

总之，城市更新不是简单孤立的城市改造，而是对城市整体系统的更新。即使市区重建不直接涉及每一个人，也会间接影响每一个人及其家庭成员。城市更新需要整合公共部门、私营部门、地方社区和志愿部门的工作，协调各方的利益，调动其积极性。城市更新必须团结各种社会力量，实现一个明确的目标——提高城市居民的生活质量。经济发展只是城市更新的中间目标，最终目标是惠及民生，提高城市居民的生活质量。城市更新要确保参与城市更新的个人和组织能够从他人的努力中获益。

（二）城市更新的动力

城市发展是城市更新的动力。城市更新是城市发展内外动力相互作用的结果。其

① 邓堪强．城市更新不同模式的可持续性评价 [D]. 武汉：华中科技大学，2011：13.

中，技术能力的变化、经济发展机会和对社会公正的理解不仅是决定城市发展及其发展规模的重要因素，也是城市更新的主要因素。

第一，技术能力的变化。这是市区重建和市区发展中最直接和最主要的因素。技术进步带来了新的原材料来源、新产品开发和新消费市场的形成，这些都将改变城市经济的经营内容、经营模式和地域分布，从而促进城市发展和城市更新。其中最典型的是能源替代技术。在以煤炭为主的时代，城市要么位于煤炭产区附近，要么位于港口和铁路枢纽等交通便利的地区。在石油和天然气时代，城市选址的自由度大大增加，农业发达地区的城市以及政治和军事重要场所的城市都充满了新的活力。汽车取代马车的技术进步彻底改变了城市更新的地理模式。城市更新已发展为圆形、菱形、正六边形和方形等，而不再局限于过去的带状和线形。

第二，经济发展带来的机遇。社会的经济发展水平与国民收入的规模成正比。经济发展水平越高，国民收入越高，需求对经济的拉动能力越强，经济体制越完善、越合理。经济发展不仅仅是生产发展，更是消费发展。生产发展只是一种手段，如果它最终不能为消费发展服务，那么这种经济发展就是不完整的。消费发展带来的机遇也是城市更新不可或缺的动力。

第三，对社会公正的新认识。经济发展的最终目标是提高人们的生活质量。在1929年到1933年西方经济大危机之前，资本主义世界各国重视生产力的发展，造成生产能力与消费能力的矛盾日益突出，导致经济危机频频爆发，社会矛盾不断激化。第二次世界大战后，收入分配的重要性日益增强，这对城市更新产生了重大影响。

（三）城市更新的基本原则

从目前的状况来看，城市更新最富挑战性的是确保所有公共政策和非公共政策都按照可持续发展的原则来运行。英国学者豪斯纳（Hausner）强调，城市更新存在内在的弱点，常是短期的、零散的、先入为主的和项目导向的，缺少城市整体发展的战略纲要。城市更新通常应遵循以下原则：

（1）城市更新应该建立在对城市地区条件进行详细分析的基础上。

（2）城市更新应该尽可能地利用好自然、经济、人力和其他资源，包括土地和现存的建筑环境等。

（3）城市更新应该以同时适应城市地区的形体结构、社会结构、经济基础和环境条件为目标。

（4）城市更新应该认识到定量管理实现战略过程的重要性。这类战略通过若干精确的目标逐步展开，监控城市地区内部和外部力量的变化性质及影响。

（5）城市更新应该通过统筹兼顾的战略来进行，努力实现同时适应城市地区的形体结构、社会结构、经济基础和环境条件的任务，这种战略以统筹协调的方式来处理城市地区的问题。

（6）城市更新应通过最完全的参与和所有利益相关者的合作，寻求一致，如通过合作或其他形式的工作模式来实现。

（7）城市更新应该确保按照可持续发展的目标来制定战略并执行相关项目。

（8）城市更新应该建立清晰的执行目标，这类目标应当尽可能地定量化。

（9）城市更新应该接受对初始设计的项目作出调整的可能性，以适应变化。

（10）城市更新应该认识到多种战略因素可能导致开发过程处于不同的速度，这种现实可能要求重新分配资源或增加新的资源，以在城市更新计划中要实现的目标之间获得平衡，实现全部的战略目标。

五、城市更新的新目标

作为一个有机整体，城市更新的目标应该是一个综合的价值体系，涵盖社会、环境和经济的维度。因此，无论是城市的市区更新，还是某个具体项目的更新，一个成功的城市更新目标均应包括以下三个方面：一是创新更有活力的城市经济；二是创造更加和谐包容的社会体系；三是打造可持续发展的城市环境。即经济目标、社会目标和环境目标。

（一）经济目标：城市经济更有活力

城市更新的主要目标是促进城市经济的可持续发展，使城市经济更有活力，更能适应城市经济结构转型和升级的要求，并推动城市经济的长期发展。这一目标的实现体现在三个方面：宏观层面上，要求城市有合理的规模、空间布局和结构，优化资源配置；中观层面上，要求城市用地功能和结构与产业结构相适应，提升土地利用集约度，土地产出效率更高；微观层面上，物业通过再开发，使资产价值得到提升。

1.资源配置更优

我国在城市快速发展过程中，土地的约束使得城市越来越注重通过内部空间的调整和提升改进城市资源的配置，提升综合效益。

一是通过城市更新推进城市空间结构的调整，对原有城市系统进行功能、产业、人口等要素的重整、平衡和优化。随着我国经济发展和产业升级转型，新的产业不断出现和发展，同时居民的消费需求也在升级，这些变化推动着城市不断进行新陈代谢。城市发展要承载这种新变化，空间结构就要进行相应的调整，以匹配新产业和新消费的需求并促进其持续发展。

二是完善各类用地布局，包括居住、商业办公和产业用地，基础设施用地以及教育、医疗等公共服务用地等。对城市更新项目的用地布局和功能引导，从区域层面统筹规划，将人口、土地、产业、生态环境、基础设施等要素纳入统一的空间系统中，进行用地平衡和综合利用。

三是使各类功能相互匹配、相互协调、相互促进，提升空间结构的有机性，进一步提高配置绩效。例如，推进产业转型升级，除了需要为产业升级重塑物质空间形态外，还要系统性地提升区域产业升级所需的配套设施和服务，包括完善市政设施建设、改善交通条件、适度调整用地结构、增加生产性服务业用地等，以促进产业更好地发展。

2.产出效率更高

城市在外延式快速发展的过程中，需要通过城市更新对低效率用地实施功能转换、结构升级、开发强度的调整，推动用地产出效率的提升。

一是调整土地性质和功能结构，促进城市功能提升。城市结构和布局的调整必然需要用地结构的重整优化。只有两者相适应，城市土地、资产等才能实现最大的经济价值。我国城市产业结构在逐步由原来的第二产业为主向第三产业为主导的模式转变，同时科技创新产业、信息产业、创意和服务经济等新兴产业开始崛起，原本位于城市优质区域的低端产业开始外迁，为城市现有物业及土地的升级改造腾出空间。我国要结合城市发展战略，通过城市更新对土地结构和功能进行调整和完善，并与城市产业结构调整升级的方式相适应，推动城市功能的重组和升级，使改造后的区域成为城市新的功能区域，帮助城市提升发展能级。

二是合理调整土地开发强度，促进土地集约利用，提高土地利用效率和承载力。在优化总体空间结构的情况下，通过科学提高产业、居住等用地容积率上限，在城市中心区、交通枢纽、城市更新区域等重点区域推行土地功能混合利用，引导土地利用从单一功能向综合功能转型；充分利用垂直空间，采取公交导向的土地开发等多种方式，促进土地的集约利用，推动城市紧凑发展。

除了用“每1000m^{2}创造的GDP”这一直接经济指标外，“每1000m^{2}增加的就业数量和税收”也是评价项目土地产出效益的主要指标。产业更新项目可以促进新兴产业的聚集和发展，扩大产业财政税收基础。随着投资的不断增加，可提供的工作岗位越来越多。成功的商业更新项目将会吸引新的企业和商业品牌入驻，在创造就业岗位的同时，也能为政府带来更高的税收。

3.资产价值提升

提升物业资产价值的目标直接表现为物业价格或租金的上涨，这种上涨不仅是纵向比较的上涨，也表现在横向比较上，改造后物业的价格水平要高于区域内其他同类物业的水平。

存量的工厂、商场和办公等物业可能因无法满足新兴企业和商业的需求而收益较低或者闲置，需要通过项目更新为其注入新的功能、内容和业态，提升资产价值，也为促进城市升级转型创造有利条件。和一般的居住性建筑不同，产业物业价值的提升方式除了进行物质性改造外，还包括功能性改造、物业管理服务的提升等方面。

功能性改造包括空间改造、设施改造、环境改造和新技术的应用等。新经济、新活动、产业创新要求在空间结构上更加具有弹性和柔性，要易于对空间进行改造，能够按照企业和人群的需要，提供定制化空间，满足多样化的市场需求。对商业生活空间和创新办公空间进行复合空间改造，提升物理空间的利用效率，创造复合型租金收入。在办公环境上生态环保、开放共享、多元丰富，有利于促进交流和创新活动，能够提供多样的生产生活服务。例如，设置共享会议室、食堂、简餐、咖啡厅、健身房、便利店、小型影院等多样业态。外部空间要更加开放、便捷，实现与城市功能的互动，从而使区域焕发整体活力，集聚创新资源，吸引创新人才。

提升物业服务品质和附加值有两种方式：一是在基础物业服务的基础上加入智能化物业管理、智慧化服务配套等；二是为入驻的企业提供专业化的产业服务，挖掘企业共性服务需求，链接社会上的产业服务机构和市场服务机构，从管理赋能和市场赋能的角度为企业提供共性化的增值服务。

（二）社会目标：社会更加和谐包容

城市更新的社会目标是复兴邻里网络，保护和延续城市历史文脉，推进公共资源的共享共治，实现社会和谐包容发展。

1.促进社会开放包容

在早期的城市中心区改造中，我国的城市阶层开始出现空间分布上的异化。

城市阶层空间分布上的异化是经济目标导向下的必然趋势，但对于社会和城市来说，良性的发展应建立在社会公平公正和城市总体利益平衡的基础上，由过去注重“效率”和“增长”的单一目标转向提高城市生活质量、百姓生活质量，促进城市文明、推动社会和谐发展的综合目标。英、美、日等国的城市更新改造已有多年经验，目前城市改造政策的重点已从大量清理老旧楼转向社区邻里环境的综合整治和社区活力的再塑上，避免出现空间分异带来的空间配置和资源分布不均衡、阶层隔离等问题。

为防止出现贫困家庭集中、社会分层严重现象，从推进社会融合发展的目标出发，城市更新应考虑城市人口适宜性规模、社区邻里关系的构建、教育再培训以及公共服务等因素。采用嵌入与织补的方式，推行不同收入阶层混合居住模式。老旧社区要完善服务设施建设，加强社区内部的规划建设与管理；城中村可合理疏散外来人口，完善便民服务设施，综合治理环境；政策保障房社区应缓解居住隔离，改善小区居住环境。

单靠自发的市场以及传统管控方式，难以形成公正合理而又稳定的空间秩序，需要通过公共政策的调整和干预来进行优化。例如，深圳为更新的保障房配建基本公共服务设施供给专门制定了条文规定。在更新的规划、设计、建设和管理中应高度重视公众参与，保障多方合法权益，推进形成融洽的邻里关系。

2.延续文化传承复兴

城市空间中的历史肌理是维系城市记忆的基础，是增进公共交往的黏合剂，是城市活力的重要来源。保持独特的空间意象和文化内涵，不仅可以增加居民对生活环境的亲切感、满意度和支持率，还有利于营造和谐的社会文化和富有凝聚力的社会组织结构，促进社会安定和进步。我国有着悠久的历史，许多城市至今仍保存着独特的自然景观和历史文化遗迹等，这些痕迹记录了每个城市的发展和演进，是城市的底蕴和魅力所在。尤其是一些城市的老城区，历史文化的痕迹最为显著，但其往往也是物质性老化最为严重、亟须更新的区域。

我国在现代都市高速推进城市更新与物业改造的过程中，保护与传承不同地域的文化根基、地方特质，延续城市文化脉络，充分发挥历史遗迹的文化展示和文化传承价值尤为重要。因此，城市更新应特别重视城市历史街区建筑、文物古迹、文化遗产、工业遗产、地域特色等文化资源的保护，尽可能保留原有城市布局中的建筑遗产、历史肌理和历史风貌，突出城市历史和文化风貌的独特性，并且将这些特征延伸到其他建设类型和城市空间中。例如，历史文化街区中有大量居民生活，是活态的文化遗产，存在其特有的社区文化。城市更新除了保护历史建筑本身之外，还要发扬它承载的文化，保护非物质形态的内容，保存文化多样性。将历史文化元素延伸到社区环境和活动中，维护社区传统，丰富社区文化生活。对城市商务商业区进行更新时，城市规划部门可通过创意设计嵌入历史文化元素，增强建筑以及区域的特质与可识别性，提升城市文化品质和形象品位。

各城市要充分发挥本地历史建筑的价值，实现城市历史文脉的延续，既要保护遗产的外部物质形态，也要培育其内在的文化价值，让它与日常生活发生联系，恢复其社会功能，并充分发掘其文化和商业上的价值。无论是作为旅游资源，还是进行某种程度的商业化开发，为历史文化街区注入经济活力都是实现其可持续发展的重要因素。城市规划部门应在不破坏原有风貌以及文化内涵的基础上进行精准定位，整合周边资源，引入有特色的产业、活动和业态，活化功能，发挥其经济价值，推动街区的复兴，同时还要控制合理业态比，平衡发展，实现保护与利用的统一。

3.实现社会共享发展

社会的共享发展，主要体现在两个方面：一是居民对城市更新成果的共享，对公共资源、公共服务的共享；二是在组织和管理层面的共治共享。

首先，应通过城市更新改造老旧城区居民的软硬件环境，改善人居环境，让城市居民共享城市建设成果。其次，以城市更新优化公共资源配置，统筹考虑区域公共服务供给的类型、布局、更新方式，实现教育、医疗、养老、文体活动等基本公共服务在城市的全覆盖与均衡发展，保障公共服务设施的空间可达性和需求的匹配程度。同时，为适应老龄化社会发展趋势，应根据老年人生活起居的特殊要求，健全和完善老年住房的功能，增加健康养老服务设施。最后，城市更新过程会对弱势群体带来较大的影响。例如，对城市中心居住区进行功能调整和土地置换时，部分弱势群体的居住地会被调整到城市边缘。因此，城市更新要充分考虑弱势群体的利益，可通过经济补偿或完善产业配套、公共服务配套等方式，使其共享城市更新的成果。

公共资源和公共服务的提供除了需要“自上而下”地规划外，居民在组织和管理层面的参与、自治也是保证居民能够切实获得公共服务、共享更新成果、激发社会活力的有效途径。在城市更新机制上，政府应该转变自身角色，支持社会参与，开放合法性资源，达到社会治理共治共享的目标。例如，上海在推行共享社区计划中，聚焦居民日常“衣、食、住、行”，构建15分钟社区宜居生活圈。

通过优化居住、就业的土地利用，完善公共服务配套设施，梳理公共开放空间，营造可达性强、服务匹配、功能复合、开放安全的宜居社区。在提供机制上，围绕城市更新计划项目，借助区域评估、实施计划、建设方案、项目设计等环节，以广泛的公众参与为基础，问需于民，问计于民。

（三）环境目标：城市环境更可持续

无论城市营商环境的评估，还是城市宜居性的评估，环境都是其中一项重要的指标。它不仅是吸引人才和企业落户的重要因素，也是检验绿色科技创新、营造美好生活环境的重要标志。城市环境体现在三个方面：自然生态环境、人文生态环境和生产生活环境。城市更新有利于实现城市公共景观品质和生活体验品质的提升。

1.提供健康宜居的自然生态环境

城市更新应与城市生态修复相结合，从生态格局、生态环境和生态景观等方面进行更新修复，提高区域的生态环境质量，促进城市生产、生活、生态空间的有机融合。在生态格局上，通过城市更新推动基本生态控制线、河道蓝线和一级水源保护区内的建设用地清退，从数量上增加生态用地总量，从结构上优化生态用地布局，构建生态安全格局；在生态环境上，系统修复山体、水体和废弃地，构建完整连贯的城乡绿地系统；在生态景观上，鼓励在城市更新项目中增加公共绿地、开放空间、游憩休闲系统、重要廊道节点等基础设施，实现生态系统服务功能的最大化。

以低碳、环保型环境修复技术为核心，对城市污染和废弃地进行污染整治，治理历史遗留的生态环境问题。重视解决旧城区的环境问题，发挥旧城区已有的自然景观对污染物的承载作用，结合旧城区生态系统网络建设，对河流水体、沿岸绿带、绿地公园及其他重要节点进行生态修复和景观改造，改善旧城区生态环境，提高人居环境质量。例如，韩国首尔的清溪川改造不仅带来了更为清洁的水资源，实现了对水资源的保护，提升了生物多样性，还帮助周边地区实现了接近3.6℃的降温。更重要的是，这次改造提升了周边区域的宜居性，在市中心营造了良好的自然生态环境。

结合旧城区改造、道路和排水系统的改造等，落实海绵城市建设要求。将自然途径与人工措施相结合，最大限度地实现雨水在区域内的积存、渗透和净化，加大生态环境保护的力度，减少城市开发对生态造成的负面影响。

2.创造文明多元的人文生态环境

城市的人文生态环境创造既包括物质层面，也包括精神层面。

城市更新最直观的人文生态环境体现在物质层面的改造上，包括城市的建筑风格、公共空间、景观风貌、广场道路、雕塑标识等城市构成要素，形成城市形象与城市特色。作为城市文化复兴过程中的催化元素，创意设计从实体空间、文化社会经济等多方面推动整个城市形象和城市空间的更新，创造舒适宜人、安全方便、具有特色和可识别性的城市形象。对于环境效益的提升，也可以通过设计增加绿化景观，提高建筑与地段空间形象，同时促成城市更新过程中的绿色理念和环境友好度。

在城市人文生态环境的塑造上，公共空间是最重要的载体，不仅承载着城市的各种公共活动，如集会、休闲、游憩、节庆等，还是人们进行社会交往、体验城市文化的场所。人们在公共场所的交往与活动也形成了城市特有的文化风貌和人文景观。城市更新一直是提升公共空间活力的重要途径。通过城市更新为公共空间注入新的活力，打造多元的人文空间体验，吸引人们回归公共空间开展公共交往，可以增强市民对城市的归属感。从功能上看，城市空间可分为市民空间、社区空间、交通空间、服务空间、消费空间等。不论哪类空间，在城市更新中都应更加注重以人为本，营造高质量的公共空间。在以人为核心的整体环境设计价值标准上，通过创意与设计，对城市空间进行人文价值的叠加，并作为景观环境的基底，让街道和社区居民寻回聚会、休闲、交流和学习的人本价值。

3.提供绿色智慧的生产生活环境

中国经济的腾飞带来了城市的发展。与此同时，中国城市也面临能源使用效率低、能源过度使用所带来的资源短缺问题。随着中国城市人口的增加以及人均能源和资源需求的增长，城市生态环境压力与日俱增。城市更新和物业改造是城市选择生态低碳模式的有利时机，也是贯彻低碳建设标准、推广绿色节能和智慧技术的重要契机，有利于解决中国城市发展中的生态环境问题。同时，随着产业的升级和生活水平的提升，人们越来越追求工作和居住环境的健康舒适、安全便捷。这要求城市对内实现空间的生态化、绿色化和智能化，对外发展便捷低碳的交通模式。

实现建筑内部空间的生态化、绿色化和智能化，要在更新项目中鼓励使用更加环保的生产方式和运输方式，将智能化技术和高科技的节能环保技术融入建筑的改造和建设中。

绿色建筑首先强调节约能源，不污染环境，保持生态平衡，体现可持续发展的战略思想，其目的是节能环保。绿色建筑要求采用可持续、可再生和可负担的能源及建筑节能和建造方式。例如，使用安全环保和再循环材料，利用自然光源提升能源使用效率，采用低能耗设备和可再生能源发电机等。在绿色建筑中采用智能化、信息化技术，可进一步促进节能和提高效能，并提供更加舒适便捷，符合现代办公、生产和生活需要的环境。智能化系统在绿色建筑实际运用中包括许多子系统，如绿色能源发电和配电监控系统、室内环境智能调控系统、用水监控系统、智能安全防范系统、家具智能化系统、办公自动化系统以及信息网络系统等。对建筑绿色技术的使用效果可采用"再利用材料的使用率""节能设备安装比例""物业能耗的下降率"等指标进行评价。

城市更新使城市或区域有机会进行调整和重新组织交通结构，从以小汽车为导向的城市交通模式转向以公共交通为主导的低碳生态交通模式。在城市更新中，城市可以重新梳理公共交通系统与城市公共开放空间及城市服务系统的关系，调整道路空间的分配权重和交通的服务对象，尽量延伸公共交通网络的末梢，嵌入街区组团；重视步行道、自行车道等慢速交通系统的发展，完善相关设施，确保慢速交通设施的连续性和舒适性。城市可通过安全无缝的交通连接系统引导人们更多采用"公交+自行车+步行"的出行方式，为市民提供一个生态低碳的交通出行模式，也可以结合交通枢纽强化周边城市功能的混合性，发展TOD（以公共交通为导向的开发）导向的建设模式。如在邻近公交站点，特别是轨道交通站点的周围，把办公、商业、居住及其他公共建筑与景观环境等融入一个项目之中，并形成适宜步行的街道网络格局和工作生活空间。对城市公共交通的改善情况可采用"公交出行占比""公交换乘便捷度"等指标进行评价。

我国的城市更新对象涉及城市建设的各个方面，不同的更新对象存在的矛盾和问题不同，因此更新的主要目的、内容和方式既有相同点，也存在一定的差异。城市更新应根据需要更新项目地块的大小、禀赋、特征等实际情况和需要，因地制宜，选择适宜的更新形式，适度更新，实现总体目标下的有机统一。

城市本身是一个密切关联、和谐共处的有机整体，任何对城市局部的改变都会带来复杂的连锁反应。因此，城市更新的任何一项举措都不是孤立的。城市更新工作的多元性、复合性和对居民生活的重大影响都决定了这项工作必须遵从城市有机体内在的逻辑和规律，顺应既有的城市肌理，在可持续发展的基础上，谨慎细致、循序渐进地展开。

第二节 城市更新的内容

城市更新的内容具有系统性和整体性，通常涉及经济和金融、建筑环境和自然环境、社会和社区、就业、教育和训练、住宅等方面。

一、城市经济和金融的更新

经济复苏是城市更新过程中的一个关键部分。城市更新需要防止经济发展和市场全球化造成的城市衰退。在长期持续增长之后，城市衰退使人们开始思考城市在现代经济中扮演的角色，认识到城市要根据城市和地区的发展进行调整。这些变化表现为城市核心的衰落与城市边缘和农村地区的繁荣。近70年来，城市政策的发展反映了现代经济性质的变化过程，也是城市政策的空间表现。

在过去近70年里，经济复兴不仅是经济、政治和社会因素的反映，还受到这些因素的影响。二十世纪六七十年代，强烈的经济理性主义主导了政策目标的形成。经济理性主义认为，由于缺乏大规模公共支出，城市地区面临持续衰退的前景。近年来，公共部门投资继续支持经济复兴，重点是建立合作发展模式和投资的货币价值。最近的评估依赖于竞争性招标，其目的是建立一个明确的评估标准。

一般来说，由于城市和区域经济的变化、经济全球化、经济和产业结构的调整，城市将陷入衰退，经济更新是城市更新的关键内容。城市更新的目标是吸引和刺激投资，创造就业机会，改善城市环境。市区重建项目和计划的资金来自各种渠道，而争夺有限资源的竞争日益加剧。由志愿组织和当地社区组成的合作机构可以更好地实施城市经济更新计划，但应注意区域发展机构在经济和城市更新中的作用。城市经济政策必须是动态的，并且有必要建立一个明确的战略框架。城市更新需要在更广泛的投入产出框架内确定城市更新资金的使用，必须充分了解城市更新资金在国家和国际两级可持续发展中的作用。

二、城市更新的建筑环境和自然环境方面的问题

城市和社区的物理特征和环境质量对于挖掘财富、提高生活质量、增强企业和百姓的信心具有重要意义。破旧的房屋、废弃的场地和工厂，以及衰败的城市中心都是贫困和经济衰退的表现。这些低效和不适当的基础设施、腐朽和废弃的建筑，不能满足新企业和新行业发展的需要，同时增加了使用和维护成本。一般来说，这些基础设施和建筑物的维护

费用将高于一般维护费用，超过贫困人口的支付能力，超过企业营收所能承担的费用。它们的存在会影响投资，降低房地产价值，挫伤附近居民的信心。

城市建筑环境的更新是城市更新成功的必要条件，但不是充分条件。在某些情况下，城市建筑环境更新可能成为城市更新的主要动力。几乎在所有情况下，更新的城市建筑环境标志着变化的发生和地方承诺的履行。建筑环境更新成功的关键在于了解现有建筑环境的限制和更新潜力，以及建筑环境的改善在区域、城市或街区层面上可以发挥的作用。各城市要正确认识这些潜力，制定更新实施战略，掌握在经济和社会活动中的资金的分配，确定所有权，设立城市更新机构，出台城市更新政策，及时掌握城市生活和城市功能变化的优势。

城市更新规划必须有明确的空间尺度和时间尺度，了解影响建筑环境的所有制、经济和市场趋势，了解建筑环境在城市更新战略中的作用，运用SWOT分析（又称态势分析法）建筑环境，并为建筑环境的更新制定清晰的愿景和战略设计，确定愿景并设计适合该区域承担的功能，协调需要更新的其他工作，促进更新区域内合适的合作伙伴参与城市更新，建立项目实施和持续维护的立体体系，建立资金投入、运行和维护机制，了解环境改善的经济合理性，确保城市更新能够对不断变化的战略以及不断变化的社会和经济趋势作出正确和科学的反应。

三、城市更新的社会和社区问题

城市更新应考虑社区的需要，鼓励社区参与城市事务。市区重建项目经理处理各种当地问题和需要。公司出资人和志愿组织确保其计划惠及当地居民并产生货币价值。许多社区的市区重建项目的首要任务是创造就业机会。在特定条件下可以使用的最佳和最合适的政策经验是什么？很显然，各地的条件、精神和期望各不相同。公共政策制定者、公司执行经理和社区领导往往根据当地情况制定社区发展战略。他们可能会有意识地或凭直觉采用上述方案中的一些机制。不同地区的发展目标有不同的侧重，这意味着决策者可以从众多方式中选择最合适的一种或几种。只有当项目能够敏感地反映当地居民的需求和问题，包括部分居民的特殊需求和问题时，城市更新的目标才能成功实现。合作模式是确保实践惠及整个社区的有效机制。社区组织在能力建设中发挥重要作用。

四、城市更新的就业、教育和训练问题

如果人们居住在城市地区，特别是市中心地区，那么工作对他们来说是必不可少的。同样，大多数市中心居民总是优先考虑合适的工作机会。人们现在已经认识到，人力资源在一个地方或地区的竞争力和吸引投资者方面起着非常关键的作用。

总的来说，人口迁移和经济变化导致城市从经济和社会两个方面走向两极分化。城市

具有成为服务和消费中心的独特条件，其未来发展必须最大限度地发挥这些优势。在解决城市问题时，需要强调教育、培训和创造就业机会。同时，地方行动必须适应国家劳动力市场政策的变化。目前，国家劳动力市场政策倾向于强调供给而非需求措施，尤其是企业合作机制。越来越多的社会机构的出现增加了在地方一级采取协调行动和干预行动的必要性。应该逐步形成当地劳动力市场，清晰认识优势和劣势，了解劳动力市场中各种参与者和机构的模式及其带来的资源，与其他部门，包括私人和社区合作，制定当地劳动力市场发展战略，建立干预目标的评价影响机制和措施。

五、城市更新的住宅问题

住房不仅仅是一个居住的地方，新的住房可以成为城市更新的动力，坚固的住房是城市更新计划的一个基本方面，大量住房刺激了建筑环境和经济活动的改善。当城市环境充满生机和活力，将促进新的投资，创造新的机遇。80%的城市发展与住房有关。

从这个意义上讲，住房质量及其周围环境具有巨大的社会和经济意义。住房是一种耐用商品。符合现代标准的住房是城市的基本建筑。住房标准影响健康标准、社会犯罪水平和教育水平。如果住房的供应或质量不合适，将不可避免地增加社会服务提供者的负担。私营部门和住房协会之间的合作推动了大量住宅和城市更新项目。政府与住房有关的规划政策将为住房行业提供稳定的发展条件，成为住房行业稳定发展的动力。

第三节　城市更新的规范

一、土地开发式城市更新的法律和体制基础

房地产更新项目的法律问题是多方面的。如商业房地产、环境和规划问题通常需要专业法律咨询，与税收和建筑相关的问题也需要专业的法律咨询等。在早期了解相关法律要求通常会使项目及其过程更加高效。在设立市区重建项目时，获得法律意见是极为重要的。这样可以尽快查明潜在的困难和障碍，及时获得相关许可证或协议，从而避免不必要的延误或产生额外费用。

土地开发和城市更新涉及的法律和制度问题主要包括：①项目开始时的制度问题——专业公司是否合适以及涉及的相关机构；②与财产有关的资金管理制度；③确定整合现场时将获得的利益；④影响计划开发项目的权利和合同；⑤在开发商准备推进开发过

程之前，制定策略来保护该地块的必要利益；⑥对现场进行环境调查，并在决定购买、开发和销售策略时考虑环境结果；⑦获得开发所需的规划许可证和其他许可证的可能性和相关申请程序；⑧评估规划过程中出现延误的可能性。

二、城市更新项目的监督和评估

衡量和评价与政策制定密切相关，包括战略一级的政策以及具体项目的设计和执行。监测和评价是决策过程的一部分，与政策的选择和目标的确定有关。政治目标可以影响这些选择，而这些选择又构成了监测和评价活动方案。评价方式、衡量标准和判断依据都离不开广阔的政治文化背景。对评估任务的期望不仅依赖于对政策形成和执行的直接观察和判断，而且应该被视为一个合理的目标。从这个意义上讲，公正的建议通常是评估过程的一部分。同时，评估的性质还将受到有效资源的影响，如人员素质、个性，收集、组织和分析信息的能力等。有效的信息将决定评估任务的宽度和深度。时间也是一个关键因素。在政策执行的早期阶段，监测行动可能会受到重视。随着项目的成熟，重点转移到评估产出、结果和附加值，作为最终评估的一部分。在现阶段，成效和效率至关重要。[①]

城市更新的参与者总是被要求解释他们想做什么，如何实现他们的目标，以及如何衡量、监控和评估他们的行动。用于衡量、监测和评估的基本规则和程序没有太大变化。所有评估都需要反映城市更新计划和项目的性质和规模，以及每个地方的机会和条件。城市更新衡量、监测和评估的核心内容包括以下方面：①了解资助机构的要求和相关条款；②开发衡量、监测和评估的综合模型；③确定中期报告的阶段性结果和时间要求；④制定适当的衡量、监测和评估程序，以确认参与者了解这些程序；⑤收集所有需要定期收集的直接调查信息；⑥从外部资源收集所有间接信息，以解释计划或项目的进度。在计划或项目的早期阶段应展开评估，并使用获得的信息对计划或项目进行评估和调整。在计划或项目结束之前离不开评估。

三、城市更新的组织和管理

虽然从良好愿望到实际行动往往面临许多障碍和困难，但良好的组织和管理可以提高城市更新成功的可能性。城市更新要特别关注项目承担者和管理者面临的一般矛盾、需要考虑的相关力量、可能需要消除的障碍以及需要鼓励的行动。城市更新管理的基本目标是创建一个组织，使参与者能够分享知识并就战略目标达成一致。管理制度应反映规划批准和城市更新实施前后的方法。

城市更新组织和管理的作用体现在以下三个阶段：

① 张磊．“新常态”下城市更新治理模式比较与转型路径 [J]. 城市发展研究，2015，22（12）：57-62.

（一）前期调研阶段

整体了解城市相关问题、潜在目标和相关社会群体。这将为项目支持者建立核心组织提供条件，并确定需要更详细研究和沟通的参与者和关键问题。

（二）战略规划阶段

在这一阶段，所有利益相关者聚集在一起，就具体战略问题达成一致，并将此意见提交给预算管理部门。

（三）详细规划阶段

城市更新成功的关键离不开共享信息、知识、理论和观点的工作环境。组织体系和程序可以确保所有参与者（工作组中的特别关注小组及委员会）可就市区重建策略第二阶段的特别事项及市区重建策略第三阶段的特别项目发表意见。这将提高项目规划者的认识，为城市更新提供新的思路，并减少可能的反对意见。

组织和管理城市更新的关键是在制定城市更新计划或项目时强调组织和管理原则，建立明确的组织和管理程序，确保所有参与者和合作伙伴了解组织和管理体系，保存所有记录，管理、监督和调整城市更新战略。

第六章　城市更新运行机制优化

第一节　我国城市更新的演进阶段

自中华人民共和国成立以来，根据计划经济时代以及转型中的社会主义市场经济体制下城市建设与规划体制的特点，可将我国的城市更新划分为五个阶段。

一、计划经济时期（1949—1976）：工业建设主导的城市物质环境规划建设

这一时期处于城市工业大发展时期，治理城市环境与改善居住条件成为城市建设最为迫切的任务，同时还要满足工业生产的需求。这一时期的城市更新主要采取“充分利用、逐步改造、加强维修”的旧城更新措施，鼓励在旧城改造中对原有城市设施进行充分挖潜利用。

二、改革开放初期（1977—1989）：恢复城市规划与进行城市改造体制改革

自改革开放以来，我国政府逐渐认识到城市建设的重要性，不断地加强城市建设。这一时期的城市更新主要采取“全面规划、拆除重建为主”的方针，旧城区的城市更新开始按照总体规划逐步实施。例如，上海的旧区改造按照每年15万～20万平方米的速度进行，拆除破败住区，重建多层和高层住宅楼，拆建比达到了1∶4。因此，改造之后住区的人口密度、容积率都远大于城市新发展区，这实际上加剧了旧城地区的人口集聚和拥挤问题。在对旧住区进行更新改造的过程中，除了采用拆除重建的办法外，不少城市对可利用的旧住房进行整治与修缮，如上海在1983年对旧里弄进行的局部改造活动。同时，各地政府开始探索多渠道、多方式集资建房，如集资联合建房、企业代建、与企业合建、居民自建等。

三、经济高速增长期（1990—2013）：地产开发主导的城市改造与更新

1988年土地有偿使用制度的制定和1998年的住房商品化改革，极大地释放了土地的价值，地方政府、开发商及其背后的金融资本共同形成“增长联盟”，推动了20世纪90年代城市的“退二进三”和大规模建设城市新区与工业区的空间重构进程。地产开发商通过与地方政府合作或者以独立的身份积极投入城市改造活动中。地方政府积极规划城市更新项目，由城市改造中的主导者开始演变为经济活动的积极合作者。各地政府通过拍卖土地筹集改造资金，增加地方财政税收，同时改善城市面貌和提升城市环境。

四、新常态时期（2014—2020）：存量背景下的城市更新

2014年，习近平总书记提出“新常态”概念，我国经济社会发展进入新的发展阶段。城市发展也进入存量时代，逐渐从粗放式的增量扩张转向内涵提升的存量更新，城市更新开始成为城市发展的重要内容。城市更新的目标、内容、模式、机制也随之发生了重大变化，主要表现在五大方面。

（一）旧城更新目标多元化

旧城更新是多目标的，不局限于物质层面的旧建筑、旧设施的翻新。

（二）旧城更新模式多元化，小规模的微更新开始出现

北上广深等大中城市在旧城更新中已经开始探索小规模、自下而上的微改造等新模式。

（三）旧城更新规划类型多样化，日趋丰富

由于旧城更新成为城市发展的重要战略，旧城更新承担的城市发展任务和目标、内容更加多元化。旧城更新的规划类型不断增加，如解决民生住房问题的棚户区改造规划、“城市双修”规划等。

（四）旧城更新的制度化建设

旧城更新已经从零星改造变成日常性工作。因此，旧城更新成体系的制度化建设尤为迫切。如深圳以《深圳市城市更新办法》《深圳市城市更新办法实施细则》为政策体系核心，陆续出台《加强和改进城市更新工作暂行措施》等10余个文件，在历史用地处置、小地块城市更新、容积率管理、地价计收规则等方面进行政策创新，建立了一整套城市更

新制度体系。

（五）公众参与意识不断提高，参与程度不断加深

随着公众意识的不断提高，公众参与在旧城改造中发挥的作用越来越大。例如，广州“恩宁路”改造，通过公众参与，政府重新编制了地区发展规划，并在实施过程中全程引入公众参与，取得了多方共赢的成效。

五、现代化与数字化并行时期（2021—）

“十四五”开局之年，以地方和区域实践为主的城市更新上升为国家战略。国家“十四五”规划纲要明确提出，“要实施城市更新行动，其总体目标是建设宜居城市、绿色城市、韧性城市、智慧城市和人文城市，并推动解决城市发展中的突出问题和短板，提升人民群众的获得感、幸福感、安全感”。我国开展的城市更新行动正面临现代化与数字化并行、全球多元格局和我国本土崛起同在的新场景，这些新场景不仅将给城市更新的目标和过程带来新格局、新样态，也可能从源头直接触发城市更新的新型动力机制，并由此迎来全新的城市更新实践路径。新场景同时触发制度驱动、公众驱动和技术驱动三重动力机制，将国内城市更新带入新的发展阶段。特别是对于正迈向现代化征程的中国而言，新场景下城市更新的实践路径将面临我国社会本土的诸多转型和未知挑战。渐进式更新、沉浸式更新和合伙式更新将是我国城市更新未来重要的路径选择。

第二节　我国城市更新的机制

一、科技创新引领城市更新

实现城市更新的目标需要有良好的软性制度来支持，如具有灵活前瞻性的规划、维护公平保护民生的政策、良好的金融及监管体制等。本书研究的城市更新目标实施路径主要聚焦于城市空间更新实操的层面。

从城市更新目标的实现路径来看，科技创新始终是城市更新发展的一条主线，每一次城市更新发展都离不开科技创新解放生产力的大时代背景。人类文明绵延数千年，经过长期的农业文明，工业文明在短短数百年使得科技和生产力得到空前发展。被农业束缚的劳

动力得到大规模解放而涌入城市，城市在世界范围内得以快速发展并成为经济活动的主要阵地。城市更新是城市发展中永续不断的过程。近年来，全球城市竞争格局发生了巨大变化，科技与人才逐渐成为推动城市更新的核心动力。前沿科技与城市更新的时代遇见，更为城市更新的深度推进指明了方向。

科技创新引发的产业革命成为推动城市化进程的加速器，并在城市化进程中不断引领城市发展，深刻影响着城市发展的空间格局、产业迭代和更新升级。城市的发展依赖产业革命的升级推进，同时，城市的发展不断适应着人类的更高需求。

（一）城市更新与发展始终受到科技进步的支持

科技创新的发展历程也是城市不断发展演变的过程。产业革命以前，城市的更新发展基本上是以一种自发、缓慢的状态进行的，现代意义上有组织、有计划的城市更新是伴随着产业革命、人口快速集中引起的"城市问题"产生而发展的。前三次工业革命使世界发生了翻天覆地的变化，第四次工业革命也将在21世纪产生极为重要的影响，将从根本上改变人们的生活和工作。回顾工业时代的城市发展史，每一次技术变革都会激发人类全面解决城市问题的冲动，但任何单一的技术工具或片面的技术变革都无法全面解决城市问题。

城市发展因技术革新发生的区域不同而产生明显的区域差异。英国是最先开始工业技术革命的国家，蒸汽机为工业生产提供了强大的动力，极大地促进了生产和城市化，推动了城市的繁荣发展，为后来"英伦城市群"的形成奠定了坚实基础；美国和德国抓住了第二次工业革命的契机，利用电力和石油等能源定义了第二次工业革命，在科技创新的同时诞生了"美国五大湖城市群"和"德国鲁尔城市群"；日本则利用第三次技术革命，发展信息技术、电子数码、精密仪器等，迅速崛起并同时形成了与美、德抗衡的"太平洋沿岸城市群"。2010年，我国经济总量首次超过日本成为世界第二大经济体；2021年，我国经济总量突破110万亿元，稳居世界第二。目前，我国正努力抓住第四次工业革命这个机遇，引领智能化时代，推动"长三角、京津冀、珠三角城市群"的发展。

每次产业革命的发生都必须符合人类（特指大规模人群，而非某地域、某阶层）追求更好生活的需要，前三次产业革命都是出于人类提高物质生活水平、满足精神生活的需要，农业革命、纺织业革命、电气革命、信息革命先后满足了人们"吃饱穿暖——住与行——社交"等需求，并带来生产方式、生活方式的极大改变，给人类带来全新的体验和满足。第四次产业革命对生命科学和人工智能的探索和追求，是满足人类更舒适便捷、高质量的生活与发展需求的重要依托。

在第四次工业革命中，中国因具备庞大的市场规模优势、更加开放的城市发展定位，正在与美国一起引领世界的变革。2019年5月21日，美国著名智库——美国战略与国际问题研究中心（CSIS）发布《超越技术：不断变革的世界中的第四次工业革命》。该报告指出，第四次工业革命是数字和技术的革命，发展中国家将和发达国家同时经历第四次工业革命，它正在颠覆所有国家的几乎所有行业，将产生极其广泛而深远的影响，彻底改变整个生产、管理和治理体系。

当前，城市更新进入有机更新阶段，更加注重以人为本和可持续发展。城市更新领域细分至商业、办公、酒店、居住等方面，将与科学技术结合得更加紧密。在资源环境约束下，研究科技创新与城市更新的协同发展，将成为城市问题研究中的崭新话题。

（二）每一次城市跨越式的更新与发展都依赖于科技创新

进入21世纪以来，出现了两个席卷全球的重要动向：一是金融和经济危机，二是新的技术和产业革命。前者意味着挑战，后者意味着机遇，危机同样也是变革的动力。美国、日本、英国、德国等发达国家开始积极部署行动，把科技创新作为走出危机的根本力量。各国政府都在积极备战可能发生的科技革命，布局未来发展，培育新的竞争优势和经济基础。

我国政府也在积极投身构建“全球创新型城市—国家创新型城市—区域创新型城市—地区创新型城市—创新发展型城市”5个层级的国家创新型城市空间网络体系，打造一批具有竞争力的科技创新城市。

1.科技创新成为衡量全球城市的关键指标

科技创新能力成为国家全球竞争力的重要组成部分。全球城市竞争力排名越来越受到投资人、城市管理者、学界研究者以及民众的广泛关注。一批具有较高影响力的智库机构定期发布全球城市竞争力排名。如世界知名杂志英国《经济学家》信息部（EIU）发布的“全球城市竞争力排名”，世界经济论坛发布的“全球竞争力指数4.0”，英国拉夫堡大学全球化与世界级城市研究小组（GaWC）公布的“全球城市分级排名”，中国社会科学院发布的“全球城市竞争力报告”，日本MMF基金会城市策略研究所发布的“全球实力城市排名”等。这些排名报告中无一不将“科技创新”作为衡量全球城市竞争力的关键指标。同时，衡量全球城市综合竞争力的重要指标还有经济影响力、文化活力、社会治理水平、人造环境基础设施和城市服务等。

2.打造科技创新高地，中国城市在行动

当前，我国决策层密集部署新兴科技和新兴产业发展战略，提出积极发展新能源、新一代信息技术、新材料等七大战略性新兴产业，并确定了未来新兴产业的重点发展方向和主要任务。国内一线、二线城市纷纷“招才引智”“筑巢引凤”，积极落实国家人才和科技强国战略，涌现出一批未来科学城、科技园区、航天城等新城新区，把提升科技创新城市能级摆在突出位置。

地方政府在提升城市能级和竞争力方面作出了巨大努力，并获得了宝贵经验。如部分

城市核心功能全面跃升，集聚和配置全球高端资源要素的能力显著增强，成为全球资金、信息、人才、货物、科技等要素流动的重要枢纽节点。还有的城市致力于推进国际经济中心综合实力、国际金融中心资源配置功能、国际贸易中心枢纽功能、国际航运中心高端服务能力和国际科技创新中心策源能力，并取得新的突破。

（三）城市空间价值的提升同样受益于科技变革

随着科学技术的不断发展，城市发展也逐渐经历着由工业化城市向数字城市和智慧城市的转变。纵观历史的发展进程，由于科技产业的推动，产业发展逐步摆脱了土地级差地租的束缚，不断重塑城市空间价值。在这个科技创新的时代，城市在运行过程中所需的交通、水、能源和通信等核心基础设施正在充分利用信息通信技术并被整体定位。科技创新推动了虚拟空间与实体空间、线上空间与线下空间的无缝链接，产生新的空间价值。城市更新也在不断呈现复合空间（有主题的空间）、共享空间（有服务的空间）、科技空间（有新体验的展示空间）等新的特征。

1.新科技改变城市未来功能空间

当前，第四次工业革命已经出现多点群发、集束突破的发展态势，“网罗一切”、万物互联渐成现实，城市的生产方式、生活方式、组织方式将产生颠覆性变化。城市空间作为人类生产生活的重要载体，将呈现出新的布局模式和功能变革，推动城市功能空间的多向扩张、容量增强和时空压缩，并创造更多新的实体空间和虚拟空间。

新一代信息技术、人工智能技术、现代交通技术、新能源、新材料、生物技术等代表了第四次工业革命的前沿领域，极可能率先影响城市功能空间的变革。网络信息技术与人工智能技术两者将共同推动城市功能空间扩张，城市空间布局结构也将由单中心朝多中心、网络化方向发展，创造出全新的城市虚拟空间，助推实现城市各功能空间的无缝对接和整体智能协作。同时，催生以电子制造、软件信息业和人工智能产业为重点的产业园区，衍生出无人工厂、无人商店等新业态，并加速城市虚拟空间与实体空间的有效对接，从而在整体上铸就虚实结合、内外相容的超级城市空间。

现代交通技术的变革将催生无人驾驶道路、无人机配送仓、新能源汽车充电站等城市新型交通基础设施。交通枢纽将因无人驾驶和共享交通而向小型化、分散化发展，交通效率进一步提高，使得传统交通空间需求逐渐转向其他功能空间，人行道等步行空间逐渐形成一个多元复合空间。无人驾驶广泛应用于货运物流、快递派送以及城市保洁等领域，智能物流的发展可以大大提高夜间交通空间利用率。现代交通技术的发展应用将推动城市居住功能空间的地域变迁和蔓延。

新能源、新材料和现代生物技术也将深刻影响城市功能空间布局。能源互联网的形成将推动城市能源供给功能空间的重大转型，新能源汽车发展将促进加油站的功能重构。新材料技术赋予城市功能空间新的物理特性，出现“装配城市”“装配式建筑”，促进城市功能空间朝大型化、复合化发展。现代生物技术将使城市绿色生态功能空间更为强大，中心城区农业空间功能可能实现“回归”，有助于改善城市生态功能空间的品质。

2.科技从两个维度为新空间赋能

地产行业从增量时代向存量时代的转变，使得空间从传统钢筋水泥的实体空间转变为在办公、居住、娱乐、消费等场景下提供服务的载体，我们称之为新空间。消费行为的改变和技术的变革为新空间创造了无限可能。未来，空间将成为一切服务的载体和流量的入口。新空间分别从设计、科技、社群、流量四个维度赋能。这四个维度不是平行的关系，内在逻辑上存在叠加和递进关系。

新空间的科技赋能可以分成两个维度，即底层技术和应用场景。新空间的底层技术包括生物识别（人脸、语音、虹膜、手脉等）、传感器、人机交互、互动捕捉、云技术（云计算、云服务、云应用）、室内定位技术、AR / VR / CG、全息投影等。新空间的科技应用场景主要体现在智慧办公、智慧住宅、智能酒店、智能商业、智慧停车、智慧物流和文旅科技等。

在未来的新空间内，无论是办公室、公寓、商场、公园，还是文旅景区，任何线下的实体空间都将在云端有一个一一映射的虚拟空间。线下的实体空间用户完成体验的同时可进行所有用户的数据采集，在线上虚拟空间对大量数据进行计算、分析，再将数据传递到线下空间，线下空间便可以根据用户特质提供更优质、更精准的体验服务，形成非常完备的良性循环。这就是科技对新空间赋能的具象体现。

3.虚实空间无缝链接产生新价值

城市更新首先需要城市创新，城市创新中的一个重要方面就是通过科技创新让实空间和虚空间实现无缝链接。实空间是资源、信息、人际的联结点，高科技使实空间脱媒，变成虚空间。实空间场景包括三种类型：新办公、新商业及混合空间。新办公强调空间的效率和人本服务。例如，“Hiwork”（海沃克）是高和资本进行新办公实验的写字楼服务品牌，它提供面向传统办公的升级服务。高和资本提供了八项升级服务：共享大堂、健身空间、共享办公、配套商业、可变办公、共享会议室、企业服务、城市广场。其中，可变办公就是可变空间的精装办公，可以帮助租客节省装修成本和装修时间，最终营造出一种全新的办公体验。新商业的内涵是使人获得更好的体验。

总之，科技创新将进一步提升生产效率和空间利用效率，正在改变城市的组织和连接方式。更多更复杂的要素被连接到传统的生产关系和社会组织中，那些曾经被忽视的空间（旧船厂、旧码头、旧工厂）因为获得新的空间链接或者与虚拟空间的链接而获得新的价值。

（四）科技为城市更新注入新活力

都市老城区是大城市的母体，在大城市的形成发展过程中曾经发挥了非常重要的作用，也是大城市的重要组成部分。同世界各国大城市的老城区一样，我国的大城市老城区在城市发展的一定阶段也出现了不同程度的经济、社会、生态等方面的衰退现象。其主要原因包括：①老城区的支柱产业技术老化，未能及时地伴随着科技的进步完成技术改造和升级；②老城区产业结构不合理，未能及时地实现产业结构的转型升级和优化；③老城区空间有限，引进新项目困难；④教育、交通、医疗、卫生等公共服务设施老化，地价房价高企。上述因素造成老城区缺乏活力和发展后劲，中心地位和吸引力下降。老城区的复兴不仅直接影响城市未来经济社会的长久发展和居民生活质量的提高，还关系整个城市的承载力和竞争力的提升。

科技产业作为附加值高、持续融资能力强、政治导向正确的产业，具有较大的比较优势，成为老城复兴项目导入的首选。同时，科技产业从业人员以“80后”“90后”居多，为老城复兴注入了新的活力。

20世纪90年代，美国中西部老工业区的底特律、芝加哥等正是通过技术改造和创新，以及产业、产品结构调整走出了衰退的困境，创造了“锈带复兴”的奇迹。目前，我国很多城市也在积极探索，以引入高科技企业为切入点加快老城产业结构优化调整。以北京“新首钢高端产业综合服务区”（简称首钢园区）为例。该园区位于石景山区，是北京城六区中唯一集中连片待开发的区域。园区利用地理区位、空间资源、历史文化、生态环境上独特的优势，按照市委、市政府赋予的功能定位，努力建设以跨界融合创新为鲜明特色的新一代高端产业园区，打造具有国际影响力的“城市复兴新地标”。在产业规划方面，该园区抓住成为2022冬奥会组委会驻地的时机，遵循“传统工业绿色转型升级示范区、京西高端产业创新高地、后工业文化体育创意基地”的定位，将规划建设“体育+”、数字智能、文化创意三个主导产业，消费升级、智慧场景、绿色金融服务三个产业生态和首钢国际人才社区，形成“三产三态一社区”的产业体系。目前，首钢园区引进了院士工作站，招商引资初见成效，星巴克、洲际酒店入驻园区；与联通合建首个5G示范园，与中关村共建人工智能创新应用产业园。由此可见，城市科技服务可以为老工业区转型升级注入新的活力。

（五）“科技+”改变城市更新区居民的生活方式

“科技+”渗透到城市更新改造、管理等方面，科技正在改变商业模式和居民的生活方式，全面提升城市生活品质。移动应用改变人们的购物习惯，3D打印改变制造方式。未来，随着科学技术指数级的发展，人们的生活方式、生活习惯也将发生巨大的改变。

"科技+"最终令城市更新的多元综合目标逐步落实。

1."科技+"缩短居民生活半径

在餐饮和零售方面，近年来，随着"科技+现代物流业"与餐饮、零售等业态的深度融合，正推动着城市生活方式发生巨大改变。例如，外卖改变了人们吃饭的方式，也改变了城市餐饮业的布局；快递和电商改变了人们的购物习惯，也改变了城市零售商业的布局。两者均使居民的"生活半径"大大缩短。

随着以外卖为代表的末端即时配送物流服务体系的日渐完善，越来越多的生活服务场景从"到店"转向"到家"。随着"到家"服务比重的增加，城市商业设施和生活服务保障方式都将发生巨大变化，部分传统商业服务将逐步由"前置仓+即时配送"网络来完成。未来城市公共空间的传统商业功能还将进一步弱化，面向生活服务保障的基础设施网络将进一步增强，而未来新的公共空间或许会更多地承载社交功能和文化功能。可以看出，现代物流业正与各类城市服务功能和业态融合在一起改变城市。未来，很多新经济平台企业是面向消费者的"界面"，也是平台企业、新经济企业服务数据采集的"触角"。它们依托物联网、互联网、大数据等科技手段，推动商业模式创新和产业链上下游融合，深刻地改变产业和服务的组织方式，重塑人们的生活方式。

在居住方面，科技创新正在改变传统物业的运行模式，大众也对物业管理服务提出了更高的要求。改变物业管理的商业模式，利用互联网思维整合资源，结合物联网、云计算、移动互联网、机器人、大数据等创新技术，从传统物业对物业的看管，转变成对社区与居民的服务，是互联网时代智能物业的发展趋势。可以预见的是，未来智慧社区将在文化教育、养老助残、生活服务等各个方面为居民生活带来便利，大大缩短居民的生活半径。

2."科技+"扩展居民出行半径

居民出行半径的扩大，除了依赖于路网交通基础设施的完善，还依赖于科技含量较高的飞机、高铁、地铁等交通工具的不断升级。首汽约车、高德地图等成为人们智能手机中的必备App。科技令居民的出行半径大大扩展。同时，在"科技+"的驱动下，各种类型的消费渠道进行平台融合，打造服务于城市居民生活的科技生活圈。

（六）科技推动城市更新升级

1.科技推动城市更新更加智慧化

前沿科技导入是建设新型智慧城市的核心因素。区块链技术应用已延伸到数字金融、物联网、智能制造、供应链管理、数字资产交易等多个领域。人们致力于推动区块链底层技术服务和新型智慧城市建设相结合，探索在信息基础设施、智慧交通、能源电力等领域的推广应用，提升城市管理的智能化、精准化水平。同时，利用区块链技术促进城市间在信息、资金、人才、征信等方面更大规模地互联互通，保障生产要素在区域内有序高效流动。人们运用信息技术和通信手段感测、分析、整合城市运行核心系统的各项关键信息，从而对包括民生、环保、公共安全、城市服务、工商业活动在内的各种需求作出智能响应。其实质是利用先进的信息技术，实现城市智慧式管理和运行，进而为生活在城市中的人们创造更美好的生活，促进城市的和谐、可持续发展。

高科技装备的应用是城市更新智慧化的重要载体。一方面，高科技设备的应用正在逐步扫除“城市盲点”，大幅提升城市执行效率。如阿里云ET城市大脑旗下的AI视觉产品，通过对视频信息的结构化处理，有效识别行人、车辆、事故等，从而释放警力资源，提高事件处理效率。另一方面，保证城市和社区的规划始终以最新前瞻技术为核心驱动力，巩固与延展城市社群的交流边界，实现规划与需求的契合，构建集城市大数据“数据收集”“信息处理”“分析诊断”于一体的科技支撑体系，推动城市更新更加智慧化。

2.科技推动城市更新更加精细化

城市更新的最终成果离不开城市管理者的精细化管理。城市管理者应依托“大数据+云计算+物联网”，以推动城市更新为抓手，采用人脸识别、行为分析、声音识别、微动作识别等人工智能技术和智慧前端采集设备，建设覆盖整个城市的智慧公共安全体系和城市信用体系，并将这些新技术广泛应用于治安、消防、安监、交通、劳动、医院、学校、社区、公共基础设施、生态环境等公共领域，从而提升城市智慧化、精细化管理水平，增强人民的幸福感、获得感和安全感。

（七）科技创新提升城市居住体验

1.科技融入体验让“年轻力”带动社群活力

城市反映了不同时代的发展水平。运用科技手段为城市注入社群活力，可以提升人们的城市居住体验。随着经济水平的提高，年轻人的消费力不断上升，多元化生活方式出现。作为消费者，年轻人的消费观念和选择不断变化，内心充满年轻活力的用户不断增加。每一个消费者都是一个独立的个体，当这群有着同样爱好和兴趣的个体碰撞在一起时，就形成了社群文化。年轻人通过互联网接入世界，不仅有更广阔的视野，也有更大的声量。基于互联网的分享、社群的组织，影响力扩散的速度更快，规模更大。当充满生活热情的意见领袖汇聚，其创新想法会引起年轻消费力量的关注，重新焕发社群的魅力。

2.科技提供安全舒适的智慧社区服务

当前，城市更新涉及很多老旧住宅小区，科技为更新智慧社区提供了可行性方案。社区是都市人群居住生活的重要场所，也是城市更新的重要单元，将科技融入社区场景，可以让居住生活更加安全舒适。目前，人们致力于研发以家庭为核心的数据化平台、智慧社区系统软件等，通过建设信息通信（ICT）基础设施、认证、安全等平台和示范工程，将信息、网络、自动控制、通信等高科技应用到百姓的生活领域，为社区居民提供安全、舒适、便利的现代化、智慧化生活环境，从而形成一种新的基于信息化、智能化管理与服务，并可持续运营的社区形态。

智慧社区通过安装视频监控、微卡口、人脸门禁和各类物联感知设备，实现对社区数据、事件的全面感知，并充分运用大数据、人工智能、物联网等新技术，建设以大数据智能应用为核心的“智能安防社区系统”，形成公安、综治、街道、物业多方联合的立体化社区防控体系，不断提高公安、综治等政府机关的预测预警和研判能力、精确打击能力和动态管理能力，从而提升社区防控智能化水平，提升居民的幸福感和安全感。

智慧社区平台可以为居民提供多渠道、线上线下一体化、全方位一张网服务，如社区办事、物业服务、家政服务、居家养老、党建服务、便民服务和社区一张网服务。同时引入智能客服，为社区群众提供7×24小时即时咨询服务。后台提供居民、物业、家政团体、特殊群体、志愿者等用户群体的注册与身份认证管理以及党员录入管理、便民服务采集、政务服务事项对接、相关信息发布和统计分析功能。

3.智能家居让生活更美好

随着消费主体年轻化和消费能力的升级，现代人越来越注重个人体验，彰显个性的智能家居已经逐渐成为居家必备品，人居的需求也从“仅仅关注房子”转向“研究生活方式”。智能家居以住宅为平台，安装智能家居系统，利用综合布线技术、网络通信技术、安全防范技术、自动控制技术、音视频技术将家居生活有关的设施集成在一起，构建高效的住宅设施与家庭日程事务的管理系统，提升家居安全性、便利性、舒适性和艺术性，并实现环保节能的居住环境。智能家居为人们带来不一样的生活方式和生活体验。

随着现代服务业和通信技术的发展，服务机器人在解决教育、文化娱乐、医疗、居家等问题方面具有非常大的潜力，是一个前景广阔的新领域。服务机器人未来会成为中国新动能结构调整过程中的一个非常重要的抓手和起点。目前，服务机器人主要是用于完成对人类福利和设备有用的服务（制造操作除外）的自主或半自主的机器人，主要包括清洁机器人、家用机器人、娱乐机器人、医用康复机器人、老人及残疾人护理机器人等。未来，智能服务机器人在居家服务方面将得到更多应用。

二、产业迭代赋能城市更新

随着城市发展日益饱和，越来越多的“老房子”因为设施老旧、功能落后或产业升级而被改造，城市更新成为时代主题。城市更新不仅是物质空间更新，更重要的是建筑功能、产业业态升级，为当地导入最具活力的人群，促进居住、办公、商业空间的更新。对于投资运营方来说，面对老旧住宅、废弃厂房、经营不善的商业物业等种类繁多的物业标的，业态组合与业态定位是关乎项目成败的核心问题。因此，本节将聚焦产业迭代如何为城市带来新动能，讲述当下我国城市更新中的产业机遇。

（一）产业迭代升级是城市更新的核心

虽然城市更新主要是空间更新，但空间更新与产业更新密不可分。城市更新后的空间装载什么样的产业，是决定城市更新成败的关键。成功的城市更新通过打造新空间，引入新产业，创造新生态，带来新消费，取得长久的运营收益和投资回报。产业的迭代升级能够为更新地导入最具影响力和发展前景的产业以及最具活力的人群。成功的城市更新，其产业选择需要紧紧围绕当地产业结构升级和消费结构升级的需求予以配置，主要包括以下几个方面：

1.促进业态升级

（1）发挥集群优势，促进业态升级

我国拥有众多专业化的产业集群，往往由大量中小企业构成，培育了一批具备专业知识的技能型人才，形成了密集的区域生产合作网络，在行业细分领域占据突出优势。根据集群的生命周期，进入成熟期和衰退期的集群通过适应新的环境，有意识地拓展新的知识互动渠道和平台，发展新的产业路径和新的增长点，才能保持长期的竞争力。根据集群的产业配套速度快、成本低等优势，引入产业价值链的高端环节或引入其他相关的新兴产业，通过人才技能培训和孵化新企业，可以持续不断地为产业集群补充新动能。

（2）发挥人才优势，促进产业升级

新经济时代，从“人随产业走”逐步转为“产业随人走”。随着城市产业升级，高科技人才对于区位有了更高要求，往往向往“有趣”的城市氛围、较低的通勤成本和便捷的生活条件，从而满足知识创造的时间需要和休闲娱乐的需要。高科技人才之间的学习和工作经验交流、平台衍生效应以及企业之间的互动是其事业成长的关键。因此，高科技人才倾向于在创新资源丰富的地区集聚。对于城市生活丰富、创新资源密集的地区，在城市更新中可以发展知识密集型的制造业和生产性服务业，打造创新集群。

（3）发挥文化优势，促进产业升级

文化资源赋予城市独特的魅力，可以弱化区位和人才上的“先天不足”。斯科特（Scott）提出了“创意场”的概念，创意场是催生、涵养创意设计的独特空间场域。包括三个圈层：核心圈层——由文化经济部门、文化经济活动、地方劳动力市场构成的城市经济网络；次级圈层——包括传统、习俗传承的记忆空间，视觉景观，文化与休闲设施，适宜居住的生活环境，教育与培训机构，社交网络等广阔的城市环境；外围圈层——城市管理制度和群众参与的支撑。经济部门、景观环境与管理制度的匹配度决定了城市的“创意”表现。文化资源密集地区可以充分发挥其培育“创意场”的优势，营造富有文化魅力的场所空间，集聚“人流”，发展体验式商业、创意设计、高端居住等多种业态。

2.构筑产业生态

围绕主导产业，构筑创新生态圈。越来越多的企业开始利用其他企业或大学的研究机构的资源进行开放式创新，从而加速企业内部的创新。技术工人、工程师、科学家都需要地理邻近以实现面对面的交流与合作，形成区域创新网络，成为产业发展的独特优势。随着大数据、人工智能、产业物联网、虚拟现实、增强现实、云服务等一批前沿科技成果的产业化，产业之间开始跨界融合。因此，培育产业生态还应建设主要信息基础设施，引入前沿科技产业。产业生态的构建需要创新服务的集聚，包括孵化器、加速器、概念论证中心、技术交易平台、品牌营销、金融服务等。创新力量和服务体系的集聚，促进产业上下游和协作关联企业通过共享、匹配、融合形成若干微观生态链，集成构建产业生态圈，推动产业迭代升级。

3.丰富功能组合

多元业态互相促进。城市可通过“文化+体育”“商业+办公+会展”“商业+教育”“居住+健身+餐饮”等多种业态组合形式实现综合开发，通过多元业态，提升“导流”效果，促进项目之间的人流共享，快速集聚人气。业态领域的细分还可以满足不同消费者的个性化需求。各个项目的营利能力不同，综合开发有利于实现项目运营不同阶段的资金平衡，降低项目运营的现金流风险。

高品质生活配套服务。城市空间内部提倡土地混合，通过在土地上细密地布局功能空间，可以建立一个工作、居住、娱乐和服务等平衡发展的创新空间。城市在空间上将传统意义上的科研大楼、销售中心、会展中心、商业中心等融合成为一个个灵活的城市综合体，并与生活居住、行政办公等功能高度融合，在提供有助于高效工作的氛围之外，还为科技工作者提供集休闲、娱乐、健身、交往等功能于一体的全链条生活配套空间，让工作与生活自然实现真正意义上的无缝衔接。

（二）新经济在当下城市更新中的产业优势

城市导入新经济，可引发区域裂变式更新。如科技产业是知识密集型产业，无污染，生产效率高，可以为城市带来可持续的竞争力。文化创意产业可以充分彰显地方魅力，集聚创意人群和创意企业，提升城市活力。新零售和新居住产业可以提供高品质的城市生活环境，有利于提升城市的吸引力等。新经济中的各个产业相互促进，共同助力城市产业走向更高端，人口结构更加优化，为城市注入新动能。

1.引入科技产业，提升城市竞争力

目前，我国提出七大战略性新兴产业，积极谋划未来前沿产业。北京、上海、广州、深圳四个一线城市均提出建设具有全球影响力的科技创新中心，发展新一代信息技术、集成电路、智能装备、节能环保、生物医药与高端医疗器械、新能源与智能网联汽车、航空航天、新材料、绿色低碳、人工智能、软件和信息服务、科技服务等科技产业。大城市的人口、资源、环境逐渐受到约束，不能再走拼资源、拼环境、拼人口的老路，开始探索一条科技含量高、资源消耗少、环境影响小、质量效益好、发展可持续的道路。新一代科技革命和产业变革将引领科技产业发展。新一轮科技革命和产业变革具有以下六大特征：重要科学领域从微观到宏观各尺度加速纵深演进；前沿技术呈现多点突破态势；科技创新呈现多元深度融合特征；大数据研究成为新的科研范式；颠覆性创新呈现几何级渗透扩散；科技创新日益呈现高度复杂性和不确定性。

科技产业将在创新资源集中的区域集聚。科技人才是影响科技产业发展的关键因素，科技产业也将围绕科技人才的区位选择进行布局。大城市的中心区由于便利的生活环境、多元创新的产业氛围，对科技人才具有较强的吸引力。因此，科技资源丰富的大城市中心区更新时可将高容积率、无污染、无噪声的科技产业作为首选。在新经济城市中，独角兽企业主要分布于科技创新资源富集的少数地区。新经济在创新区存在明显的“极化”现象。

创新区是由包括大学和科研机构、企业集群、初创企业、企业孵化器和加速器在内的诸多创新机构组成的，创新机构之间广泛而密切的联系和互动是创新区充满创新活力的根源。

2.引入文化创意产业，提升城市活力

聚人气是发展文化创意产业的关键。文化创意产业是一种高附加值、占地小、低污染、经营灵活的新兴产业，产业复合能力强，可以与各个行业相融合。文化创意的核心理念可以概括为个人的创造力、受知识产权保护、具有文化内涵和对财富的巨大创造能力。《北京市文化创意产业分类标准》中将其定义为以创作、创造、创新为根本手段，以文化内容和创意成果为核心价值，以知识产权实现或消费为交易特征，为社会公众提供文化体验的具有内在联系的产业集合。文化创意产业属于知识密集型产业，对于“面对面”交流的需求较高，通过思维碰撞可以充分地激发创作灵感。部分文化创意产业直接面向消费者，需要集聚人流。因此，文化创意产业的发展需要相对大尺度的城市空间。几栋单体建筑难以营造创意空间，园区、街区尺度的城市更新可以营造多元互动的场所氛围，更容易积聚人气。

文化创意产业为更新地区创造新场景空间。相比于推翻重建式的城市更新，发展文化创意产业需要微改造，保留主要建筑和历史风貌，唤醒城市记忆，对建筑内部进行现代化改造。有条件的城市可以通过挖掘文脉打通商脉，以更新地区IP品牌化为核心，构建文化品牌载体，从内容、创意、传播、体验、培训等多个维度进行一体化开发运营，运用大数据、视听新媒体、新技术唤醒城市文化DNA，实现城市更新与城市复兴。

在城市更新中发展文化创意产业，主要适用于两类区域：工业遗产区和历史文化街区。工业厂房、设备等工业遗留作为近现代工业文明的产物，代表了一个时代的城市记忆。由于其空间体量大，可以满足文创产业对于办公、创作场所的空间需求，设计、艺术、影视等产品展示和推介的场所需求，以及市民的公共活动需求。这一区域可以结合一些工业元素整体包装成办公场所、会议展览和主题公园等。历史街区的空间特点是建筑密集，但建筑层数较低，单体建筑体量小，建筑建设年代久远，历史文化气息浓厚。因此，历史街区发展文化创意产业应着眼于发展小微企业，经营工作室、民宿、品牌展示店、餐饮、会展等业态。

3.引入新零售，打造消费智能新体验

新零售的本质依然离不开零售，其核心要素依然是“货、物、场”。电子商务冲击了传统实体零售业，但缺乏体验式购物和提供多类别服务的能力。新零售主要体现在利用人工智能、大数据、物联网等技术，结合现代物流，对商品的生产、供应和销售环节进行升级改造，全面提升零售效率和消费者体验。从商业形态和结构来看，新零售通过一系列互联网等智能手段收集销售数据，捕捉到消费需求的变化态势，对供给端进行针对性改造，使得供需更加匹配，空间资源、内容资源的利用效率更高。对于体验式购物，了解客户需求是关键，通过深层次、高频率的消费互动体验，撬动社交流量。

新零售的典型特点是线上线下融合与注重消费者体验。新零售是从线上向线下发起的挑战。线上公司的优势是对“人”的把握、对“用户”的把握。线上公司向线下发展，可以最大限度整合线下“货”和“场”的资源，实现线上与线下两个界面互相促进，利用大数据等技术实现对消费的预测和洞察。新零售的发展也是以顾客和用户为核心的一次转变，为顾客创造不同于传统领域的价值点，更加注重消费者体验，提高用户黏度，从而“捕获”线下流量。

4.引入新居住理念，创造城市共享空间

新居住的核心是通过科技智能和增值服务创造更宜居的环境。目前，房地产市场全面进入存量时代，行业分化加剧，国民的主要居住需求开始从“解决住房短缺”，逐渐转变为“提升居住品质”。高品质的住房意味着开发商的产品需要根据不同消费者的个性需求采取定制化生产，在房屋节能、环保、智能等方面不断符合美好生活的需求。同时，住房租赁市场能够为不同人群提供床位、合租、整租等产品和体贴周到的服务，让租赁真正成为一种生活方式。万科集团执行副总裁刘肖认为，未来的行业应该是由生活场景来定义的，落到房地产就应该是新居住，数字化、人性化都是新居住的发展趋势。在互联网时代，无论是新房、二手房，还是租赁、旅居，抑或是装修、家居，不同居住行业的用户需求在相当程度上都能通过大数据、VR、智能家居等数字化手段得到满足，住房服务的价值也得到凸显。在过去，居住服务一直是我国房地产行业的薄弱环节。伴随着居住条件的改善、消费者品质居住和流通服务需求的提升，以及行业与互联网的深度融合，房地产行业将进入“服务者价值”时代。

（三）城市更新中产业迭代升级的空间需求

产业迭代是一个动态过程，产业升级也在倒逼城市空间的更新，对于存量改造的城市更新地区提出了更多的挑战。为满足产业发展的需求，城市更新地区通过设立新兴产业用地，提供促进创新的空间；通过设立综合型产业用地，提供多元互动的空间；通过支持用地和建筑功能改变，提供更具弹性包容的空间。

1.提供促进创新的空间

产业迭代升级需要开发强度高、功能混合利用的创新空间。创新空间应具备更高的土地利用率，支持研发、设计、创意等功能，在城市产业转型时期能够满足新兴产业的用地需求。其出让方式包括弹性年期、先租后让等。它还可以进行一定比例的分割转让、引入配套功能等。当下，中国各个城市相继提出的新兴产业用地正是创新空间的典型形式。新兴产业用地在各地的归类不同，深圳、东莞和广州分类为“MO”，南京为“Mx”，惠州为“M+”，杭州为“M创”。

新兴产业用地借鉴了香港兼容“无污染工业+商务办公+商贸”等功能的商贸混合地带，以及新加坡兼容“研发+无污染制造+商务办公”三种功能的BP类用地的做法。新兴产业用地的概念是：为适应传统工业向高新技术、协同生产空间、组合生产空间及总部经济、2.5产业等转型升级需要而提出的城市用地分类，其范围定义为融合研发、创意、设计、中试、无污染生产等创新型产业功能以及相关配套服务的用地。

2.提供多元互动的空间

产业迭代升级需要业态灵活组合的空间。无论是打造产业生态圈，还是发展多元业态和提供便捷配套，均需要因地制宜地对项目功能进行组合。因此，需要更综合的空间功能。当前，北京和上海两大城市在最新的2035城市总体规划用地类型中打破了现有的城市用地分类体系规范，探索实施综合性产业用地。北京市的用地类型包括居住及配套服务用地、就业及综合服务用地、基础设施用地、绿化隔离地区、郊野公园、平原地区、山区。其中，就业及综合服务用地包括商业、工业、公共服务等多种用地类型，便于在单个地区内实现多种用地功能。上海市的用地类型包括居住生活区、产业基地、产业社区、商业办公区、公共服务设施区、大型公园绿地、公用基础设施区、战略预留区、农林复合生态区、生态修复区。其中，产业基地用地用于保障先进制造业发展，锁定一批承载国家战略功能、打造代表国内制造业最高水平的产业基地；产业社区用地用于推进产业园区转型，促进配套完善和职住平衡。

第三节　我国城市更新运行机制的优化路径

良好的城市更新运行机制是保证城市更新目标得以实现的根本途径。

一、切实的公众参与

（一）城市更新中公众参与的意义与特点

城市更新是重塑老化物质空间、提升城市功能的过程，是对城市既成空间环境与既有社会关系的一次整体调整，与公共利益密切相关，并且涉及众多的利益相关主体。基于城市更新中利益协调的复杂性，城市更新中的参与式规划受到广泛关注，公众参与相关研究已成为与城市更新领域高度关联的重要议题。

现有观点普遍认为，在城市更新项目中引入公众参与机制对于推进更新项目实施、有效改善城市社会环境具有积极影响。由已有的城市更新实践案例可以发现，提升公众参与的程度对于更新项目的推进具有双重影响。在我国，城市更新涉及复杂的土地与物业权属等历史遗留问题，甚至有大量同时涉及国有建设用地和集体土地的混合改造项目，实际推进过程中涉及众多利益相关主体。各利益主体的视角与诉求各异。引入公众参与机制，有助于通过多元主体协商避免冲突的产生，同时优化城市更新的规划决策，使城市更新更好地满足公共利益。但与此同时，由于目前我国城市更新相关主体在信息获取、政策认知等方面能力各异，交易协商成本较高，导致耗时较长，公众参与流程不顺，从而增加了城市更新项目的推进难度。所以，在城市更新中引入参与式规划机制，需要在公众参与的“度”上进行权衡，兼顾更新项目的合理决策和推进效率。

与一般的公众参与规划相比，城市更新规划中的公众参与具有鲜明的特点。首先，城市更新规划项目中公众参与的主动性更强。基于规划主体意识的局限性，对于与自己没有直接利益关系的城市规划项目，公众参与规划的积极性往往不高。而城市更新项目往往涉及产权拆迁补偿、居民安置、生活环境与设施条件变化等直接影响公众物质利益和生活权益的问题，公众有更强的主动性参与到城市更新项目中。

其次，城市更新规划项目中公众参与的主动权更大。一方面，城市更新项目的相关利益主体较为明确，以更新范围内的产权主体为直接利益相关方。相对明确的主体范围更容易形成自下而上的自发性公众参与组织，或依托于原有社区、集体自治组织等，在与政府、开发商等主体的博弈中享有更高的话语权。另一方面，除听证、公示反馈等一般化的公众参与规划编制的法定程序之外，城市更新的规划编制与实施中往往还会涉及直接利益主体的表决、拆补合约签订等程序，而公众主体在这些程序中享有较大的主动权，可以通过投反对票、拒绝签约等直接影响城市更新规划编制与更新项目实施的进程。

最后，城市更新规划项目中公众参与主体有明显的利益团体特征。城市更新在一定意义上是在特定空间范围内进行资源的重组与再分配的过程，各个利益主体都希望在土地、物业、设施等资源的再分配过程中实现自身利益最大化。在城市更新资源分配规则制定的过程中，具有相似利益诉求的主体会自发形成联盟，以寻求在利益博弈中获得更大的话语权，从而形成若干利益团体。利益团体的形成对于提升公众参与程度具有积极意义，为自发性公众参与组织的构建提供了基础，但也在一定程度上强化了不同利益主体之间的对立关系，可能导致协商流程中出现盲从、对抗等现象。

（二）城市更新中的参与式规划流程与保障

1.城市更新中的公众参与流程

由于城市更新项目的特殊性，再加上我国土地利用与城市建设政策的地方性，制定具有普适性的城市更新公众参与程序难度较大。此外，在旧城镇、旧村庄等不同类型的城市更新项目中，涉及的公众参与主体和相应的公众参与流程组织也有较大的区别。目前，我国城市更新通常以省、市为单位制定更新规划的原则要求，在区级行政单位内制定具体的更新规划导则。总体来说，城市更新中的公众参与流程可以分为正式公众参与和非正式公众参与两种类型：正式公众参与流程通常建立在法律、法规保护的基础上，是保障公众基本知情权、参与权、监督权的法定程序，对于形式、内容有相对明确的要求，但往往存在程序刻板复杂、流于“象征性参与”的问题；非正式公众参与流程不受法律保护，不是规划具有效力的必备条件，往往建立在地方更新导则的要求或更新工作策略的实际需求上，其参与形式更为灵活，各利益主体之间的交互更为紧密，是对法定公众参与流程的有效补充。

城市更新中的正式公众参与流程可以分为两类。一类是《城乡规划法》所规定的公众参与政务公开的通用流程，主要以听证、公示的形式进行，包括规划决策编制阶段的材料公示、审批结果公示、城市居民或村代表听证会等。听证、公示流程保障了公众基本的知情权，主要对应“市民参与的梯子”理论中的“象征性参与”层次的“告知”“咨询”阶段，是公众参与城市规划最基础的路径之一。然而，公众在听证与公示中只能通过后置反馈来被动地参与规划编制与决策，并不能对规划结果产生实质性影响。

另一类是由地方性政策文件规定的公众参与流程，主要以表决的形式进行，根据地方情况和更新项目类型对表决环节、表决主体范围、表决通过比例等作出差异化规定。如广州《城市更新办法》《旧村更新办法》等文件规定了三个表决流程：（1）改造意愿表决，须获得80%以上的村集体经济组织成员同意；（2）更新实施方案表决，须获得80%以上的村民代表同意；（3）更新实施方案批复后表决，须在批复后3年内获得80%以上村集体经济组织成员同意。佛山的旧村改造则将改造意愿表决、更新实施方案表决的通过比例规定为2／3，并且规定了更新实施主体表决环节，即选定更新项目合作企业时需要获得2／3以上村民表决同意。在表决流程中，村民／居民对于城市更新决策结果和流程推进可以产生相对直接的影响，掌握更大的主动权和具有更大的影响力，对应“市民参与的梯子”理论中的“实质性权利”层次。但值得注意的是，表决流程通常是针对城市更新过程中直接利益相关主体（既有产权主体）的公众参与作出的政策规定，公众参与的范围仅限于既有的产权主体，间接利益相关主体不能参与表决流程。此外，参与城市更新表决流程的既有产权主体并不一定是更新区域未来的使用者，参与协商的目标往往优先考虑自身利益，表决结果对于规划决策中公共利益的体现有限。

城市更新中的非正式公众参与流程目前主要包括规划编制前期的公众需求调研、规划编制阶段的互动活动、规划实施阶段的上诉等。目前，我国城市更新中的非正式公众参与流程大多数由政府、开发商或第三方专业主体发起，公众以被动参与为主。例如，更新规划编制前期对规划范围内的人群画像、空间及设施使用频率、出行方式、空间记忆等展开调研，可以在一定程度上反映公众对于规划的需求，但公众往往对调研目的和规划决策的影响缺少了解，配合积极性较低。近年来，随着第三方专业主体的参与以及自发性公众参与组织的建立，非正式公众参与的形式越来越多样化，比如基于社区组织的“手绘社区”活动、专业主体深入公众进行更新方案讲解等。虽然非正式的公众参与流程不能对城市更新的规划决策和规划实施进程产生直接影响，但却能通过灵活的、互动性更强的形式增进公众对于更新项目的了解及对规划决策的理解，从而有效地提升公众的配合度和参与度，是对正式公众参与流程的有效补充。此外，非正式公众参与流程的组织有利于增强公众参与城市规划的主体意识，提升公众主体的规划知识储备，并对自发性公众参与组织的能力提升有积极作用。

2.城市更新中参与式规划的保障

分析城市更新中参与式规划的现状可以发现，公众参与城市更新规划需要建立在信息对称、有效引导、兼顾效率与公平的基础上。保障城市更新中参与式规划的有效推进，需要从以下四个方面入手：

（1）提升规划信息传达的有效性

有效的公众参与应当建立在信息对称的基础上。目前，我国已经建立了较为完备的信息公开制度，确保公众对相关规划信息的知情权。然而，由于城市规划具有一定的专业性，公众受到规划知识储备的局限，对于已获取的规划信息往往难以充分理解，依靠个体力量很难通过图纸及专业文件等解读规划方案所表达的发展定位、利益分配、规划实施流程等。公众对于规划信息理解得不充分性是阻碍公众参与规划的重要因素之一。在城市更新过程中，由于涉及复杂的利益关系及相关利益主体对于更新规划的密切关注，公众在未能充分理解规划信息的基础上往往很难进行有效的沟通、协商，甚至可能由于对规划信息的误读而产生不符合实际的收益期望或对抗情绪，从而对城市更新的推进产生阻碍。因此，提升规划信息传达的有效性是保障城市更新中参与式规划顺利推进的重要前提。

目前，我国规划信息的公开主要通过政府部门发布相关文件、公众自行获取的形式进行。公众需要主动查阅相关规划信息，主动积累理解专业文件的基本规划知识，这对于公众参与的主动性要求较高，导致了较高的信息传递壁垒。确保规划信息的有效传达，一方面需要优化规划信息发布的渠道，降低公众获取规划信息的成本，确保信息公开的及时性和广泛性，在政府政务公开平台以外拓展线上、线下多种渠道信息传达，如依托已有的即时资讯平台进行信息公开，对更新项目设立临时的线下规划展厅等；另一方面需要对信息发布的内容与形式进行优化，确保信息传达的可读性，在原有的专业性图文文件的基础上结合三维可视化技术、线上线下互动展示形式等，以更加直观、易懂的方式加深公众对于更新项目、规划方案的理解。此外，基于线上信息发布等形式，对信息传达效率的提升还应适当扩大规划信息公开的范围，提升各主体之间的信息互通性，在广度上促进信息公开贯穿项目确立、规划决策、方案拟定、利益分配、审核审批、施工及验收全过程，在深度方面可以通过线上线下相结合的方式建立更加及时、高效的信息传达和动态协商机制，使公众了解建设难度、成本构成、收益流向等信息，从而尽量减少信息不对称带来的冲突。

（2）兼顾规划参与度与更新效率

分析我国城市更新的实践案例可以发现，阻碍城市更新实施进度的情况往往有两种：

一是在更新实施方案阶段的协商过程中产生分歧，二是在更新项目拆迁与建设阶段产生对抗。在第一种情况中，公众以表决权为筹码与开发商对峙，处于相对主动的地位。由于项目进度停滞不前会抬升项目成本，甚至导致项目超时，所以开发商在协商阶段需要兼顾自身收益目标与项目效率。在城市更新实践表决环节设定中，表决频次高，通过比例要求高（往往需要达到80%～90%），每一个直接利益相关的公众个体都可以影响更新项目的进度，开发商往往作出让步或以额外利益补偿“逐个突破”。然而，协商环节的公众高度参与无法从实质上保障公众合理利益诉求得到满足，反而导致不公平现象的产生及不合理的诉求，给更新实施带来阻碍。在第二种情况中，由于公众在项目拆迁建设启动后缺少正式参与渠道，处于被动地位，只能通过上诉等方式表达自己的利益诉求。更新实施过程中公众参与渠道的缺失导致对抗、游行等激烈冲突事件的发生，从而阻碍城市更新进程。

综上可知，过高和过低的公众参与度都会阻碍城市更新的推进，影响城市更新效率。过高的公众参与度会细化并暴露出更多的利益分歧，增加协商成本与难度；过低的公众参与度则使公众利益诉求无门，激化利益冲突与对抗情绪。因此，保障城市更新中的参与式规划，应当兼顾规划参与度与更新效率之间的平衡。一方面，政府部门应当改变方案确定阶段集中参与、方案实施阶段“投诉无门”的现状，通过公众参与环节和路径的合理设计，使得公众在城市更新的全过程中均有参与规划、表达利益的渠道；另一方面，政府部门应合理定义各利益相关主体的权利边界，赋予公众适度的决策参与权，在保证公众充分表达自身利益诉求的同时，规范他们的参与行为。

（3）丰富与强化“第三方主体”角色

在我国城市更新的实践中，尽管有部分项目引入了专业规划机构、高校研究团队等中立的“第三方主体”，但它们在城市更新流程的实际推进中并未充分发挥作用，往往只提供专业技术支持，或加入非正式的公众参与流程中，未能在利益分配和方案协调方面扮演重要角色。事实上，第三方主体的中立角色和专业能力是城市更新项目的重要资源。

在目前的城市更新流程中，关于更新实施方案、拆迁补偿方案等的协商均由更新实施主体与其他利益相关方直接对接。由于大部分城市更新项目的实施主体为外部引入开发商，一方面开发商与公众主体之间存在利益博弈，协商难度较大；另一方面政府在具体方案制定流程中的缺位可能导致公共利益未能得到充分体现。第三方主体可以凭借中立的角色立场为公共利益和各相关利益团体之间进行协商提供桥梁。在更新规划编制前，第三方主体可以中立的角色收集、对接各方利益诉求，为政府划定更新范围、评估更新难度、确定更新规划发展方向等提供咨询服务。在更新规划编制阶段，第三方主体可以作为价值体系的构建者，为各利益主体的沟通与协商营造环境，并对协商方式提供合理高效的引导和监督，推动弱势公众主体平等、充分地表达利益诉求。另外，第三方主体具有专业知识储备、技术支持和更新实践项目案例的经验积累，可以有针对性地协助各个利益主体提高规划参与能力。

在更新规划编制阶段，第三方主体可以在具体的更新方案设计中扮演主导角色，利用其专业能力及对各相关主体利益诉求的充分了解，推动形成综合各方需求的更新、拆补方案，保障公共利益的实现。在更新规划实施阶段，第三方主体可以为公众主体理解方案、跟进项目等提供帮助，既提升公众参与的能力与效率，又避免缺乏专业规划知识的公众主体过度参与对更新规划进程造成阻碍。丰富、强化第三方主体的角色，引导第三方主体从技术专家转变为价值体系构建者，不仅可以为更新规划决策提供高效、高质量的专业技术支持，还可以通过第三方对公众参与流程的介入，搭建城市更新中各利益主体之间协商、协作的桥梁。在城市更新中更广泛地引入第三方主体，丰富并强化其角色作用，可以为城市更新中参与式规划的有效推进提供有力保障。

（4）借助博弈平台实现多方利益博弈优化

城市更新多元主体利益协商平台以“实质利益谈判法”为理论基础，形成流程式的协商框架，运用线上平台辅助线下更新的协商流程，形成分析、策划、讨论多轮循环的利益谈判机制。平台围绕城市更新流程中改造意愿、现状认定、更新主体认定、拆迁补偿方案、更新规划方案、更新实施六大阶段展开设计，连接六类主体——政府、开发商、村集体／居委会、村民／居民、第三方专业机构、其他利益相关方，以线上电子化形式实现信息和利益诉求的高效、透明、标准化传递。其适用情形主要包括两类：一是拆除重建类的城中村更新；二是老旧小区改造。

在拆除重建情形下，App系统整体架构将形成由改造意愿、现状认定、拆除／改造方案、更新／改造规划、引入企业、拆迁／改造实施六大阶段组成的流程式协商框架。针对每个阶段不同的协商主体、利益核心、协商标准和协商方案进行差异化协商模式设计，同时嵌入安置补偿面积测算、开发／改造情景模拟、更新／改造成本测算等技术模块，辅助利益协商的可视化。App的使用主体包括更新核心利益群体（村民、村集体、租户、居民、开发商、政府）和第三方工作小组。其中，第三方工作小组是利益协商的组织者和协调者。由第三方工作小组启动利益协商流程，核心利益群体在App中表达自身利益诉求，遵循一定的协商原则，通过互动协商方式达成共识，完成整个更新协商流程。

城市更新多元主体协商平台主要从以下五个方面提升城市更新流程的协商效率：

第一，构建“多对多”协商平台。在传统城市更新流程中，由于各阶段博弈、协商焦点的转换，协商通常以“多个一对一”形式展开，博弈主体频繁更换、部分缺位，使得协商难以达成一致。“多对多”博弈平台的搭建可以实现城市更新全过程、全主体参与。

第二，协商流程线上化。在传统城市更新流程中，协商往往依靠开发商派出业务员逐户谈判的方式进行，协商效率低下、时间成本高，并且协商过程缺少有效监管。协商流程的线上化、电子化可以减少时空协调成本，保证协商流程更加透明、高效。

第三，提供测算计算器。由于信息不对称，造成部分村民／居民对更新和拆补政策等了解不足或存在误解，导致其产生过高的补偿诉求，或无法维护自身的权益。平台根据地方性法规与政策对面积认定方案、拆迁补偿方案、改造方案等进行定制化测算，从而为村民／居民合理维护利益诉求提供参考依据。

第四，优化更新流程。目前，城市更新部分流程存在重复表决等现象，耗费时间较长，并且表决的“后置参与”使得更新决策难以充分体现各主体之间的利益诉求。平台构建“意愿摸底—协商—表决”流程，利用线上方式的便捷性收集意愿，从而提升决策对各方利益诉求的体现，减少重复表决。

第五，引入第三方专业机构。现行的做法往往由开发商主导更新实施方案的制定，推动协商流程。由于开发商与村民／居民之间存在利益博弈关系，有的不当执行方式容易激起对立情绪、引发对抗行为。平台以第三方专业机构主导推进城市更新进程，制定具体协商流程和协商方案，有利于协调多方利益。

二、对于城市更新目标可执行的考虑

在城市更新决策与规划过程中，政府部门在设计规划方案时，存在许多不可执行的因素，如果强硬地实施这些规划方案，可能会带来潜在的危害。

1.城市更新目标在可行性技术范围内。这里所指的技术性范围是指城市更新目标要符合实际情况，在科学性与现实性的要求之下所要达到的城市更新目标要具有可行性。

2.满足参与约束和激励相容。机制设计理论满足参与约束是实现城市更新运行目标的基础。因为参与约束是吸引各参与主体参与城市更新运行机制的最低要求。如果没有参与约束，各主体很难积极参与机制设计者提供的博弈，机制将毫无作用。同时还应满足激励相容，使各利益主体在追求自利的行为中“不自觉”地实现机制的目标。

三、城市更新运行机制的辅助手段：城市管理的科技化与信息化

在规模报酬递增的经济环境中，通常不存在一个有限的信息空间的下界。换言之，此时可能需要一个无限维的信息空间，从而需要无限维的成本。因此，在城市更新过程中，城市更新的信息和沟通成本特别重要。虽然城市更新的问题较多，但先进的科技手段还是给我们提供了“后发”与“跨越”发达国家的可能性。针对城市更新中纷繁复杂的问题，相关部门要以先进的科学技术和信息平台为依托，从城市管理主体的信息化以及城市管理内容的信息化出发，纠正利益相关者的信息失衡问题。

作为公众利益的委托人，政府应当主动搭建信息交流平台，将“隐性”信息转化为“显性”信息，减少企业及城市居民在城市更新中获取信息的成本。

城市更新的失衡问题及优化管理问题是一个系统性的复杂过程，需要完备的理论支撑和技术支持。在当前我国城市发展的大环境中，要实现运行机制的优化，还要面对许多阻力。西方国家的城市更新经验对我国有一定的借鉴意义，但我们不能盲目地一味照搬使用。如何在保障各方利益的前提下设计实现城市更新目标的机制，对于实现城市更新的效益具有十分重要的意义。

第七章　城市更新规划理论与应用

第一节　城市更新规划的定位与目标

一、城市更新规划的定位

城市在不同时期会出现不同问题，更新规划则将所有的问题统一起来，从城市整体发展角度，针对问题进行统一解决，确保投入的资源能够利用，并且分配是合理的。规划工作是基于城市所有的资源而作出的一定时期内对城市发展及需要解决的问题的计划，工作开展能够协调各方面，不仅效率能够得到提升，质量也能够得到保障。人们在发展过程中发现，城市发展是动态的，而规划工作往往是静态的，这是一种相对的关系，而管理者也认识到此问题，会对规划进行调整，使其符合社会发展需要。通常情况下，规划工作问题要领先于城市当前发展水平，规划落实之后，预期效果与实际水平间的差距就会缩小，并且最终被实际水平超越，此时就需要对规划进行更新。

（一）城市更新规划的特点

与一般类型城市规划相比，城市更新规划的主要特点体现在与物权存在广泛联系。由于物权涉及相关利益主体的利益，公众、社会、政府对其都十分敏感。但同时物权也是促进社会民主进步与公民意识复苏的动力，物权在城市规划工作中带来的既包括物也包括了人。城市更新规划需要重视人的需求，考虑到人的生活细节、行为特征，更好地体现以人为本的理念。人与人之间会存在利益冲突，与一般性规划工作相比，相关利益者参与规划工作的积极性更高，从而避免自身利益受损，并且希望获得更多利益，由此就会导致利益博弈产生。传统的规划更多的是行政命令式的方法，公众参与度较低。

城市更新涉及的特权比较分散，而这种分散性会使城市更新投入成本大于重新建设成本，政府在独自承担与借助市场力量方面通常会考虑后者，由此就会导致更新规划工作开展时，会受到市场条件约束。为了回应市场诉求，就需要依据市场规律来运作，从而获得更多的发展空间。资源发展与权力分散于不同的利益主体，规划的话语权也不会如传统一样掌握在单一主体手中。

（二）城市更新规划的现实意义

1.城市总体规划工作能够弥补城市更新系统性研究工作的缺失

城市总体规划会考虑到土地资源性质与数量，但构成城市的整体系统内部与外部联系没有顾及总体规划与具体规划二者间的跨度过大。依据规划在城市建设工作中的作用，可以将其分为三个类别：总体规划包含的专项规划；对总体规划有完善作用并用的规划；指导城市建设工作开展的规划。强化规划工作从技术角度出发体现在细化总体规划，而从管理角度则是分解城市功能，从而对其进行专项性研究。如城市发展过程中会存在大量旧城镇、城中村等，都需要对其进改造，改造工作中容易出现的问题是忽视其内在联系与系统性，专项规划缺乏等，城市更新规划则针对老旧城镇改造问题，是对总体规划的补充，属于专业规划。

2.实现城市规划的公共政策效应

目前，城市规划工作主要是通过对空间进行分解从而实施达成目的，规划工作常见的问题是时间不衔接，致使规划与政府长远与近期规划未能有效融合。城市更新规划一方面需要通过落实总体规划安排，另一方面则需要通过时间上的安排从而使与其他规划有效衔接在一起，如城中村改造、旧城改造。城市规划在编制过程中公众参与度高，其公共政策性得以凸显，这也是与传统规划工作存在显著区别的地方。

3.满足城市功能更新的管理要求

市场经济条件下，市场失效催生了城市规划的需求，城市规划工作需要与社会保持同步发展，通过一定方法避免传统方式下存在的弊端。总体规划的侧重点在于研究技术的可行性及选择目标。具体规划工作则是着眼于小规模开发工作，规划目标如何实现的问题未能得到有效的解决。城市更新规划工作作用在于实现目标，而这一过程则是立足于管理层面。规划对综合目标进行分解，将其中的某些问题作为一个整体系统，从开发时序、速度、分布方面作出合理安排，指导具体工作开展与落实，在满足市场需要的同时，资源利用效率也能够达到最优。

4.促进土地资源集约利用，统筹城乡发展

经济发展过程中，人们逐渐认识到资源与环境问题的重要性，基于环境保护与资源节约对经济结构进行调整，从而提升资源利用效率，实现经济发展与自然环境二者协调。在过去甚至是当下，城市发展土地资源利用存在较多问题，如集约度低、与城市发展不协调。随着经济发展，出现的另一个现象则是城乡差距逐步扩大，不利于社会发展。因此，需要推动城乡统筹发展，而推动城乡统筹发展城市更新改造则是有效的途径。

（三）城市更新规划在城市总体规划工作中的定位

1.城市更新规划与其他规划的关系

城市总体规划为其他规划的编制提供了依据，城市总体规划主要从宏观角度出发，通过空间布局构建城市发展的主体框架，而其他各项规划则需要在总体规划范围内，并且是对总体规划的细化与落实。早期相关法律规范只是要求总体规划框架下需要编制相应的规划，但并未就具体规范作以说明。后期相关规范则明确了具体性规划的范围、原则、要求与标准。城市更新规划需要依据总体规划工作内容确定工作目标、布局、策略、范围、资源、开发时序、生态环境、历史文化等。从规划层次来看，总体规划位于更新规划之上，更新规划则是对总体规划的完善，将某些方面问题作为一个系统从而更好地开展研究工作。

城市更新规划属于长期调控类型规划，近期建设规划从总体规划中分离并独立，成为规划体系中单独的存在。而通过创新则可以在近期规划工作基础上创建长远规划，规划在时间衔接方面能够得到增强，近期规划政策性会增强，其本质是总体规划的分解与实施，也是近期工作开展的依据。从规划层次与内容方面来看，属于长期调控型规划范围；从规划深度方面来考虑，能够对下一层次的具体规划提供一定指导。

2.城市更新规划在规划体系中的定位

随着现实情况变化与理论研究工作推进，城市规划体系在时间与空间两个维度都发生着显著变化，在空间方面变化主要是向两头延伸，从战略与操作性规划向着区域层次及操作技术延伸。从时间方面来看，时段分解得到了强化，不同层次规划工作都新增了近期甚至是年度规划。除原有各种附属规划之外，还出现各种专项规划。对城市更新规划进行定位，要从微观与宏观两个方面着手。从宏观层面来看，城市更新规划体现的是城市发展总体要求及目标，能够在一定程度上缓解地方发展与中央调控之间存在的矛盾，既是对总体规划的有效补充，也是对规划体系的完善。从微观层面来分析，地方政府开展城市建设工作，需要有相关的纲领性文件，并依据此文件制定近期工作开展的规划及具体实施计划，发挥着是统领作用。角度定位可以将其表述为，城市更新规划是对总体规划的完善，其面向的对象是市场与政府两个主体，是调控型与指导型的规划，是近期规划制定与工作开展的依据。

城市更新规划由于其自身特殊性，导致其与法律法规之间的关系也是特殊的，现行法规则是政府主导的，无法容纳市场化运作存在的弹性空间以及利益博弈行为的动态变化。更新行为由政府主导并且与相关的法规捆绑在一起，一定程度上制约其自主性与灵活性。

（四）城市更新规划与现有的规划体系相衔接

现有规划体系主要是建立在城市新增用地管理基础上的，随着城市发展，土地资源越来越紧缺。在未来发展过程中，城市更新也许会替代新增用地管理工作而成为规划管理工作的主体。基于此，对现有规划体系进行修改及完善就显得十分必要，以此适应城市更新规划工作开展要求。对城市规划体系进行调整并不是单独设立新的规划体系，而是基于现行规划体系，对相关规划进行补充与调整，使城市更新规划与法规之间能够更好地适应。

城市总体规划工作方面，需要强化对更新工作方向及规模的规定。近期规划方面，对应的内容是城市更新工作开展的区域及相应功能定位，对与更新工作相关的基础与公共服务设施建设工作作出相应规定。

详细规划，也可以称之为控制性规划。作为与城市更新规划对接的平台，规划的控制作用体现在，对城市更新工作中市场及政府各自扮演的角色进行区分。将公共利益因素从市场博弈中抽离并交由政府进行控制，并通过一定的规划手段进行保护。控制性规划需要对更新规划工作的范围进行限定，其内容涉及更新项目功能定位，公共服务及基础性设施建设工作、生态及历史文化保护、容积率控制、城市设计控制等一系列工作。

城市更新修建性规划，将相关群体利益诉求纳入其中，同时使市场运作的弹性空间得以保留。一般性修建规划基础上，更新规划工作重点在于土地市场经济核算等具体工作对应的内容，新增利益方博弈与谈判的程序。

综合整治规划，通过逐渐用有针对性的综合整治规划来替代原有的大规模拆建方式，综合整治规划工作要求尊重各方目标，全面把握建设条件、现状权属，考虑到居民在经济承受能力方面的限度及生活实际需要，确定更新工作方法与内容。

城市发展是一个动态变化的过程，也是管理经验逐渐积累的过程，城市规划工作是为了更好地对城市实施管理。与此同时，城市更新的比例也在逐步增大，并且在地方规划管理工作中作用日益凸显。城市更新规划会对城市规划工作产生深刻影响，同时是对传统城市规划在方法与体系方面的变革。城市规划于城市发展而言是相对静止的，城市规划要实现与城市发展相适应，就需要适应城市发展实际情况，不断对自身进行调整，才能更好地适应城市发展。

二、多重目标导向下城市更新规划

结合以上城市更新的时代诉求，本文结合不同目标导向制定了相应的城市更新策略，通过明确更新目标、对象、内容、模式与实施主体，合理引导各类城市更新，以期针对不同类型项目采用不同的技术引导办法，使各类城市更新项目内容与重点明确、开发模式符合实际建设，避免过度设计、无重点规划甚至形象工程式更新。

（一）留住城市记忆：社区更新

城市包含建筑这一“凝固的音乐”，是难得的艺术品汇聚处。更新改造过程中保留曾经在此居住和生活过的人们的想象力，可以涵养一种独特的历史记忆与人文气质。比如，上海武康路项目是基于合理保护基地内名人故居和历史建筑，才得以将武康路更新为富有老上海风情与优雅的“浓缩了上海近代百年历史的名人路”。

城市社区更新包括城中村改造、老居住社区更新，这些社区多存在建筑质量较差、布局凌乱、设施配套不足、消防通道不畅、停车困难等问题。社区更新内容主要可以概括为服务功能的完善，并且不能仅关注商业性项目的植入，还包括文化、休闲等社区主体居民真正需要的公共性内容。

社区更新需要考虑多户目标、城市形象、公共服务等，主体利益矛盾突出，实施较为复杂，需要多元平衡的城镇更新组织模式和规划融资模式，构建多部门联合参与、共同协作的规划平台，实现相关主体利益的综合平衡。

（二）文化传承与创新：街区复活

城市中的遗迹已成为一个时代的缩影，成为一代人珍贵的记忆，我们不可再以简单粗暴的方式抹去时代的印记，需要以更加灵活有效的方式去保留和利用它们。

文化主导的更新模式可大体归为两类：①通过大型的更新改造项目，建立城市旗舰式地标建筑对城市文化形象进行重构；②从文化产业的角度出发，研究以创意阶层融入城市，形成创意产品与创意消费相结合的创意街区。文化传承与创新包括文化政策、文化设施和文化事件等多方面，如西班牙毕尔巴鄂古根海姆美术馆、“欧洲文化之都”“全球创意城市网络”、北京798文化艺术中心等。

文化街区的复活首先依赖高品质的物质空间环境，文化小品、广场、喷水池、景观步行道、街道家具、照明和景观构成了空间提前。另外，短期的文化事件（如展销、传统节日）将为城市更新计划增加价值。可以说，文化活动作为重要的文化策略，在城市复兴中发挥着独特的作用。

（三）城市交通疏导：站点周边更新

城市轨道交通逐渐成为城市主要公共交通，站点周边用地已经成为新型城市综合体、城市功能节点的首选区域。站点周边用地包括已开发区域、待开发区域，已开发程度越强，更新难度越大。

站点周边用地将呈现复合性，如居住商业混合、商业文化混合、商业办公等的多元混合。可升级配套的功能主要有商业零售中心、商务办公与公寓、商业服务为主的商住区等。

在开发模式与实施上，站点周边土地利用呈多元化、空间需考虑垂直利用等，根据站点周边的不同距离圈层，主要有整体开发、分区开发两种开发方式。

（四）经济复苏与改革：旧产业区改造升级

产业园区的升级改造是城市更新的重要内容之一，产业转型是寻找城市经济新的增长点的必由之路。政府和企业联合对产业园区进行改造升级，通过产业运营方式进行城市更新，盘活存量土地，同时进行旧厂房改造是产业地产更新的路径。产业园区升级改造的主要措施包括：产业转型发展上，淘汰高能耗产业，发展新兴产业；厂区改造上，对旧工业区的建筑密度加强控制，使土地和存量资源得到盘活和高效利用。通过改造旧建筑，设计营造特色景观环境，运用可持续发展的理念、绿色建造技术和材料，使旧厂区的环境品质不断提升。

（五）城市事件注入新血液：旧区全盘塑造

2008年中国北京奥运会、2012年英国伦敦奥运会的举办，以及2010年中国上海世博会的举办，大事件对城市整体的综合发展起到了重要的推动作用。大事件是推介城市形象的重要工具，在政府的主导下进行，往往被希冀作为城市空间拓展的重要机遇。纵观国内外的大事件营销目标，除了要满足事件举办所需场所空间和完善的场馆设施，还要注重大事件场址能对城市空间的可持续发展发挥积极的作用。

结合我国城市更新发展的趋势分析可知，城市更新正在大规模、规范化铺开，已成为一种新常态，也已经成为政府的重要议程。只有认清城市更新的必然趋势、明确时代诉求，才能更有针对性地循序渐进地开展城市建设运动。留住城市记忆、文化传承与创新、交通疏导、经济复苏与改革、新型城市事件这五大目标导向，是对城市更新方法与策略的总体思考。

随着城镇化不断推进，以激发城市活力、再造城市繁荣的城市更新模式日益受到重视，城市更新参与主体及途径、运营模式也逐渐多样化。而城市更新的观念、政策和实践的方法体系尚未完全形成，城市更新这个课题仍需不断探索。

第二节　项目策划方法在城市更新规划中的应用

相比西方国家，我国的城市更新研究起步较晚，早期的探索普遍基于单个的住宅展开，在旧住宅改造政策的引导下完成了一批老旧房屋更新改造工程，[①]如北京的菊儿胡同有机更新改造工程、天津的吴家窑街坊旧住宅成套改造工程。[②]此后的更新改造逐步以政府专项计划推进，如老旧小区的综合环境整治、既有住宅的电梯加建、停车场扩建等。同时，各城市响应国家大力推进棚户区改造的工作目标和任务要求，强力推动城市的老旧城区改造，取得了不少成效。随着2013年中央城镇化工作会议提出的"盘活存量、严控增量"，旧城区物质、功能等方面的更新急迫性愈发凸显，深圳、上海等城市创新更新规划编制方法，依托城市更新专项规划与城市更新详细规划两个层面的技术手段，整合更新区域对象，系统推进旧区改造。笔者总结了各城市在两个层次上更新规划具体编制要点，对城市更新的规划编制技术手段提出完善与优化建议。

一、城市更新专项规划

城市更新专项规划应当体现战略高度与统筹思维，确保更新工作的有序开展。目前，许多老城区用地矛盾突出的大城市都编制了城市更新专项规划，如《G市"三旧"改造专项规划》《深圳城市更新专项规划》《成都北部城区改造规划》等。总体来说，专项规划层面应当重点考虑市区范围内的城市更新区域布局结构、更新规模、居住环境、产业、文化等目标任务，确定更新策略和方式引导，提出土地利用、开发强度、配套设施、综合交通等方面的具体引导要求，确定重点更新区域与城市更新实施机制。其中，诸如总体结构、功能、用地、公共服务等方面的编制内容与传统新区规划形式上差别不大。除此之外，专项规划的编制内容还具备以下几个要点。

（一）摸底调查与数据库建立

专项规划编制前期，在规划主管部门的组织下，进行更新区域的详尽摸底调查，以宗地为基本单位，具体对象为老旧社区、村屋、工厂建筑的建设情况，包含了结构、质量、权属、改造意愿等内容，建立现状基础数据库，作为专项规划的重要基础支撑。规划在现

① 杨仲华．城市旧住宅可持续性更新改造研究 [D]. 杭州：浙江大学，2006：19.

② 张大昕．城市已建成住宅改造更新初探 [D]. 天津：天津大学，2004：21.

状数据库的基础上对规划范围内旧城资源分布情况进行调研和综合评估，总结旧城空间特征和现状问题，以识别未来的潜在发展区域。此外，摸底调查和数据库的建立还有利于对更新对象进行动态跟踪和后期调校，确保规划实施成效。

（二）确定更新范围与更新目标

专项规划的编制依托更新对象划定了详细的更新范围，构建了更新目标体系，并将其作为统领全市城市更新工作的主要依据。更新范围依据现状摸查和综合评估的结果确定，以成片连片为原则，考虑更新改造条件的成熟程度划定更新片区，用以规范城市更新项目进行申报的具体范围至边界。而更新目标往往是综合与多层次的，响应城市总体规划及国民经济发展规划提出的要求。

（三）更新模式引导

更新模式的分类与引导有利于各级城乡规划管理部门有针对性地管理更新对象，有利于规划高效实施，优化城市结构，促进环境改善。不同的更新模式可以对应不同的改造方式和改造原则，政府也可以给予差异化的改造政策，针对区域特点和发展导向重点解决。此外，在建设总量和容积率等开发强度指标上进行统筹协调，保持总体平衡，还可以对提供公共要素的更新奖励容积率、建设量或减免部分费用。

通过政策分区设定不同的更新模式，进行改造强度的总体平衡与联动，保证各政策分区内的开发强度得到合理控制和引导，使旧城区“该高的高、该密的密、该疏的疏、该绿的绿”。

（四）确定重点地区

重点地区应当是对城市发展有结构性影响的区域，或者是需要特别进行多方利益与改造资金平衡的区域，其对城市更新的规模和重点的合理调控起关键作用，也是在详细规划与项目实施阶段制定年度计划的依据。

二、城市更新详细规划

详细层面的更新规划是城乡规划（或城市更新）主管部门作出更新许可、实施管理的依据。各城市以“更新单元”为核心制度，在现行控制性详细规划的编制模式上进行了规划内容上的探索，针对旧城更新的重点与难点，加强对更新改造项目的规划管控。

（一）规划编制空间单位：城市更新单元

城市更新单元作为详细层面更新规划中的空间单位，在各城市的具体实践操作中有不同的表述。更新单元的划定应当保证基础设施和公服设施相对完整，综合考虑道路、河流及产权边界等要素，并符合成片连片和有关技术规范的要求，在其范围内可以包含一个或多个更新项目，内容深度参考控制性详细规划，并可以深化到修建的详细规划。

作为空间整合和管理的基本单位，更新单元改变了原来各地块之间"各自为政"的规划管理局面，对各单个地块进行统筹考虑，实现片区整体升级转型和土地高效利用。同时，更新单元规划的制度可以作为规划管理部门协调更新活动的平台。依托该平台，政府作为监督者、审查者来调控土地和空间资源的分配，掌控更新项目实施的进度，各产权主体对自身的更新与发展诉求进行协商，强化统筹引导作用的同时利于实现公共利益最大化的城市更新目标。

（二）城市更新单元与控制性详细规划的关系

因规划编制、管理框架与决策机制存在细微差异，以及城市更新与规划管理主管部门的事权划分存在差异，各城市的更新单元编制内容及其与控规的关系略有差别。

（三）规划管理技术指标

针对城市更新的技术管理规定体现了城市更新有别于新区建设的开发模式，通过控制参数的差异化确定，详细规划既立足于现实又具备可实施性，规划管理更加科学、精细。例如，配合城市更新办法，上海市制定了《上海市城市更新规划技术要求》，从用地性质、建筑容量、建筑高度、地块边界等方面对旧城地区的控制指标确定方式进行了规定。

（四）地权重构与产权安排

旧城区域权益复杂，主体众多，城市更新详细规划作为利益协调平台应当在具体实践中发挥重要作用。将重构地权作为规划编制中的特殊管控要素，围绕多个主体协商形成利益平衡方案，在单元内实现产权有机整合与违法建筑疏导，同时落实公共利益项目，破解更新改造在实施操作中的难题。

例如，S市的更新单元规划编制过程中，需要对土地与建筑物的权属合法性、手续完整性进行充分核查，以其作为权益分配的基础。在单元内的权益初次分配过程中，优先保障公共利益项目的用地，以反向"征地返还"的手法，向城市更新单元索取"大于3000 m²且不小于拆除范围用地面积15%"的归政府支配。当权益的再次分配过程中，按照原有权益的比例构成情况分配基准增量，按照贡献公共设施的比例分配奖励增量，同时在单独的"地权重构"原则上予以落实，绑定各权益主体承担的拆迁、配套建设、安置等责任。总体而言，地权重构作为城市更新单元规划内容的组成部分，要将产权类型、用地主体、建筑共有三个层面的权益分配进行规划安排。

三、城市更新规划编制的优化与完善

（一）完善编制体系

建议将城市更新规划纳入现有规划管理和编制体系，加强更新专项规划支撑，与各级法定规划相调校。建立总体层面、街道层面、实施层面的三级规划编制体系与现有规划体系相适应。一是总体层面，编制主城区城市更新专项规划。二是区级层面，编制街道更新规划。三是实施层面，编制更新项目实施方案。除三级规划编制体系外，可在街道更新规划完成后，根据需要和实施时序拟定城市更新年度实施计划。

1.总体层面——主城区城市更新专项规划

第一，主要内容。城市更新专项规划对接总体规划，主要内容是明确更新目标、原则、对象、策略及重点任务，提出空间政策及实施机制，划定主城区城市更新范围，并进行分类，明确不同的更新方式。

第二，编制与审批。市城市更新主管部门（初期的城市更新工作领导小组办公室）依据全市城市总体规划和土地利用总体规划，定期组织编制主城区城市更新专项规划，指导主城区范围内的城市更新对象划定、城市更新计划制定、街道城市规划和城市更新项目方案编制。市城市更新主管部门将全市更新规划报市人民政府，经市人民政府常务会议审议通过后实施。

第三，跟法定规划的关系。如与编制总体规划同步，则纳入作为专章；如不同步，则作为专项单独实施，指导下一层更新规划编制。

2.区级层面——街道城市更新规划

第一，街道城市更新规划主要内容。首先，街道城市更新规划对接控制性详细规划。①进行区域评估：原则上以街道为基本编制评估单位，主要评估建设情况；②根据评估结果，明确片区的更新目标与主导功能，更新规模与模式、重点工作、改造时序等，明确项目实施指引。其次，区域评估主要对公共要素展开评估，包括城市功能、公共服务配套设施、历史风貌保护、生态环境、慢行系统、公共开放空间、基础设施和城市安全等。经过区域评估划定更新项目范围：将现状情况较差、民生需求迫切、近期有条件实施建设的地区，划为一个或几个更新项目。更新项目一般最小由一个完整地块构成，是编制城市更新实施计划的基本单位，更新项目可按本细则相关规定适用规划土地政策。最后，落实更新项目的公共要素清单，结合评估中对各公共要素的建设要求，以及相关规划土地政策，明确各更新项目内应落实的公共要素的类型、规模、布局、形式等要求。

第二，街道城市更新规划编制与审批。主城各区更新主管部门组织编制街道更新规划。各区更新主管部门将区域街道更新规划报各区人民政府，经区人民政府常务会议审议通过后，如不涉及控制性详细规划的修改，由区人民政府批准并送市城市更新主管部门备案，如涉及控制性详细规划的修改，由区人民政府报送市人民政府审批。

第三，街道城市更新规划跟法定规划的关系。如涉及修改控制性详细规划的控制要素，则相应同步修改控制性详细规划；如不涉及可直接指导更新单元实施方案的制定。

3.实施层面——更新单元实施方案

第一，更新单元实施方案主要内容。更新单元实施方案即拟定更新项目的具体实施方案，须包含以下内容：项目所在地现状分析、更新目标、项目设计方案、公共要素的规模和布局、资金来源与安排、实施推进计划等。更新项目建设方案的编制应遵循四个原则。首先，优先保障公共要素。按区域评估报告的要求，落实各更新项目范围内的公共要素类型、规模和布局等。其次，充分尊重现有物业权利人合法权益。通过建设方案统筹协调现有物业权利人、参与城市更新项目的其他主体、社会公众、利益相关人等的意见，在更新项目范围内平衡各方利益。再次，协调更新项目内各地块的相邻关系。应系统安排跨项目的公共通道、连廊、绿化空间等公共要素，重点处理相互衔接关系。最后，组织实施机构应组织更新项目内有意愿参与城市更新的现有物业权利人进行协商，明确更新项目主体，统筹考虑公共要素的配置要求和现有物业权利人的更新需求，确定各项目内的公共要素分配以及相应的更新政策应用等。

第二，更新单元实施方案编制与审批。①由区政府组织申报单位委托专业设计机构编制城市更新项目实施方案。②城市更新项目实施方案应经专家论证、征求意见、公众参与、部门协调、区政府决策等程序后，形成项目实施方案草案及其相关说明，由区政府上报市城市更新主管部门协调、审核。③市城市更新主管部门组织召开城市更新项目协调会议对项目实施方案进行审议，提出审议意见。协调会议应当重点审议项目实施方案中的公共要素配置、改造方式、供地方式及建设时序等重要内容。涉及城市更新项目重大复杂事项的，经协调会议研究后，报市城市更新工作领导小组研究；涉及控制性详细规划的修改，报市人民政府审批。④城市更新项目实施方案经审议、协调、论证成熟的，由市城市更新主管部门向所属地各区政府书面反馈审核意见。区政府应当按照审核意见修改完善项目实施方案。⑤城市更新项目实施方案修改完善后，涉及表决、公示事项的，由区城市更新主管部门按照规定组织开展，表决、公示符合相关规定的，由区政府送市城市更新主管部门审核。⑥市城市更新主管部门负责向市城市更新工作领导小组提交审议城市更新项目实施方案。城市更新项目实施方案经市城市更新工作领导小组审议通过后，由市城市更新主管部门办理项目实施方案批复。⑦城市更新项目实施方案批复应在市城市更新部门工作网站上公布。

第三，跟法定规划的关系。如涉及修改控制性详细规划的控制要素，则相应同步修改控制性详细规划；如不涉及，可直接指导项目实施。

4.其他层面——城市更新年度实施计划

在主城区内进行的城市更新建设活动实行年度实施计划制度。市城市更新主管部门会同市发展改委、财政、城乡建设等相关职能部门，统筹编制主城区的城市更新年度实施计划。城市更新年度实施计划以更新项目为最小单位，主要明确项目名称、主要更新方式、主要权利人和参与人、资金及其来源等内容。

各区人民政府应当提前向市城市更新主管部门申报纳入下一年度实施计划的城市更新项目。市政府各部门、有关企事业单位也可提出城市更新项目，在征求项目所在地区政府意见后，由所在区人民政府统一申报。城市更新年度实施计划由市城市更新工作领导小组审议通过后，报市人民政府批准实施。

城市更新年度实施计划应以城市更新规划为依据，以现有物业权利人的改造意愿为基础，发挥街道办事处、镇政府的作用，依法征求市、区相关管理部门、利益相关人和社会公众的意见。城市更新年度计划可以结合推进更新项目实施情况报市城市更新工作领导小组进行定期调整。当年计划未能完成的，可在下一个年度继续实施。完成审批之后一年内无法启动实施的更新项目自动清退。

（二）明确法律地位，出台编制指引

更新专项规划是城乡规划编制体系的重要组成部分，其法律地位应当按照《城乡规划法》的规定，作为总体规划和分区规划的附属内容和进一步深化予以明确。同时，在管理实施层面，更新单元规划与法定控规充分对接。针对各城市的更新项目的规划编制采用一般区域的规划标准，缺乏明确统筹指引与专项指导的问题，各级政府应当结合管辖范围的旧城实际问题，尽早出台城市更新专项规划编制指引，应对“存量时代”的城市发展需求，填补相关管理空白。

（三）强化区域统筹，明确更新模式

旧城区同时面临发展与保护问题，对于开发强度极为敏感，以单个项目研究难以平衡建设容量与相关人利益。为加强区域统筹，一方面可以对城市片区的现实问题做系统研究，另一方面提供了可操作的区域内利益平衡与建设量平衡的实现方式，依托更新单元的规划过程应当明确具体的更新模式，并给予相应的规划政策支撑。

（四）深化管理体制，制定配套政策

明确城市更新改造的专职管理部门与机构，出台更新办法、实施细则等政策。如有必要，研究制定更新条例的可能性。加强对国土、财政等公共政策以及专家论证制度、项目退出机制的研究，保障城市更新中的资源高效配置。

第三节　旧城社区更新中城市规划方法的应用

一、从旧城改造到旧城更新

第二次世界大战之后，为了改善战后城市面貌和解决住房危机，旧城问题逐步引起人们的重视。1958年8月，在荷兰海牙召开了第一届关于旧城改造问题的国际研讨会，第一次对旧城改造的概念作出了比较完整的概括：旧城改造是根据城市发展的需要，在城市老化地区实施的有计划的城市改造建设，包括再开发、修复、保护三个方面的内容。

虽然“旧城改造”更易于被社会及大众熟悉和理解，但经过多年国内外城市规划学术领域的研究和探讨，学界现已基本达成共识，普遍认为“旧城更新”比“旧城改造”更能体现经济、社会和文化多目标价值追求理念和未来发展方向。故本书使用“旧城更新”，而不使用“旧城改造”。其目的是通过学术研究引领全社会对旧城改造有更全面和更深入的认识和理解，打破社会和学术界之间的藩篱。

随着城市的发展，资源流在城市不同地区间转移，过去的发展核心由于吸引资源的能力下降，逐渐成为“旧城”。虽然旧城综合发展相对落后，但它是城市社会、经济、文化、历史等非物质要素的物质载体，具有多重属性。正如方可所说，旧城“只是用来专指城市由于历史发展形成的现存环境，并不带任何贬义，同时在含义上不仅限于物质实体环境，也包括附着在物质环境中的社会、经济、文化等非物质环境”①。而这里所说的“更新”则主要是从社会视角来看，采用更新改建、整治和保护等多种方法，从改善旧日城物质环境着手，但物质更新只是达成目标的过程与手段之一。在此期间，通过转变规划方法，最终实现旧城社区全面可持续发展。

二、旧城更新流程

旧城更新流程主要分为前期准备阶段、搬迁实施阶段、土地拍卖阶段及开发建设阶段。

① 方可．探索北京旧城居住区有机更新的适宜途径 [D]. 北京：清华大学，2000：16.

（一）前期准备阶段

前期准备阶段主要包括项目的立项、评审及复审等一系列流程，详细如下：

（1）旧改办公室前往地块现场勘察，确定是否符合旧改条件，如需进行危房鉴定，就到区危指办申请危房鉴定。

（2）街道办对将要改造的地块进行摸底调查，确定搬迁地块的户数及面积，并征求拟被拆迁范围内单位与户主的意见。街道办将摸底调查情况整理后报区旧改办。

（3）投资方与旧改办签订投资整理协议。

（4）区旧改办向区政府提出申请，经区政府同意后将地块纳入旧改批复文件。

（二）搬迁实施阶段

搬迁实施阶段直接关系到拆迁户的切身利益，是旧城更新过程中最复杂也最为关键的阶段，主要内容如下：

（1）投资方与区旧改办签订委托搬迁工作协议，明确搬迁过程中双方的责、权、利。

（2）投资方、旧改办、银行共同签订资金监管协议。

（3）旧改办依照法定程序确定搬迁代办公司。

（4）由区旧改办编制搬迁维稳评估报告，街道办编制搬迁维稳方案，投资方按照搬迁评估维稳风险等级向区财政缴纳维稳基金。

（5）区旧改办、投资方和搬迁代办公司共同拟定搬迁补赔偿安置方案。

（6）召开搬迁动员大会，由住户代表在大会现场抽取评估公司，邀请公证人员做现场公证。

（7）若搬迁户对房屋实际面积和权证面积存在异议，搬迁户可提出申请，旧改办组织测绘单位对搬迁房屋实际面积进行测量。

（8）在评估公司出具拟搬迁房屋评估价格后，区旧改办和投资方共同明确搬迁安置方案。

（9）将旧城更新批复、搬迁公告、安置方案、补赔偿安置协议（空表）、评估报告等在搬迁现场公示上墙。

（10）带方案进行模拟搬迁，入户签订模拟搬迁安置协议。若在模拟搬迁期限内，签约率达到100%，则所签模拟搬迁安置协议正式生效；若在模拟搬迁期限内签约率达不到100%，则终止模拟改造搬迁，所签搬迁安置协议自动终止。

（11）模拟搬迁安置协议正式生效后，投资方向区旧改办缴纳按时安置返迁户保证金。

（12）正式开展发放补赔偿款工作。

（13）搬迁住户向旧改办移交腾空房屋。

（14）搬迁代办公司对搬迁房屋进行拆除、打围平整、产权销户等。

（15）审计单位对搬迁项目进行审计。

（三）土地拍卖阶段

土地拍卖阶段主要是指土地的招标与评标阶段，主要目的是确定开发商，具体如下：

（1）区旧改办向国土局申请国土证销户。

（2）区旧改办向市土地拍卖中心提出土地拍卖申请。

（3）市土地拍卖中心分别向市规划、国土、文化、电业等有关部门发函要求出具如下土地拍卖相关文件：①面积计算（市规划勘察设计院）；②地籍前置调查（市地籍调查中心）；③红拨、界址点成果表（市规划勘察设计院）；④红线图（市规划局）；⑤规划设计条件通知书（市规划局）；⑥文物勘探（市文化局）；⑦电网配套方案（市电业局）；⑧地籍前置调查（市地籍调查中心）；⑨起始价评估（市地籍调查中心）；⑩搬迁安置审查（市征地事务中心）。

（4）与市土地拍卖中心商议土地起拍价和上市拍卖条件。

（5）由市土地拍卖中心上会（土地供应会）审批，并根据旧城更新土地上市条件的要求，制定上市拍卖标书（带返迁设计条件）。

（6）区旧改办与土地拍卖中心签订土地上市工作责任协议（带详细拍卖内容、条件）。

（7）市土地拍卖中心在拍卖开始日前30日发布公告，公布拍卖出让宗地的基本情况和拍卖的时间、地点。招标拍卖挂牌公告应当包括下列内容：①出让人的名称和地址；②出让宗地的位置、现状、面积、使用年期、用途、规划设计要求；③投标人、竞买人的资格要求及申请取得投标、竞买资格的办法；④索取招标拍卖挂牌出让文件的时间、地点及方式；⑤招标拍卖挂牌时间、地点、投标挂牌期限、投标和竞价方式等；⑥确定中标人、竞得人的标准和方法；⑦投标、竞买保证金；⑧其他需要公告的事项。

（8）公司索取土地出让文件，招标拍卖挂牌出让文件主要包括招标拍卖挂牌出让公告、投标或竞买须知、宗地图、土地使用条件、标书或竞买申请书、报价单、成交确认书、国有土地使用权出让合同文本。

（9）报名及缴纳投标、竞买保证金。报名所需资料：报名表、法人机构代码证书、企业法人营业执照、法定代表人证明书及身份证、资质证书等。

（10）根据土地出让的方式（注：商业兼住宅可挂牌，住宅兼商业或纯住宅必须拍卖）、竞买人数等确定竞价的策略。

（11）公司竞得土地后办理成交确认手续，签订土地成交确认书，土地成交确认书应当包括出让人和中标人、竞得人的名称、地址，出让标的，成交时间、地点、价款，以及签订《国有土地使用权出让合同》的时间、地点等内容。成交确认书对出让人、中标人竞得人具有同等的合同效力。

（12）开发商竞得土地之后，根据成交价格向市土地拍卖中心缴纳服务费。

（13）开发商向市地税局缴纳拍卖总价3%的契税，并与市国土资源局签订《国有土地使用权出让合同》后，按土地成交价格的50%缴纳土地款给市国土局，经市财政局收取土地成交价的5%的耕保基金和社保基金后，市国土局将余额返还区财政局。区旧改办收到投资方的返还土地整理成本申请后，上报区政府审批。审批后区财政局按土地整理成本的50%（已含资金成本）将资金返还投资方。

（14）区旧改办按照搬迁总成本的一定比例作为投资回报，返还给投资方。

（四）开发建设阶段

根据旧城更新对象的不同，可将旧城更新分为城市中心区改造、棚户区改造、城中村改造、历史文化区改造、工业集聚区改造、旅游度假区改造、港口码头改造。我国比较常见的类型主要是前五种。一般来说，旧商业区、具有旅游价值的历史文化保护区处于城市核心地带，土地价值较高，这类改造大多由开发商主导、利益驱动；棚户区、旧工业区、城中村改造一般的改造成本大于土地收益，大多由政府主导。根据旧城更新的盈利程度不同，社会融资的模式和渠道也不同。

1.城市中心区改造

在城市经济发展的推动下，城市中心区市政配套和功能结构一直处于更新与再开发之中，城市中心往往成为旧城更新的重点区域。中心旧城区内通信、供水、供电等基础设施非常完备，学校、医院、金融和商店等配套设施也相对集中，并且城市中心区拥有核心区位与交通枢纽优势。但是，劣势在于建筑密度大、公共绿地少、生活环境质量差、停车场以及停车泊位少等。

城市中心区改造存在的一系列矛盾，诸如商业活动减少、居住环境恶化及周末和晚上成为死城等，是开发企业无法回避的难题。由于拆迁成本与容积率的要求，城市中心改造需要边际利润更高的商业项目，但开发企业不能一味地追求经济效益，对承接大面积旧城更新的企业而言，需要注意改造区域内的功能调节。

2.棚户区改造

棚户区通常位于城区的中间圈层，是早期规划短视的产物，由于历史原因，棚户区内集中了居住、商业、工业、市政设施等多种土地类型，道路狭窄、建筑密集，区域内人口购买层次低，无力承担改善居住置业的成本，且区内工业以小型企业居多，拆迁难度大。

3.城中村改造

城中村是50多年来因城市扩展所包围的原城边村居。许多城中村仍有集体经济与行政合一的组织机构，建筑杂乱密集。由于二元体制的惯性，这种“都市中的村庄”仍旧实行农村管理体制，在建设规划、土地利用、社区管理、物业管理等方面都与现代城市的要求相去甚远，甚至出现管理上的真空。近年来，北京、深圳、珠海、南京、杭州、西安等大城市的城中村改造都已纷纷启动。

4.历史文化区改造

每个城市都有自己的历史文化遗址，如北京的四合院、西安的钟鼓楼、南京的夫子庙、黄山的屯溪老街等。城市历代古城建筑真实地记录了城市个性的发展和演进，既是城市不可再生的宝贵资源，也是城市底蕴和魅力所在，更是城市竞争优势的关键因素之一。然而，早先的开发改造规划由于对其风貌保护不够重视，导致城市历史濒临绝迹。例如，在旧城更新的实施过程中，许多古城门和城墙因为被定位于阻碍城市交通发展而遭到拆除；或者是为了单纯的经济效益而盲目改建，如大量私家园林被改造成高级招待所。对城市古建筑、历史街区进行大拆大建，其实质无异于杀鸡取卵，损害的不单是开发企业的长期利润，更是一个城区的人气与商业竞争力。

5.工业聚集区改造

在每个城市的发展过程中，工业企业的布局因为城市规模增大、城市功能调整而变得不再合理。从国外工业化城市发展的历史来看，几乎都经历过工业厂房的调整改造。由于工业区产权结构与建筑结构简单，且容积率较低，拆迁量相对住宅片区要小很多。此外，工业区供电、供气、给水排水设施的容量优于普通住宅，工业区改造往往不需要大规模的市政投入。

从PPP看旧城更新，其核心和重点在城市运营，过去以大拆大建为主，是因为重建设、轻运营，这带来很多问题。PPP的优势就在于能够长期持续地解决城市发展、更新过程中出现的各种问题，化解各种风险，并且有企业参与的城市运营将会更注重城市的盈利能力，对促进城市活力和提升创新程度有正面作用。

旧城更新是一个系统工程，其目的是追求经济效益和中长期社会效益的平衡，投资规模通常以十亿元甚至百亿元来计算。单凭地方政府财力进行旧城更新压力会很大，政府会通过制定一些积极的激励政策吸引私人机构参与旧城更新PPP。

在政府层面，旧城更新PPP能保障资金来源，缓解政府的财政压力。参考国内外旧改融资经验，目前PPP是国内外常见的旧城更新主要资源。虽然，目前我国新型的融资模式已经逐渐多样化，并且也在某些旧改项目中予以应用，但由于政策不明朗、成功案例有限，我国旧改项目还是以银行贷款融资和土地出让融资为最主要的融资模式；再者旧城更新类项目公众参与程度偏低，房地产企业仍是旧改项目的主力军之一，旧改的融资模式创新不足。寻求一种基于公共部门、私人开发商及社区居民等多目标、多中心的旧城更新的合理融资模式成为当前我国旧城更新的重要任务。集社会、经济及文化等多层次目标于一体的PPP模式就成为我国旧城更新工程的一个重要选择。

在推进城市治理现代化层面，旧城更新PPP有利于政府在城市治理工作方面形成科学决策、持续发展的新常态。通过PPP将社会资本的市场经验和高效率管理带入旧城更新过程中，有利于提高旧城更新工作效率和绩效水平。旧改项目采用PPP模式是目前旧城更新的最优选择。

在促进旧城更新健康发展层面，由于政府认为开发商往往将经济效益作为旧城更新的首要甚至唯一出发点，导致受旧城更新影响最大的旧城居民容易被忽视，城市文化遗产、城市肌理易被破坏，由此会带来各种长期的后续的社会问题。而政府和社会资本合作既能保证旧城更新必要的专业化程度和工作效率，又能保证其根本的公益性。所以，PPP将会成为政府对公司的硬性要求。

在旧城更新风险控制层面，旧改PPP参与各方重新整合，组成利益共同体，对改造运行的整个周期负责，合作中共担风险和责任，社会资本分担了原先由政府（包括村镇集体）承担的风险，降低了政府的风险成本。

三、旧城社区更新中城市规划角色转变

虽然相关利益者可以通过多种途径来协调旧城社区更新中的利益冲突和矛盾，城市规划只是其中的一种方式，并且城市规划远远没有经济等其他方式所起的作用大，但这并不意味着城市规划毫无作为。新版《城市规划编制办法》结合我国转型时期的制度和环境，指出“城市规划是政府调控城市空间资源、指导城乡发展与建设、维护社会公平、保障公共安全和公共利益的重要公共政策之一”。①作为城市公共政策和建设管理措施的城市规划，应摆正自身角色，以更好地落实政府相关职能，避免经济利益对社会利益的侵害，引导旧城社区更新地可持续发展。

（一）旧城社区更新中的政府角色转变

我国在经济体制市场化转型过程中，政府的职能定位从原来对微观主体的指令性管理转换为对市场主体的服务，其角色定位也由“经济建设型”转变为“公共服务型”。政府应该是市场经济的服务者而不是审批者，其主要职责是创造市场经济发展的大环境，维护市场经济秩序，为经济发展提供有效的宏观调控，为经济和社会的协调发展提供基本而有

① 潘悦，刘媛，洪亮平．城市规划角色转变下的旧城改造规划策略研究 [J]. 中国名城，2013（3）：19-24.

力保障的公共产品和有效的公共服务。而城市规划则应承担起引导、管理城市空间发展的重要公共政策职能和为城市发展中相关利益群体提供公共服务职能，从城市政府行政计划的实施机制转变为多方利益表达的平台和群体利益再分配的工具。

旧城更新规划作为城市规划的一种类型和政府管理旧城更新相关的空间手段之一，其目的在于提升城市形象，改善居民生活环境，加快中心城区土地增值，保护城市历史文化等。然而，旧城更新规划仅是旧城更新项目成功与否的必要条件，而非充分条件。城市规划的“公共政策”和“公共服务”职能，主要是通过对旧城更新地块中的空间属性管理进行引导，达到控制其经济属性与社会属性的目的。即通过研究更新地块的经济属性（包括影子价格因素）与社会属性（包括外延社会效益）对其空间属性采取定位、定性、定量、定界方面的指导、控制与管理，从而为相关利益者的利益博弈提供交流协商平台。

城市规划的“角色”定位直接决定了旧城更新中的规划模式、方法及技术手段。在“公共服务型”政府角色转型背景下，旧城更新中，城市规划应该体现出“公共服务”与“公共政策”的双重角色。两者相辅相成，有利于实现“和谐社会”和“科学发展观”的构建。作为“公共服务”角色，城市规划为旧城更新中涉及的各相关利益主体提供一个博弈的平台，也是公共政策的运作平台。作为“公共政策”角色，城市规划对更新过程中的各相关利益主体行为提供引导与控制，从而在保障社会公平的同时提高经济效益。

（二）城市规划的公共服务职能

城市规划的公共服务职能体现在城市规划管理部门在旧城审新规划编制与管理的各个环节为政府、开发商与居民三个主体需求提供服务。

对政府主体：一般情况下，政府组织编制宏观层面的旧城更新规划，微观层面规划由开发商负责组织编制。政府侧重“服务型”管理职能，运用市场化手段推动旧城更新项目。因此，城市规划在以下两个方面进行调整将有利于政府服务职能的发挥。一是旧城更新规划属于非法定规划，其规划成果应该与现有法定规划成果保持一致。宏观层次旧城更新规划以城市总体规划成果为指导，微观层面旧城社区更新规划内容以控制性详细规划为指导，当出现矛盾情况时，相互协调统一后指导旧城更新项目实施。二是政府需宏观把握全市旧城更新后的经济、社会、文化与环境等多重目标，制定相应的各类规划，引导城市健康有序发展，以免由于配置不当造成资源浪费。而旧城更新规划应该在不同层次与这些规划成果，大致包括产业类规划（如地区转型发展规划、产业规划）、物质类规划（包括旧城更新规划等）、行动类规划（重大改造项目规划、投融资规划）相协调。同时，城市规划管理部门作为旧城更新规划编制与管理的行政机构，在行政上与各管理部门（如文化局、民政局、发改委）的行政管理内容对接。

对开发商与居民主体：城市规划不仅是政府的调控和管理手段，更要站在可持续发展的角度，公平公正地对待开发商与居民主体的利益，两者之间的协调平台主要体现在微观层面的旧城更新规划。同时，两者之间关注利益点的错位（前者注重经济价值，后者注重使用价值）显示出旧城更新规划需要提供不同规划控制手段兼顾各方利益。

（三）作为公共政策的城市规划

公共政策作为满足城市规划公共服务职能的工具与手段，通过引导、调节、控制相关利益者的行为达到更新预期目标的目的，从而反映出公共政策的本质，即利益的合理分配与利益的优化增进。针对不同主体的行为特征，旧城更新规划需要提出相应的规划对策。

政府的基本职责在于保障更新地块中的公共事业（包括社会服务设施、市政基础设施与道路交通设施）建设，分为经营型、准经营型与公益型公共事业三类。针对更新地块内的不同类别的公共事业，旧城更新规划需提出不同的控制力度。第一，旧城更新规划作为物质性功能承载平台，为旧城更新中涉及的各政府相关管理部门提供“一张图”统一管理模式，在其中统筹安排各类公共事业设施的布局、规模、建设计划等信息，加强政府管理的工作效率和控制效果。第二，发挥旧城更新规划的多元化调控手段。根据公共事业的不同经济效益、社会效益与自身特征，旧城更新规划拟定相应的控制力度。一般而言，外部效益大、经济收益小的基础性公益设施采取刚性控制，而外部效益减弱和社会资金投入多的经营型与准经营型公共事业相应放开控制弹性。以旧城更新中的文化教育设施为例，职业教育与义务教育设施的外部性效益与经济收益是相悖的，在更新过程中，需要加强政府或开发商承建义务教育设施的责任和义务，对于前者可采取多方博弈方式、引入社会资本与采取多元的规划利益补偿手段解决。第三，对于政府的管理行为依然需要加强市民的“公众参与”监督，公众对于旧城更新具有参与权与表决权。旧城更新项目不仅涉及更新地块内的居民利益，对周边居民的生活就业产生影响，更关系到城市历史与文化保护。

开发商是关注项目更新后带来的经济利益，城市规划应该在约束其提供社会责任的前提下满足其效益诉求。针对不同更新项目特点，旧城更新规划制定多元化利益补偿机制，如转嫁开发权、提高开发强度等方式。目前，城市规划的调控手段比较单一，如广东省各市级政府为了推动城市产业转型与提升城市景观环境，编制“三旧改造”专项规划引导后，将单元规划项目更新交给市场，开发商根据政府提供的可改造地块清单，经过效益评估后选取更新地块。政府大多通过提供容积率应对企业收益、产业升级与景观环境，然而较大的开发强度已经影响周边地区交通、居民生活与城市整体环境。

在旧城更新的博弈平台中，居民属于弱势群体，政府及其城市规划不仅需要在角色上发生转变，更需要通过配套技术和制度加强居民主体的话语权。一个行之有效的方式是多元化居民主体的“公众参与”的形式与途径。目前，各地的旧城更新规划方案仅出现在城市规划管理局大楼前，或媒体报纸中的一隅之处，用十分专业的少量图纸公示30天。这些图纸反映的信息，即使专业人士在缺乏相关背景解释与完整图纸的前提之下也难以提出意见，更何况是普通居民。公众参与的根本前提是让大众群体有所参与，在信息流动便捷、科技发展的今天，应该采取多种途径让公众参与决策。比如，采用形象、直观、生动的影视文件和模型展示、对比规划的前后成果，通过具体数字反映对比改造前后的经济与社会效益，同时加强有效宣传，这样才能真正体现城市规划的公共政策本质。

四、基于社区发展的旧城社区更新规划方法

旧城社区更新不仅关乎城镇经济和建设发展，更是人民群众十分关心的社会问题。旧城社区更新规划的方法是否合理，直接关系到规划能否顺利实施，更新是否成功和社会是否和谐。

“城市规划的理论”是指导规划方法的理论基础。曹康、张庭伟在回顾梳理“城市规划的理论”的演变历程后指出，从20世纪90年代至今，城市规划已进入合作规划理论的时代。在合作规划理论的指导下，基于社区发展的旧城社区更新规划方法应强调利益相关方之间的协商互动，搭建合作规划平台，着眼于培育社区治理和提升社区资本，以融入社会关怀的规划方法指导规划实施。[①]

（一）有效引导市场力

1.积极与社区协调，提高效率

传统的旧城更新方式中，市场力与政府力结合得较为紧密，而与社区的联系仅仅有关于“拆与被拆”。将来，随着政府力的调整、社会力的发展壮大，社区自主意识将会越来越强烈。市场力为适应这一变化，应当积极寻求与社会力协调，降低更新阻力，提升效率。这主要表现在两个方面：第一，社区拥有自主选择规划编制单位和更新开发的企业，通过市场机制选择有竞争力的单位；第二，在方案研究和实施过程中，居民会更多地参与进来，只有更好地结合居民意见，才能顺利地推动项目。

2.尝试多样化的更新手段

市场力介入旧城社区更新的方式不是只能推倒重建，是为了获得更好的效益。许多管理者、学者和开发商都对更新开发手段进行了研究。现在，越来越被大家认可并模仿的方式就是通过功能置换和对建筑的“整旧如旧”，同时实现文化旅游的商业价值与老旧城区的环境改善。

此外，针对环境质量尚可的地区，完全不必要全部拆除重建，应当吸引市场资金进行整体修缮和整治。大量地区都可以通过这种办法整体提升环境水平，不仅所需资金少，而且项目启动快、见效快。

① 曹康，张庭伟．规划理论及1978年以来中国规划理论的进展[J]．城市规划，2019，43（11）：61-80.

（二）积极培育社会力

1.加强社区基层行政组织建设

我国社区建设改革的方向是不断把社会服务型职能下放给社区，而传统的社区管理模式已不能适应这种变化。目前，街道办事处作为政府的基层派出机构具有较强的行政色彩。在法律意义上居民委员会是居民自我管理、自我教育、自我服务的基层群众性自治组织。但实际运行过程中，其任务主要是执行上级传达任务，工作被动，难以成为社区居民代言人，且规模偏小，无法适应城市居住小区一级规划的管理需求。当前，各地社区自治的试点改革正在不同方向上摸索社区管理体制改革的经验。例如，上海一些社区中成立的“居民议事会”作为完全意义上的居民自治组织参与社区管理；南京城里的“社委会”，属于介于街道与居委会之间的基层群众性自治组织。一般在1500户范围内设置；而北京市则将居委会的规模调整为不小于1000户；有的城市则在旧城改造中应运而生了“居民监理团”。①

随着经济发展和社会的转型，城市社区发生了深刻的变化，一方面居民对居民委员会的归属感和认同感普遍较弱，另一方面居民委员会承担的管理任务和居民对社区服务的需求都大大增加。首先需要通过民主选举产生组织，从而提高居民公众参与的积极性，以实现社区居委会真正意义上的自治和管理职能。鉴于现有居委会普遍管辖范围较小，可以将若干个居委会联合组成社区居民委员会，以便于在更大范围上负责社区的规划发展及其他公共事务。同时，下设多个从属机构，针对不同类别的事务各司其职。

2.鼓励发展社区NPO和NGO组织

社区管理机构为更好地实现社会服务，往往需要依靠外部组织提供专业化的指导。在发达的市场经济国家，非营利组织（NPO）和非政府组织（NGO）是除传统政府部门和私人部门以外重要的“第三部门”。它们在克服“市场失灵”和“政府失灵”造成的严重社会问题时，扮演着重要的角色，发挥着重要的作用。在公共管理的社会本位理念中，政府已经不是公共管理的唯一主体，政府、第三部门和市场三类管理主体，在社会公共事务中“平等协商、良性互动、各尽其能、各司其职”②。但是，目前我国民间组织建设仍处于发展初期，整体来说相当薄弱，能力不足，主要表现在以下几个方面：第一，尚未建立关于NPO和NGO整体发展的法律法规体系；第二，NPO和NGO资金严重不足，资金主要来自财政拨款、补贴和政府的项目，过度依赖于政府，缺乏自筹资金能力；第三，缺乏NPO和NGO专业人才及其培训机制，工作人员流动性大，主要依靠志愿者开展活动；第四，缺乏来自政府和民间的管理监督，以至于其公益性遭到公众质疑。

① 叶南客.中国城市居民社区参与的历程与体制创新[J].江海学刊，2001（5）：34-41.

② 朱冠錤.我国NGO发展现状及路径选择[J].国家行政学院学报，2008（1）：89-91.

随着当前我国民主意识提高，公众对自我管理和参与管理的愿望也随之增强，NPO和NGO组织的发展正是实现这些目标的主要途径。但目前，针对社区发展的NPO和NGO组织在我国更是少之又少，社会应重视其建设。它们在参与社区更新规划中，可与正式的社区行政管理机构形成优势互补及一定的竞争关系，可以满足市场经济条件下越来越多元化的社区需求，使更多的专业工作者通过民间渠道进入社区，并提供公共服务，从而提升社区规划的专业化程度。①

（三）开展以社区组织为平台的规划参与

在旧城社区更新中，“社区组织”是社区参与的轴心，从而真正发挥出社区力量，并维护社区利益。政府对项目给予政策上的支持，酌情给予土地优惠政策及减免相关税费，鼓励市场经济，但保障居民利益和公共利益。开发商通过招投标或与社区协议的方式参与更新，保证合理拆迁赔偿和较高的回迁率，按时按质完成政府要求的公益性服务设施建设。社区则需要形成社区组织，发挥组织功能，协调统一居民集体意见，与政府、开发商博弈。我国社区基层组织程度历来很高，街道、居委会等行政组织在社区的发展和运行中发挥较大作用，并且社区NGO组织也在蓬勃发展。

社区组织与居民的关系：第一，代表居民利益与政府、开发商博弈，争取居民合理权益；第二，通过社区组织协调居民之间的利益，按照绝大多数人的意见做出决策，最大限度地保障居民个人利益和社区集体利益；第三，通过社区组织将众多的个人力量有效集中起来，提高居民公共参与的积极性。

社区组织与政府的关系：第一，政府为减少社会负担而下放权力，需要有强而有力的基层组织承接，社区组织正是良好的选择，它能够进行日常的社区管理和开展基本的社区建设；第二，社区组织是居民与政府沟通的桥梁，能够化解彼此之间的误会与矛盾，有利于和谐社会的建设；第三，政府应当对社区组织进行培训，提高其专业技术能力。

社区组织和开发商的关系：第一，开发商与社区组织沟通，能够提高运行效率，并减少后期摩擦，有利于项目的快速顺利推进；第二，若社区组织较发达（如城中村的村集体组织），可与开发商协商进行更新开发，对社区来说，缓解了资金和技术问题，对开发商来说，减少了拆迁补偿额度及社会风险。

（四）实施社区主导的小规模持续更新

传统的旧城社区更新，无论是出于政府对政绩考核的要求还是开发商对资金回报速度的要求，往往采用“大手术”的方式一次性解决问题。物质环境的确能在短时间内发生翻天覆地的变化，但从此一劳永逸了吗？且不说建筑物依然会在将来面对老化问题，就说其

① 杨荣．论我国城市社区参与 [J]. 探索，2003（1）；55-58.

社会、文化和交通等方面，可能都需要对这个“新生儿”重新适应。但政府和开发商往往是不会对这些后续问题长期追踪的，只有居住在其中的居民才会深刻感受到它对生活的影响，并对负面影响进行积极的改善。

对于自行改造的项目，实施主体在取得城市更新项目规划许可文件后，应当与市规划国土主管部门签订土地使用权出让合同补充协议，或者补签土地使用权出让合同，土地使用权期限重新计算。权利人可自行改造，以及自行改造的项目不需要以“招拍挂”方式出让土地使用权明确之后，将打击原权利人进行改造的积极性。

旧城社区更新不强调一劳永逸，而是鼓励社区主导的动态长效更新，是一种过程式的、生长式的更新，即分期滚动式开发或者小规模的长期维护。演替式城中村社区是社区中比较特殊的一类，具有自主更新的社区基础。然而，对于大多数社区而言，可能更多的是小规模的持续更新。它把“社区更新”理解为促使社区物质、文化和经济全面进步的常态行为，通过发挥社区能力，不断实现社区综合可持续的发展。在这个过程中，单靠社区自身的力量肯定是不够的，还需要依靠政府的财政支持和开发商的投资，甚至是专业部门的策划服务，形成良好互动局面。

（五）引入社区治理的规划工作方法

社区治理的本质是希望通过政府和社区对公共事务和公共生活的协商共治，从根本上缓解我国政府强大的单中心主义倾向，增强社会力量的话语权，形成多主体合作模式，减少社会矛盾，利于和谐社会的构建。

在旧城社区更新中，引入社区治理的规划工作方法的目的是整合资源和培养社区能力，进行符合社区需求和得到居民认可的更新活动，利于缓解更新中的各种社会矛盾，以实现社区可持续发展。在应用此方法时，政府需提供宽松的政策环境来支持社区发展，规划工作者在规划过程中需要着重社区调查和社区意见收集。对于治理能力不同的社区，在展开具体步骤时应选择不同的方式。因此，在规划之前对社区治理能力进行评价是十分必要的。

1.旧城社区更新中社区治理的类型研究

在社区治理类型的研究中，常规将治理的类型分为行政主导型、政府与社区合作型和社区自治型。魏姝指出，这种分类方法“可能更适合于历史的、纵向的描述”。因为若按照这种分类，社区内部的细小差异无法体现，中国的大部分社区都将被纳入行政主导型，一部分会被纳入合作型，而自治型社区几乎没有。她提出以两个变量为依据（治理网络扩展的方向和范围，以及治理主体的协作形式），将中国社区治理的类型分为传统型、协作型和行政型三种。①然而，这种分类方式，一方面与常用的行政型、合作型和自治型，在名称和内容上都高度相似，容易混淆；另一方面，强调静态的组织关系，忽略社区治理中动态的社区参与，难以涵盖向上的扩展类型（上一级政府对社区公共事务的参与和责任）和向外的扩展类型（政府外的行为者与社区居委会分担社区公共事务的责任）。并且，这种分类方式也并未涵盖在旧城社区更新中发育出的如自改委等社区内部社会组织，因而，此种分类方法也有一定缺陷。

结合旧城社区更新中治理主体数量和关系的动态发展，笔者按照治理能力的高低，将我国混合式社区和演替式城中村社区的社区治理类型分为命令式社区治理、保障式社区治理和合作式社区治理。当然，在城市中也存在主要依赖村集体经济组织的治理类型。但在实践中，其往往也需要受到政府基层组织的管理，笔者将这种类型也归于上述三种之内。

命令式的社区治理能力较低，是由政府通过下级相关部门和组织，控制着没有明确职责分工的社区治理主体。也就是说，在旧城社区更新中只有形式上的社区治理主体，并没有实质上的治理主体。保障式的社区治理能力一般是有较多数量和类型的治理主体，包括各级党组织、社区居委会、社区工作站、单位组织、经济组织、非营利组织和社区组织等。但在旧城社区更新中，仍由处于主导地位的主体掌握各种资源、信息和权力。合作式社区治理的治理能力较强，是指有较多数量和类型的治理主体参与，并且依据规定或协商确定主体的职责、工作内容和形式，各个主体之间为平等的合作关系。

2.旧城社区更新中社区治理能力评价体系构建

关于治理绩效的评价体系，程增建通过研究，总结出国际上影响较大的有“世界治理指标”“人文治理指标”“民主治理测评体系”等，国内有“中国治理评估框架”“政府绩效评价指标体系”“治理评估通用指标”等。②可以看到，目前对于社区治理能力的研究多采用定性分析，而较少采用定量研究，并且多集中在社会学和公共管理学领域，在城市规划领域对社区治理能力常常缺乏较明确的认识。笔者尝试在已有研究和实践的基础上，建立一个初步的社区治理能力评价指标体系，并赋予权重系数，确定社区的治理能力，为旧城社区更新选择合适的工作方法进行事前评估。这样，既可以有效避免由于社区治理能力不足或能力无法施展导致的规划结果偏离，更加稳妥地推进规划。对于能力强的社区，社区处理更新矛盾的能力强，应制定合作规则，赋予社区权力，将社区纳入主体构成中，由社区承担所有更新工作，或者与政府或开发商共同承担更新工作。对于能力较差的社区，则需由行政主导或偏重行政指导，鼓励社区参与解决问题，并且找出评价体系中得分不高的因子，有针对性地制定改进措施，以提高能力，减少未来的更新阻力。

---

① 魏姝．中国城市社区治理结构类型化研究 [J]. 南京大学学报（哲学人文科学社会科学版），2008（4）125-132.

② 程增建．旅游开发过程中的农村社区治理评价研究：以阳朔县历村和木山村为例 [D]. 桂林：桂林理工大学，2010：17.

（1）社区治理能力的概念

基于前文分析，笔者认为，社区治理能力是指社区在非营利组织等的帮助下，依照相关法规和规定，通过合适的方式，培育和激发社区力量，以及促进多主体协商合作共同处理公共事务，实现综合利益最大化的本领和能量。

（2）社区治理能力评价指标体系

从旧城社区更新和社区治理的经验来看，影响社区治理能力的要素并不是单一的，并且这些要素之间还具有千丝万缕的联系。结合哈迪（Hardy）、李勋华和刘永华①、徐金燕和蒋利平②的研究成果和实践调研资料，笔者认为，可将旧城社区更新中社区治理能力评价的要素分为外部因素和内部因素。其中，外部因素包括制度环境要素和发展条件要素，内部因素包括社区主体要素和物质空间要素。

制度环境要素主要是指政府和社会环境的支持度。实践和经验表明，社区治理能力的发展离不开上级政府的政策资金支持，信息透明公开，规划程序开放，以及社会大众、媒体、非营利组织、公益组织、社区规划师等社会组织的关注和协助。结合姚引良等的研究和调研成果，笔者认为，制度环境要素应包含支持政策的完备度、资金投入的比重、信息公开的程度、规划程序的开放度和社会组织的活跃程度。

发展条件要素主要包括社区所处区域的经济发展情况和对社会资金的吸引力。区域的发展水平越高，社区发展的机遇也就越多，并且也会提升民生水平。此外，由于政府的资金有限，若能吸引开发商或公益基金的投资，则更易推动旧城社区更新。

社区主体要素主要是指社区自身参与治理的意愿和能力，具体表现在社区自主经济、组织、交流和参与等方面。目前，我国许多社区的自主经济、组织和整合资源的能力很弱，参与的意愿也较低。经验证明，导向性明确的政策将会激发社区的参与意愿，促进社区参与。蔡尔德（Child）指出，意愿是社区主体的想法、态度等在过程中的表现，当治理主体具有强烈的参与意愿时，他们对各种技术、观点的学习接受能力将会更强。适度的社区参与将会有效提升社区归属感，为社会稳定提供心理支持，避免群体性事件发生。可以看到，社区主体要素是社区发展和参与治理的基础，强调社区依据环境条件的改变，整合和调整各项资源的能力。笔者认为，社区主体要素应包括社区经济的发展情况、社区组织的种类和数量、社区管理的运作和社区参与的程度。物质环境要素主要结合城市规划要求进行考虑，包括社区的区位条件、社区环境质量、基础设施水平和拆迁安置数量。这些要素与旧城社区更新开展的方式和难易程度具有一定的相关性。

---

① 李勋华，刘永华．村级治理能力体系指标权重研究 [J]. 湖南文理学院学报（社会科学版），2008（3）：29-33.

② 徐金燕，蒋利平．社区公共服务政府与社区的合作治理：现实层面的解读 [J]. 广西青年干部学院学报，2013（1）：75-79.

3.合作式社区治理的规划工作方法探讨

在命令式和保障式社区治理中，因能力有限，社区较难成为实质上的规划主体之一。而在政府政策支持下，通过规划工作方法的引导，具有合作式社区治理能力的社区能够成为真正的更新主体之一，体现出促进社区发展的效果。不同于在命令式和保障式社区治理中仅由单一主体主导，在合作式社区治理中，强调包含社区在内的多主体。运用这种方法，需要规划工作者转变工作方法，积极发展社区组织，搭建社区平台，引导社区参与，加强规划工作者、社区居委会和社区居民“面对面”的合作，直接做到既实现旧城社区更新又服务社区发展。这也正是基于社区发展的旧城社区更新规划的目标。结合案例实践，此方法的构建策略主要体现在以下方面。

（1）规划工作者的角色定位

不同于在命令式和保障式中的教育者和精英角色，在合作式社区治理中，规划工作者一方面需明确自身的角色定位，即在前期，扮演行动的主持和引导者，帮助利益相关方确定各自的职责和权利；在社区组织成长之后，扮演支持、辅助的角色。另一方面促进地方政府管理方式的变革，使政府行为与公众需求相吻合。

（2）规划工作者的工作目标

不同于在命令式和保障式中仅满足社区形式上和被动的参与，在合作式社区治理中，规划工作者的工作目标是积极促进社区主动参与，明确社区内各个组织的职责和权利，完善参与制度和表达机制，采用多样化、合适的参与方式，激发社区参与公共事务的积极性和热情，促进社区与政府合作共同推进更新项目。如目前合作式社区治理常采用的开放空间会议方法，就是将学习、对话、想象、规划集中在一个开放式的会议中，让政府工作人员、社区居民和与会的专家学者分组围坐在一起平等交流。此方法能更有效地促进民主参与，培养社区组织能力，形成行动计划和确定职责分工，以便指导更新。这些规划前期的基础工作为后续的规划实施奠定了广泛的社会基础，有利于社会和谐发展。

（3）规划工作者的工作出发点

不同于命令式和保障式社区治理主要以满足居民的生理需求为出发点，在合作式社区治理中，规划工作者的工作出发点应是以满足居民高层次的需求为导向，采用上下结合的方式有效吸纳居民意见，完善更新项目的推进方式和协调更新中的矛盾冲突，并协助政府和社区构建宣传规划、传达信息、接触公众、收集意见和提供咨询等服务平台，促进利益相关方合作，以满足居民自我实现的需求。

（4）规划工作者的工作方式

不同于规划工作者在命令式和保障式中仅需要了解居民想法的工作方式，在合作式社区治理中，规划工作者应首先建立与社区居民的信任关系，通过理解居民寻找合适的切入点，并且需要相信每一个人都具有改变想法的可能和意愿，尽量在居民自治管理体系中化解社区矛盾冲突。

（六）提升社区发展能力

1.构建社区规划师体系开展社区主体培育

社区成员作为社区主体，是社区发展的首要对象，也是促进社区发展的重要因素。在旧城社区更新规划中，地方政府和规划工作者通过开展各种正式和非正式的教育培训，为社区所有成员提供多样化的发展资源和教育资源，完善主体培育机制。通过将外部的发展动力输入社区，提升主体能力，使之更好地理解规划和更新环境，进而内外动力聚合，一起促进社区发展。

（1）在旧城社区更新规划中，首先规划控制出为本地弱势群体开展本地化、门槛低的特色商业设施，以及为非正规经济服务的空间。之后，若有地方政府的支持，社区组织可以向本地创业人员办理小额担保贷款服务，帮助其创业。并且通过“就业孵化器”活动向辖区内的下岗失业或无业人员提供免费的技能培训，帮助其二次创业。这样，一方面能有序组织空间，促进社区活动发生；另一方面通过主体培育，提升居民自我实现能力和发展社区经济。

（2）借由旧城社区更新规划契机构建社区规划师体系，同时社区规划师在更新实践中也会快速成长，增强其和社区居民之间的信任度。在社区更新规划中，社区规划师可以通过公共财政经由社区组织支付报酬，其职业目标是不妨碍城市利益，代表本社区谋求长远利益；主要职责是向社区解读旧城更新相关规划，培育公众参与意识和能力，提供技术教育，提高规划建设水平，推动重点项目在社区的落实。

社区规划师在社会生态理论注重实践的指导下，强调扎根社区，运用专业技术能力，通过讲座、课堂、培训、参观学习、志愿者培训等一系列教育培训，加强居民，特别是弱势群体改善环境的能力，消除社会力量在旧城社区更新中与政府、市场博弈的经济、技术壁垒，使更新后的生活环境能更好地满足使用者的需要。在正街社区和上沙村的前期调研中，课题组将调研活动作为实习和社会实践，锻炼在校学生的谈判、劝说和协调的社会组织能力，以期培养社区规划师能力。在研究过程中，最大限度地将居民建议反映在方案中，力图编制符合主体需求的规划方案。

2.建立多方参与土地再开发机制

在旧城社区更新规划中，需要建立多方参与土地再开发的决策、管理和服务机制，采用有针对性和适合的参与方式，进行简单、迅速和低成本的参与活动，综合考虑多方意见，最大限度地满足总体目标。

地方政府与开发商“自上而下”地进行旧城土地再开发，可能会引发利益和过程矛盾，使得“民生工程”不一定满足当地居民需要。利益矛盾来源于土地再开发，通常会涉及与公共利益相关，且易产生矛盾的土地征收、拆迁补偿、产权和土地发展权等问题，常常出现地方政府代替市场机制，或者过分依赖市场机制的现象。过程矛盾来源于信息交流不畅，无法“对症下药”，以得到居民认同；并且居民也难以了解规划意图，质疑政府公信力。

（1）参与规划的方式应多样化，利于信息沟通，了解不同居民的需求和规划要求。规划工作者通过专业知识和沟通技能，了解居民意图，并帮助不能较好表达自己需求的居民表达意愿。此外，政府和规划工作者还应鼓励社区组织发展。对于混合式社区，主要利用原单位形成的社区组织和社会网络的基础形成组织参与；对于演替式城中村社区，主要依托原村集体组织和社会网络形成组织参与，在涉及集体用地和集体经济发展时，更需要形成组织的形式，与其他利益集团博弈。此外，还有出资或出力参与规划管理和项目实施的方式，可以塑造社区归属感，改善邻里交往和促进身心健康。

（2）参与阶段可以发生在规划过程中的任意节点，如调查阶段、初步方案阶段、方案协商阶段等。这样，公众可以根据自身能力和需要，在事前、事中、事后的任意节点积极参与，了解信息及表达意见。

为了鼓励居民选择公寓式安置方式，应采用渐进的更新方式，由政府政策引导和开发商先行出资在就业用地内修建安置房，再进行拆迁。该更新项目的融资，一方面可以来源于保障性住房建设资金或政府担保银行低息贷款，另一方面征集有社会责任感的开发商进行投资，并准许其参与后续的更新规划。

3.建立社区运行管理和自主社区经济的赋权机制

社区组织除服务和管理社区之外，还应具有一定程度的自主能力。虽然社区规划师体系旨在通过长期的本地化运作，为社区提供专业咨询服务，提升社区品质，但作为外来人员的专业者实际上无法长期驻扎在社区，如S市社区规划师的挂点时间仅为一年。若社区组织缺乏自主能力，当专业者离开之后，社区事务将会回归先前状态。因此，借由旧城社区更新规划的契机，在社会政策和资金支持的外力推动下，发展社区组织与社区一道成长，这样将会更有效地实现社区发展。

（1）社区组织通过规章公约形成赋权制度主导社区的运行管理

形成赋权制度，首先需要有成熟的社区组织。我国社区组织的基础薄弱，虽然有较强的动员公众参与能力，但缺乏技术和宏观把握能力，因而需要非营利组织和社区规划师协助发展。在混合式社区中，因为其已是城市管理方式，主要在政府和专业工作者的协助下，组成自改委、自管小组、互助组织等社区组织进行更新过程的运行管理。而在演替式城中村的社区中，由于更新，使得农村的管理方式转变为城市的管理方式，将会重组原有的组织和社会关系网络。因此，需要在政府的主导下，非营利组织和社区规划师扮演催化剂和中介的角色，协助社区挖掘村内血缘、宗族、地缘等丰富的非正式网络资源，利用公众参与的过程和方式，改变传统的“小农意识”和等级分层等农村组织的先天缺陷，构建适合本社区更新管理的新的组织形式。

其次，虽然我国旧城社区更新规划需要政府行政和专业者的协助和介入，但需明确社区的运行管理应以社区居民为主体，社区资源应由社区组织来运作。

在更新初期，规划工作者通过技术性较低的空间改善规划，形成社区组织；之后，依据社区需要，组织居民主动讨论公共事务以凝聚共识，发展社区组织能力，并且由社区组织自发解决社区事务。这样也会增强社区组织对居民的约束力，有利于赋权机制的形成。进而，社区组织通过与居民研讨，拟定如认养公园制度、楼道公约、社区环境保护规范、公共用房使用制度和大院规范等社区公约或规范，约束居民行为，强调社区在更新中和更新后运作管理的自主性，形成良好的赋权机制。这样，不仅有利于社区意识的形成，而且即便专业者离开社区，社区依然能够继续运作管理，实现发展。

（2）社区还应有自主经济的赋权制度

一方面，社区需要扩展社区经费的来源，包括增加政府行政划拨资金和发展社区经济；另一方面，社区需要规范化争取、使用和管理经费的相关制度，加大经费使用的透明度。

社区经费最主要的投资主体就是地方政府的行政补助，但笔者在武汉市和钦州市调研过程中发现，政府财政在社区中的投入较少，若想开展活动，只能从社区居委会的办公经费中抽取，不利于活动展开。因此，政府在未来应增设专项资金用于社区公益事业，并调整财税体制，增设或调整地方税中属于社区支配或共享的税种，由区财政代征。

除行政补助外，社区经费还主要来源于社区自身可产生收入的社区经济。地方政府应鼓励社区经济的发展，以有效服务社区。并且，社区经济还应包括传承社区文化特色的产业和保障弱势群体后续生活的产业。社区可以利用旧城社区更新规划的机会统筹规划管理，保证经济活动的有序性和合法性，因地制宜地开拓社区经济的模式和思路，提高服务产业技术含量，如发展传统产业、空巢老人社区照顾产业，完善社区服务、社区保障和就业体系。

在演替式城中村社区中，社区经济主要来源于村集体经济和集体土地。由于城中村更新涉及集体土地国有化转制问题，因而，相关的更新政策均对原村民还建安置用地和原村民劳动就业用地的建设进行规范。如某市政府文件指出，城中村不论是村经济实体自行改造，项目开发改造，还是统征储备改造，都需要还建住宅用地妥善安置原村民，并预留产业用地或建设商服设施，发展社区经济，以确保社会保障资金和安置劳动力就业。

目前，在土地转制基础上，通过城中村更新规划集约利用就业用地，将会创造出更多效益。在增加社区经费来源的基础上，通过经济赋权机制，培育社区自主经济的能力，让社区拥有并能自主使用可以支持社区发展和运作的经费的能力，更好地服务社区和发展社区。混合式社区通过政府协助，规划工作者指导和社区讨论，制定各项有关社区资金的筹集、使用、管理和监督的制度。演替式城中村社区，在更新过程中，需要明确村集体组织改制的方式、资产处置方式、改制的程序和政策等。在改制之后，引入市场化运作，明确资金管理和使用规范，不仅能更好地发展经济，还能减少居民生活的后顾之忧。如将集体土地作价入股的社区，自主运营方式能满足社会保障和社区发展的需要。自主经济的赋权机制形成后，社区组织能够根据社区需求弹性安排资金，更有针对性地将资金运用于社区服务项目、保障事业和经济发展项目等，以及推行各种有益于社区发展的活动，如闲置地整治、社区环境美化和讲座参观等，有效实现社区发展。

4.社区特色宣传

老旧社区环境往往较差，经济条件较好的居民常选择品质较好的住宅，搬离社区，留下来的大多是无力搬离的弱势群体，存在文化疏离和认同感较弱的现象。在追求经济利益的导向下，许多居民将空置住房或自住住房出租，自己到别处租房。

借由旧城社区更新机会，挖掘社区文化和资源特征，并顺应社会发展趋势和大众审美要求，在规划中凸显本地特色，大到产业、服务设施的选择规划，小到标志物形状、材质的选取，进而为宣传社区打下基础。之后，通过诸如城市节庆活动、寻找城市特色活动、民俗活动、植树活动、放羊吃草等宣传策略，强化社区特色。一方面增加社区宜居性，加强居民对社区的认同感；另一方面宣传社区，吸引市民和媒体前来参观，提升社区吸引力，间接促进社区经济发展。

第四节　城市既有住区更新改造规划设计探究

随着岁月的更迭，既有住区已不能满足人民日益增长的物质生活的需求。需要对既有住区进行更新改造，对其进行合理的规划设计，改善其破败的面貌，优化其功能结构，对其进行重塑再生，使之既可为人们的生活场所，又使其原有的文化与肌理得到保护传承。

一、既有住区的基本内涵

（一）既有住区的界定与概念

从广义上讲，已经建成的住区都隶属于既有住区的范畴。由于住区建设年代及使用年限的增长，其原本的居住功能、形态在物质和社会的双重影响下，出现了居住功能物理老化及居住组织形态失效的现象，因而既有住区是旧住宅单体与其居住环境在一定的使用时间段、社会形态、经济形态、自然空间和地域空间的整体作用下功能性的集合。

在我国，既有住区的建设与发展主要集中于三个时间段：中华人民共和国成立初期到20世纪80年代；20世纪80年代到2000年；2000年至今。这些既有住区中，处于第一阶段的住区由于物理老化严重已达到住宅使用年限，以及建设初期规划设计功能性差的原因已经被大面积拆除重建；而2000年至今的既有住区由于建设时间相对较晚，住宅和配套设施的规划建设都比较完善，且物理老化现象不明显，所以不在既有住区更新改造对象的范畴内。本书研究的既有住区范畴主要是指建造于二十世纪八九十年代的目前尚在使用的既有住区。

（二）既有住区的分类与特点

1.既有住区的分类

既有住区分类方法较多，可以从不同的属性角度来对其进行归类分析，既有住区分类如下：

（1）既有住区按照住区的主体不同，可依据社会经济地位和年龄进行划分。其中，依据社会经济地位来分，可分为高收入阶层住区、中等收入阶层住区和低收入阶层住区；依据年龄来分，可分为老龄住区、中龄住区和青年住区。

（2）既有住区按照住区的地域分布来划分，可分为中心区住区、中心外围住区和边缘住区。

（3）既有住区按照社会——空间形态的构成特征来划分，可分为传统式街坊住区、单一式单元住区、混合式综合住区和流动人口聚居区。

（4）既有住区按照居住环境类型来划分，可分为平地住区、山地住区和滨水住区。

（5）既有住区按照建筑类型来划分，可分为低层住区、多层住区和高层住区。

2.既有住区的特点

（1）建设标准低

目前，我国城市中的大部分既有住区都是指建设于20世纪90年代以前的住宅区。自改革开放以来，我国社会经济快速发展，城市化水平得到大幅度的提升。虽然当时建造的住宅区普遍拥有三十年以上的使用寿命，但由于建设年代久远、建设标准不高和维护不当等原因，如今已不能满足居民现代化生活的需要。因此，对城市既有住区进行整治改造刻不容缓。

（2）规划结构较开放

在我国的城市既有住区当中，相当多的小区采用开放式结构，与周围环境没有明显的分界线。住宅单元楼不封闭，直接连通周围的城市道路，车辆和行人可以随意进出小区，周边的各项公共设施（如医院、超市和学校等）为小区共享。虽然这种规划结构符合当时的经济情况、社会环境和发展要求，但随着居民生活水平的不断提升、城市化建设的不断提速、对城市服务功能要求的不断提高，这种规划结构下的城市既有住区，由于功能单一和基础设施不足等缺点已不能满足人们的居住需求。

（3）产权多样化

我国城市既有住区大部分是以单位为编制的住区，其产权很多隶属于国家或集体，即政府部门或企事业单位都是城市住宅小区的业主。但随着我国城镇住房制度的深化改革，城市既有住区的产权发生了翻天覆地的变化。除了一部分住宅小区的产权仍归国家管制之外，部分单位和企业解散，使得产权隶属不明确或是单位、企业等将产权转售，导致城市住宅小区产权由公有向私有转变。

二、既有住区更新改造的内容

既有住区更新改造具有长期性和阶段性的特点，在改造过程中考虑的因素越多，最终产生的效果就越明显，这就需要在更新改造前对既有住区的现状和城市的发展进行系统的了解，在了解的基础上，对更新改造的主要内容进行具体分析和更新改造。既有住区更新改造内容如下：

（一）既有建筑更新改造

选择合理的更新改造方式，对既有建筑外部形体进行优化处理，对外围护结构进行整修设计，对其建筑空间进行合理重塑，以提高住区居民的居住条件，提高居住生活质量。其包括空间结构更新改造、建筑立面更新提升、屋顶更新改造。

（二）既有交通更新改造

对住区内的既有交通进行对应的优化，通过对道路、车道及人行道、停车设施及无障碍设施进行有针对性的更新改造，营造便利出行的氛围，为居民提供良好的生活环境。

（三）既有管网更新改造

对既有住区内的给水排水系统、电力电信系统、燃气系统和供暖系统等进行整体的更新改造，对老化的管网合理排查，并对其进行更新优化处理，以满足居民日常生活的需要。

（四）既有设施更新改造

对既有住区内的基础设施进行更新改造，并且对住区内能满足安全使用的原有基础设施予以保留，增设配套设施及公共服务设施，保证住区内的居民生命安全、创造便利的生活快捷方式。其包括建筑配套设施更新改造、住区配套设施更新改造、公共服务设施更新改造。

（五）既有园区更新改造

整合园区内现有的景观绿化并对其进行修复改造；对园区内的出入口进行改造，提升优化其功能；对园区内地下空间进行重塑设计，以改善园区内的生活环境，创造高质量的居住环境。

三、既有住区更新改造的模式

根据既有住区的现状特点，本书尝试将既有住区更新改造模式归纳为房改带危改模式、循环式有机更新模式、居民自主更新模式、“平改坡”综合性更新模式，分别从“适用范围”“改造方式”“改造定位”三个方面来探讨这几种更新改造模式的基本内涵和特征。

（一）房改带危改模式

1.适用范围

（1）位于历史保护地段或附近，与历史文化风貌相协调的或具有一定历史文化保护价值的街区。

（2）既有住区有一定规模且建筑外观有一定的特点，但建筑整体质量较差，没有保护和修缮的价值。

（3）人口密度大，建筑内部居住拥挤，难以满足现代居住的要求，建筑设计功能不系统，急需更新，但地理位置优越，居民搬迁较困难。

2.改造方式

（1）就地安置原住地居民，完善既有住区的使用功能，目标是建成外部能延续历史风貌且内部大致能适应现代化居住生活的特色住宅区。

（2）条件允许时，可以适当扩大规划改造面积，适量新建部分商品房作为建设费用的贴补，新建建筑部分应保持街区的传统建筑特色，并与环境在历史风貌上协调统一。

3.改造定位

房改带危改模式的发展目标是提升居民的生活质量，改造过程是对历史文化传统的延续，更新后住宅的居住功能应完全满足居民现代化生活需要，使居民有归属感和亲切感。

（二）循环式有机更新模式

1.适用范围

（1）位于历史文化保护区内，具有鲜明的民俗特色和独特的自然景观特征，并且具有一定历史文化保护价值的既有住区。

（2）住区有一定规模，有文物保护建筑存留，具有完整的建筑布局且建筑风格鲜明，具有保护价值或具有较为典型的代表意义。

（3）居住密度高，不能满足现代生活需求，建筑使用功能不系统，但地理位置良好，居民搬迁难度大。在延续原有建筑风格和居住风貌的基础上，优化其结构、改善环境并完善功能，基本能实现现代化的居住环境。

2.改造方式

（1）鼓励居民外迁，结合房屋置换和原地留住等方式，合理疏解人口。

（2）在延续原有建筑风格和居住风貌的基础上，优化其结构、改善环境并完善功能，基本实现现代化的居住环境与市政基础设施的改造，优化使用功能，目标是建成外部延续历史风貌，内部基本适应现代化居住功能的特色住区。

（3）条件允许时，可以适当扩大规划改造范围，适量新建商品房来补贴建设费用，但新建建筑部分应保持街区的传统建筑特色，并且与环境在历史风貌上协调统一。

3.改造定位

循环式有机更新的发展目标是内部改善住宅居住功能，满足居民现代化生活的需求；外部延续历史文化特色，可以通过适当的创新来提高住宅的使用性能。整体上应保留该地区及相邻地区的城市格局和历史文脉，尊重居民的生活作息，对历史文物建筑进行保护，并对城市在历史上产生并留存下来的各种有形或无形的资源和财富予以继承。

（三）居民自主更新模式

由于居民是最了解自己的生活环境的，居民自身发起的旧住宅改造更新通常是最经济有效的住房更新方法。因为居民以满足自身需求为目标，所以经过改造更新之后对自己的住宅更具有责任感，同时得到自我实现和自我价值的确认。

1.适用范围

（1）位于历史保护地段或附近，有历史文化风貌协调要求或具有一定历史文化保护价值的街区。

（2）规模不受限制，建筑布局系统，有一定的建筑外观特色，存在一定的建筑质量问题，有保留和修缮的价值。

2.改造方式

居民自主参与对住宅的局部修缮和维护等工作，以较少的成本投资更新自己的房屋，完善其使用功能。

3.改造定位

居民自主改造更新模式的目标是通过自身耕耘获得优越的居住生活条件，改造规模小，过程不会对既有住区历史文化产生影响，但一旦全面开展，将对整个既有住区的改造更新产生非常好的效果，居民自身参与新住宅的建设也就更容易被接受。

（四）“平改坡”综合性更新模式

“平改坡”是指在建筑物结构允许和地基承载力满足建设要求的前提下，将多层住宅的平屋面改造为坡屋顶，以达到改善建筑物功能和景观效果的目的。

1.适用范围

（1）城市内一般地区均适用。

（2）住宅多为建造年代久远的老旧多层平顶住宅，建筑外观和质量水平较低，难以满足居民现代化的居住需求。

2.改造方式

（1）在保证居民生活不受干扰的前提下，对住宅进行改造更新，对住宅使用功能进行完善。

（2）在建筑物结构允许和地基承载力满足要求的前提下，将多层住宅的平屋面改造为坡屋顶，同时对外立面进行一系列的整治，以达到优化居住区环境、修缮公共设施和完善住宅功能的目的，并建立优质持久的物业管理机制。

3.改造定位

除显著改善城市景观和居民生活条件外，在确保与周边环境协调一致的同时，依据具体项目周边的结构特征，采用多种建筑形式，增添屋面的层次感和立体感，丰富立面效果。在确保居民生活不受影响的前提下实施，有利于促进社会的和谐和以人为本的发展。

四、既有住区更新改造的特点

（一）复杂性

既有住区更新改造的复杂性在于不仅需要深入调查和分析更新地区现状的物质环境（包括地上地下），还牵扯到大量的社会、历史和政策方面（如私房政策、居民搬迁等）的其他问题。其涉及的内容多，涉及的人员广泛，牵扯的部门也多，各方的利益需平衡兼顾，很多时候还必须通过选择进行取舍。

（二）长期性和阶段性

城市在不断地更新演替，人民生活水平的提高和科学技术的进步也必将不断地对城市建设提出新的要求。因此，城市建设不可能是一劳永逸的，新建只是相对的，而更新却是绝对的，城市既有住区的开发也是如此。由于居住区是大规模建造的，其各项建设指标都必将受到一定时期的经济水平的制约，而建设标准与经济水平同步提高，这就决定了既有住区的更新的阶段性和长期性。

（三）综合性

既有住区的更新往往牵扯到城市的总体格局，如二次开发的人口密度需要考虑人口的疏导（尤其是城市核心区的更新），建筑层数的确定要考虑附近城市基础设施的适应情况。对于一些传统特色的老旧住区的更新，不仅要考量其本身的经济效益，而且还要充分研究历史和艺术的保留价值及城市与建筑文化的环境效益。

五、更新改造的价值

随着岁月的更替，既有住区由于受到各种因素的限制导致其不能满足居民日常生活的需求。对既有住区进行合理化的更新改造，对其空间功能进行优化重构，对既有住区的可持续性发展意义重大。

（一）降低能耗，延长寿命

我国既有住区内的大部分建筑都难以满足现行法规的耗能标准。通过对既有住区实施更新改造，不仅可以大幅度地降低既有住区的建筑能耗，延长其使用寿命，还可以避免大规模拆迁造成的资源浪费和环境污染，对城市的健康发展具有重要意义。

（二）延续城市肌理和发展脉络

既有住区更新不仅保持和增强了居民的归属感，还能进一步增强城市的历史感和彰显城市个性。其中一些既有住区已经建成超过20年，是具有时代特征的城市发展过程的现实体现。这些既有住区形成的社区氛围已经相对稳定和成熟，应避免大拆大建，保持其完整性。通过对既有住区进行合理化的更新改造，不仅可以延续其社区文化和氛围，还能继续传承城市发展历程中风貌和肌理的变迁，是城市建筑多样化的重要保证。

（三）缓解居民住房需求

随着社会的发展，居民对现代化居住条件的需求和目前既有住区的现状矛盾日渐加深。与此同时，面对高价的商品房和供不应求的经济适用房，应对这些既有住区进行合理化的更新改造，改善居住环境，增加居住面积，更新厨房和卫浴设施，以最小更新成本最大化地提升居民对居住品质的需求。

六、既有住区规划

（一）规划设计的内容

住区规划任务的制定应根据新建或改建情况的不同区别对待，通常新建住区的规划任务相对明确，而对于既有住区的改建，需对现状情况进行详细的调查，并依据改建的需要和可能，来制定既有住区的改建规划方案。

住区规划设计的详细内容应根据城市总体规划要求和建设基地的具体情况来确定，不同情况应区别对待。一般来说，它包括选址定位、估算指标、规划结构和布局形式、各构成用地布置方式、建筑类型、拟定工程规划设计方案和规划设计说明及技术经济指标计算等。具体内容如下：

（1）选择并确定用地位置和范围（包括改建和拆迁范围）。

（2）确定规模，即确定人口数量和用地的大小（或根据改建地区的用地大小来决定人口的数量）。

（3）拟定住区类型、层数比例、数量和排布方式。

（4）拟定公共服务设施（包括允许设置的生产性建筑）的内容、规模、数量（包括用房和用地）、分布和排布方式。

（5）拟定道路的宽度、断面形式和布置方式。

（6）拟定公共绿地、体育和休息等室外场地的数量、分布和排布方式。

（7）拟定有关的工程规划设计方案。

（8）拟定各项技术的经济指标和进行成本估算。

（二）规划设计的原则

由于既有住区的环境复杂多变，更新改造和规划设计形式也千差万别，为了能更好地实现既有住区的更新，在规划改造中，我们应该遵循相应的规划设计原则，将其纳入理性化、规范化的轨道上，以改变以往的盲目性和随意性。

1.“以人为本”原则

以切实解决现实存在的问题、改善生活设施、美化居住环境、提高居民生活品质为目的，强调服务对象为住区现在和将来的居民，规划标准的制定、规划方式等都应该从居民自身的需求和支付能力出发。

2.适应性原则

提供规划改造的多种途径，适应政府、集体或居民自发改造，尽可能多地提升住宅区室内外生活环境质量；户型改造要适应特定家庭的生活需求和生活方式。

3.经济性原则

尽量保持原有建筑结构，减少改造成本，提高效用—费用比，创造更大的经济效益和社会效益。

4.公众参与原则

健全公众参与机制，组织居民参与改造的策划、设计、施工、使用后评估整个过程，真正满足使用者的实际需求。

5.可持续发展原则

结合既有住区的实际情况确定改造方案，延长住宅使用寿命，节约建设资金和资源；同时，采取适当方法，使规划改造行为本身具有可持续性。

（三）规划设计的目标

对既有住区进行规划设计，是在对其更新改造的基础上，对其功能结构进行合理的优化，目的是优化配置土地资源，营造文化生活空间，打造美好居住环境，提升居民生活质量，实现规划设计所追求的目标。

1.优化配置土地资源

合理有效利用城市居住区土地资源，通过对既有住区用地与功能结构的合理化调整，提高土地综合利用效益、优化配置，改善居民生活环境。

2.营造文化生活空间

在规划改造的过程中应充分体现对城市传统风貌、建筑文化、人文特征的尊重，注重保护具有历史价值的地段与建筑，同时增加社区文化设施，营造富有文化品位的生活空间。

3.打造美好居住环境

运用适当的技术手段，改善或增加必要的环境设施和休闲空间，改善居民的生活环境，减少交通噪声干扰，为居民提供舒适美好的居住环境。

4.提升居民生活质量

通过更新整治，对环境不良的住宅群与房屋进行改造，以弥补既有住区在交通、环境和基础设施等方面的不足，增加既有住区配套医疗和文娱活动设施，从根本上提升居民生活的舒适度。

既有住区的规划改造应满足居民不断提高的居住需求，同时规划改造是一个动态的过程，一方面要适应居民不断提高的生活需求，另一方面也有推动社会进步的作用。

（四）规划设计程序

既有住区的规划设计从收集编制所需要的相关资料，确定具体的规划设计方案，到规划的实施及实施过程中对规划内容的反馈，是一个完整的流程。从广义上来说，这个过程也是一个循环往复的过程。但从既有住区所体现的具体内容和特征来看，其规划设计工作又相对集中在规划设计方案的编制与确定阶段，呈现出较明显的阶段性特征。规划设计程序如下：

1.确定既有住区规划区

在对既有住区进行规划设计前，必须先确定规划设计区。通过划分规划区，合理确定功能区间，为后续的设定规划目标工作打下基础。

2.设定规划目标

在确定既有住区规划区后，应该着手考虑怎样进行规划设计。只有设定好规划目标，才能进行实地调研考察，判断此目标是否适宜该规划区后期的发展以及方案编制工作的开展。

3.调查分析

确定规划目标之后，应该进行实地考察，毕竟实践是检验真理的唯一标准。既有住区问题突出，我们应该对影响既有住区规划的各种因素进行调查并进行合理的分析，为后期编制规划方案的确定提供建议支持。

4.编制规划方案

当各种相关工作已准备好后，应开展规划方案的编制工作，并为后期的建设方案提供技术指导，保证规划工作有条不紊地进行。

5.编制建设方案

当规划方案编制完毕后，应开展建设方案的编制工作。建设方案的编制应整合利用现有的资源，应对建设过程中可能发生的情况进行综合考虑，为后面的规划实施提供有力的技术保障。

6.实施规划及反馈

当前面的相关准备工作都完善后，应对规划区进行规划设计。规划的实施要紧密结合现场的实际情况，一旦现场实际信息与计划有出入，应该进行及时的反馈，调整修改方案，保证规划的顺利进行。

（五）规划设计成果

随着城市化浪潮的冲击和使用方式的不断更新，大量的既有住区因为年代久远、建造工艺落后等相关因素的影响，已不能满足时代发展的要求。通过对既有住区进行规划设计，并将其功能进行合理优化，可以焕发既有住区的蓬勃生机，极大地改善居民的生活条件，为既有住区的经济发展带来巨大的效益。

对既有住区进行规划改造设计是改善其现状窘境的关键步骤，而规划设计是对既有住区进行系统的设计分析，考虑多方面因素，并对其优化处理，最终以规划文本、规划图、附件三个模块作为其工作过程的成果展示。①

（1）规划文本表达规划的意图、目标和对规划的有关内容提出规定性要求，文字表达应当规范、准确、肯定、含义清楚。

（2）规划图用图像表达现状和规划设计内容，规划图应绘制在近期测绘的现状地形图上，规划图上应显示出现状和地形。图样上应标注图名、比例尺、图例、绘制时间、规划设计单位名称和技术负责人签字。规划图所表达的内容与要求应与规划文本协调一致。

（3）附件包括规划说明书和基础资料汇编，规划说明书的内容应包括现状分析、规划意图论证和规划文本解释等。其中，规划设计图应有相关项目负责人签字，并经规划设计技术负责人审核签字，加盖规划设计报告专用章；规划单位应具有相应的设计资质，现场规划设计人员应持证上岗，出具的规划设计图应具备法律效力。

① 蔡子畅，朱建君，薛屹峰，等.城市既有住区住宅适老化改造设计指标研究[J].建设科技，2018（21）：43-51.

第八章　多维视角下城市公共空间更新

第一节　“人性化”视角下的城市公共空间更新

一、人性化概念略述

（一）人性化理论基础——科学人本主义

人本主义一词源于西方，它有很多种含义。西方人本主义，又译人文主义，它反对以神为本的旧观念，宣传人是宇宙的主宰，是万物之本，用“人权”对抗“神权”。这也是人文主义的立场，所以人文主义有时也被译为“人本主义”，它也译作“人本学”，泛指任何以人为中心的学说，以区别于以神为中心的神本主义。文化的人本主义或人本主义的文化则是指西方文化的底蕴，它主要起源于古希腊和罗马，其发展贯穿于整个欧洲的历史。文化的人本主义现今构成了西方人文科学、伦理学和法律的基础。

关于研究人类思想的理论自古就有。在西方，人的认识作为一种觉醒了的人的理性反思，随着中世纪的结束而开始。到现在，人类学已经由人文主义、人道主义、人本主义、新人本主义发展到我们所说的科学人本主义。科学人本主义的代表者、人本主义心理学的奠基人马斯洛在《动机与个性》一书中提出了需求等级论，认为人的需求由低级到高级、由物质到精神，有着不同的层次，即生理的需要、安全的需要、归属与爱的需要、自尊的需要、自我实现的需要。通过研究马斯洛的需求等级论，我们不难发现他力图说明人性所能到达的最高境界，这种境界存在价值是人的最高的本性。一旦人的生存的基本需要得以满足之后，这种本性就会驱使人产生追求如何生存得更好，成为“真正的人”的各种需求。马斯洛等心理学家创立的科学人本主义心理学，提出了人的基本需要理论，分析了人的需要等级。现在，这个理论已被广泛运用于各种科学领域。

科学人本主义强调以人为本的思想，充分重视人的主观性、意愿、观点和情感。其设计理念经过形式主义、功能主义等思潮走向成熟，同时也是哲学人本主义的实践延伸，它主张任何人造物的设计（或非物质设计）必须以人的需求和人的生理、心理因素即人为设计的第一要素，而不是技术、形式或其他。

（二）人性化概念简述

人性在现代汉语辞海中的解释：①在一定的社会制度和一定的历史条件下形成的人的本性；②为人所具有的正常的理性和感情。人区别于动物的一点在于人有精神活动，有心理运作。人类心理机制的完善表现为它形成了一个对外界事物进行判断，发生反应，并提出心理需求，甚至感受心理满足的整个过程。

华沙宣言指出："每个人都有生理的、智能的、神的、社会和经济的各种需求，这种需求作为每个人的权利，都是同等重要的，而且必须同时追求。"

所谓人性化，是指从人性视点出发，建造重视人性、尊重人性的各种模式。即是使社会的方方面面尊重人性、顺应人性，满足人的生理和心理各个层次的需求。古人云："仓廪实而知礼节，衣食足而知荣辱。"其意是人的需要由低至高，表现为不同的层次。按照美国人本主义心理学家马斯洛的观点，人的需求分为"生理""安全""交往""自尊""自我实现"五个层次，一个理想的社会模式就是能完全满足人的自我实现需求，这也是我们社会发展的理想目标。

为此，要倡导人性化，发现并改正我们社会中有悖人性的问题，按照符合人自身发展的方式去建设和发展我们的社会。在具体实践中，人性化主要体现在以下两个方面：

第一，科学技术层面上，也即人的生理感受，要将科技服务于人，人的价值不应在科技面前贬值。法兰克福学派的代表人物之一阿多尔诺这样评价技术："一种技术能否被认为是进步和'合理的'取决于它的环境的意义，和它在社会整体及特定作品结构中地位的意义。一旦诸如此类的技术进步将自身作为精神树立起来，并以其登峰造极的表现使那些被忽略的社会任务显得已经完成了，就会充当赤裸裸的反动力量。"因此，在具体的设计当中，新技术的采用应同具体的情况相适应，分析环境、社会诸多因素之后，选择最恰当的解决方案，人性思想应体现在每一处与人相关的环节，技术作为实现的手段，在完成自己充分为人服务的同时实现其自身的合理性。

第二，思想文化层面上，也即人的心理感受，人性思想体现在人自身发展的自由和对自我的解放上。文化是某种人类群体独特的生活方式，是一整套共有的理想、价值观和行为准则，它是使个人行为能为集体所接受的共同标准。通过文化，人们传达、继续和发展他们对生活的认识。文化具有强烈的地域特征，当今全球化趋势日益加强，如何在保持文化的开放性吸纳新事物的同时，延续和发展自身特有的文化轨迹，是我们必须面对的挑战。吴良镛在《国际建协（北京宪章）——建筑学的未来》中写道："文化是经济和技术进步的真正度量，即人的尺度；文化是科学和技术发展的方向，即以人为本。"

在马斯洛的理论中，生理需求是其他各种需求的基础，只有在较低层次的需求得到满足以后才会产生较高层次的需求。但是，需求层次的演进不是阶梯形的而是波浪形的，在较低层次的需求尚未达到高峰时，已经孕育着较高层次的需求，在较低层次的需求高峰过后，较高层次的需求才起主导作用。处于高峰状态的需求支配着意识生活，是行为组织的中心。

这一理论模型在西方具有较大影响，但关于其合理性和通用性一直存在争论。兰（J.Lang）等人扩展了这一理论，认为人的行为来源于动机，而动机产生于需要。他把人的需要按其重要性和发展次序分为六个等级：

（1）生理的需要，对饮食、庇护和其他生活必需品的需要。

（2）安全的需要，避免受到威胁和伤害，保持自身安全和个人私密性，以及在环境中定向的需要。

（3）交往和归属的需要，互相交往和认同，拥有爱情和友谊，以及归属，即从属于特定场所和社会群体的需要。

（4）尊重的需要，自尊和被人尊重的需要。

（5）自我实现的需要（Actualization Needs），按照个人愿望，最大限度地发挥个人能力，实现个人抱负，取得权利或技艺方面的成就，体现个人试图对环境加以控制的需要。

（6）认知和爱美的需要，渴望获得知识，理解事物的意义和爱美的需要。当我们用人的基本需求对空间环境作出解释的时候，会发现对于人的需求的把握并不是那么简单，人们对于空间环境要求的复杂性也并不是清晰的层次划分所概括得了的，这种复杂性既来自不同人对于不同层次需求的不同程度，也包括在波浪形演进过程中不断萌生的新的需求。

二、人性化设计概念和内涵

（一）人性化设计

人性化设计是一种注重人性需求的设计，又称人本主义设计。最早出现在工业产品设计中并得到了广泛的推广和应用。美国设计师普罗斯说过，人们总以为设计有三维——美学、技术和经济，然而更重要的是第四维：人性。这里所说的人性，就是通常所说的设计人性化、设计“以人为本”。设计的核心是人，所有的设计其实都是针对人类的各种需要展开的，这些需要不仅仅是物质生活需要，更是包含着人们的精神生活需要。从这个意义上来说，人性化设计的出现，完全是设计本质的要求。设计的主体是人，设计的使用者和设计者都是人，人是设计的中心和尺度。它既包括生理尺度，又包括心理尺度，而心理尺度的满足是通过人性化设计得以实现的。为了人身心获得健康发展，健全和造就高洁完美人格精神的设计才永远具有人类生命的活力，离开了关爱人、尊重人的目标，设计便会偏离正确的方向。

直白地说，人性化设计就是指在设计过程当中，根据人的行为习惯、人体的生理结构、人的心理情况、人的思维方式等，在原有设计基本功能和性能的基础上，对建筑和展品进行优化，使之用起来非常方便、舒适。它是在设计中对人的心理生理需求和精神追求的尊重和满足，是设计中的人文关怀，是对人性的尊重。

人性化设计是科学和艺术、技术与人性的结合，科学技术给设计以坚实的结构和良好的功能，而艺术和人性使设计富于美感，充满情趣和活力。

（二）“人性化”语境下城市公共空间更新的原则与策略

1.因地施策

依据场地条件和附近适用人群行为特点因地制宜地开展设计，将街角、绿化带等“闲置空间”改造成口袋公园，充分优化城市空间资源配置，让人们切身享受到家门口公共空间的便利。

2.确保空间的舒适性

舒适的空间才能吸引人们停留，继而探索自身与空间的关系。关注人们在视觉、嗅觉、触觉、听觉等方面的体验感，满足其生理和精神上的舒适性需求。

3.激发活动的可能性

城市公共空间中的人及他们的活动与互动才是这个空间中最有价值的部分，也是设计的最终目标。通过空间流线的引导，充分发挥景观、设施等行为“发生器”的特性，为在不同使用场景创造空间条件，激发对话、互动的可能性。

三、城市公共空间更新的设计方法

本节围绕人在城市公共空间中的行为、感受和体验，探讨人性化理念落实在流线、空间、材料、设施、管理五个层面的外在形式和空间内涵。

（一）柔和的空间界面

空间界面由线、面界定，过于平铺直叙的直线会使得空间的通过性过强。曲线是来自大自然的语言，使用曲线能让空间界面更加柔和亲切、更易于引导流线，避免对人心理造成压迫，反而更能营造生动多变的空间。丹麦国立艺术博物馆前的广场采用不同尺度的类椭圆形作为绿地和水池的边界，流线充满趣味性和不确定性，不知不觉将人引导至博物馆前的水池边，吸引人们停留欣赏。

不同曲线组合生成的空间开合给人们提供了停留的区域。圆桥（Cirkelbroen）是哥本哈根连接港口两岸的步行桥，本是以通过性为主的交通空间，设计巧妙地采用五个圆形错落地叠加在一起，形成“曲折”的路径，让人们行走时从不同角度欣赏水景，交通空间以外的区域则成为人们驻足、会面的场所。

（二）“自主”探索空间

“设计行为”和实际行为有出入是常有的事情，人们不一定会按照设计者的意图去使用空间。既然未来发生的行为具有不可预见性，不妨提供一个空间容器，让人们主动探索它的可能性，形成“主动健康空间”。

夏洛特广场（Charlotte Ammundsens Plads）利用街角空置的带状空间，居中设置下沉活动场所，一反常规地采用自由而跳跃的三角形空间折面衔接高差，创造了“不被定义”的空间，邀请使用者尽情发挥他们的想象力。这样的空间吸引了众多轮滑和小轮车爱好者前来探索运动技巧。同时，三角形折面元素在场地中不断重复，形成散落在活动场上的“礁石”，人们或坐或倚靠，更是孩子们攀爬游戏的趣味装置。

超级线性公园（Superkilen）创造性地将地面隆起形成2.5m高的“土丘”，体量流畅，让人不禁想登高而上。人们在土丘上漫步、奔跑、俯冲、观景，用自己的方式与空间互动。这些自发的行为活动又进一步感染公共空间中的其他人，拉近人与人之间的距离。

（三）舒适的材料配置

材料是人通过触觉、视觉甚至听觉感受空间最直接的渠道，温度、硬度、色彩、质感、纹理等都极大地丰富了空间的维度，决定了更深层次的空间体验。针对人群和行为恰如其分地进行材料配置，能满足人们对舒适性的需求，与空间产生共鸣。

栏杆扶手的可触面、室外落座区的可坐面材料应选用温度变化较小的木材或塑料制品。少儿活动区采用塑胶地面，可以降低儿童受伤风险，减轻跌落疼痛感。此外，塑胶地面与周边地面的分界线界定了儿童区的范围，强化了游玩的归属感。此外，材料的选择会带给空间不同的氛围。石材给人稳重、冰冷的感受，而木材来源于生命体，带给人生机和温暖。海上青年之家（Det Maritime Hus）采用起伏柔和的屋面，目的是吸引人们“亲近”空间，木质屋面的材料则极大地强化这种氛围，迅速拉近空间与人的距离。

（四）设施激发活动

如果说空间是行为的容器，设施则是行为的“发生器”。如今随处可见的量产化健身器材是没有吸引力的，因为它们的使用方式已经固化。公共空间真正需要的是与空间整体设计、浑然一体，从而协同发挥作用的设施。

同样是休憩设施，奥雷斯塔德城市小岛（Øerne i Ørestad）通过统一的语言将交通空间与休息长凳整合在一个圆形空间之中，围合式的长凳让休息区具有一定的独立性，同时又与交通空间紧密联系。休息长凳在不同的位置或开放，或围合，或邻水，展现出不同的表情，满足人们不同的心理需求。

围合式布局更能促进人与人之间的对话。人们日益注重健身与运动，街区型公园的健康步道常常人满为患。在公共空间中引入运动设施，能有效地弥补城市体育设施的不足。运动设施的设置应保证公平性，除了普及性较高的运动如篮球、乒乓球等，还应该兼顾小众运动，如滑板、攀岩等。

此外，互动型娱乐健身设施往往能起到画龙点睛的作用，极大增强公共空间的标志性和魅力。卡维波滨水空间（Kalvebod Bølge）中的娱乐装置沿步道线性展开，其形式自由而动感，激发出跑酷、攀爬、游戏等多样的活动，鲜明的色彩更是为该空间注入活力。

总之，设施与空间统筹设计相得益彰，最大化地发挥公共空间的社会价值。

（五）空间自我管理

设计的根本是解决实际问题，提供实用性的空间答案。一个在设计层面较为完善的公共空间，必须统筹考虑投入使用后管理运维的实施模式，做好空间上的准备，通过设计解决甚至消除潜在的问题。与其耗费人力和资源维持公共空间品质，不如综合人们的使用心理，通过空间解决方案来限定、引导，反而能取得比人工管理更积极的效果。

哥本哈根北门枢纽站（Nørreport Station）是丹麦最繁忙的轨道交通枢纽站，为应对大量的自行车停放需求，将自行车停车区分为八组，分散布置于人们乘车的必经之路上，不仅顺应人们“抄近路”的心理，而且避免自行车流线的拥挤。同时，创造性地将自行车停车区设计成下凹的“车池”，人可以省力地将车推进“车池”停放。竖向上的高差巧妙地避免了车辆无组织的蔓延，大大降低自行车管理的难度。

以“人性化”为目标的城市公共空间设计，需要围绕人的各方面生理和心理需求，开展精细化设计，在空间的不同内涵和各个维度扩展设计的范围。城市公共空间涵盖的公园、街道、建筑场地等不同领域空间的设计者更需要协同工作以实现人性化理念的连续性和整体性。就提升城市活力、增强人民幸福感而言，城市公共空间的人性化设计领域还有很大的提升空间。

第二节　供需视角下的城市公共空间更新

城市更新是针对城市建成环境日益老化所带来的各种旧城问题而开展的城市建设活动，是城市空间增长由外延式增长发展到内涵式增长阶段的必然要求，其发展演变很大程度上由社会经济需求与城市空间环境供给的矛盾关系推动。当前，对城市更新的认识主要集中在物质建设环境领域的讨论，如有的研究从更新内容的角度，将城市更新区分为清除贫民窟、带有福利色彩的社区更新、市场导向旧城再开发、社区综合复兴等不同时期；有的研究从更新方式的角度，将城市更新区分为推倒重建、邻里修复、经济复原与公私合作制和多方伙伴关系等；有的研究探讨影响城市更新物质环境变化的驱动因素，如经济、文化和科技等。

这些研究从物质空间环境的视角对城市更新历程进行梳理，对于理解城市更新的供给主体有重要意义，但城市更新作为城市公共政策的重要组成部分，不仅需要从供给方进行考虑，更应关注不同社会经济需求对城市更新理论政策的推动作用。

一、供需视角下西方城市更新中公共空间更新研究的演变历程

从供需双方关系演变的角度出发，西方城市更新大体可划分为四个阶段：20世纪50年代以前，基本生活的需求与物质性空间供给；20世纪50~70年代，城市复兴的经济需求与功能性空间供给；20世纪80~90年代，社会公平的需求与设施性空间供给；20世纪90年代以后，文化、科技、生态的多样化需求与多元空间供给。本节按照这四个阶段对供需视角下城市更新中公共空间更新研究进行分类阐述，并从演变历程、实践的角度切入。

（一）20世纪50年代以前：基本生活的需求与物质性空间供给

“二战”后，城市旧区出现了大量的贫民窟，这些贫民窟首先存在的问题是住房紧缺。1920年，美国贫民窟中每100所房屋要容纳122个家庭。因此，美国提出清除贫民窟行动，希望用新建住房、绿色空间和商业开发区取代贫民窟。英国、法国、俄罗斯提出贫民窟改造计划，对住房建设提出了不同要求，英国居民想要获得设施齐全的居住小区，法国居民希望能拥有固定住宅，俄罗斯政府提出要在最短的时间内满足居民的居住需求等。

面对基本生活的需求与物质性空间供给之间的矛盾，各国政府主要通过制定住房政策和房屋增建计划来予以解决。对应的城市更新政策围绕满足基本生活需求制定，以增加住

房为主。如美国1949年的《联邦住房法》要求重建用地50%的土地面积必须用于居住。又如英国政府1949年颁布的《住宅法》提出政府提供的住宅是为满足人民一般需要而建造，以满足社会各阶层的住房需求。房屋增建方面，美国政府将增加房屋供应作为规划性策略，启动房屋计划、贫民窟改造行动。该时期在政府的支持下，西方城市更新实践按居民需求不同，可分为两种类型：公有住房导向下的贫民窟改造和私有住宅导向下的贫民窟改造。

公有住房导向下的贫民窟改造是针对低收入群体的需求提出的，仅为解决住房问题及满足基本的生活需求。针对底层群众经济能力不足的状况，美国、德国等通过建设公共住房，为居民提供租金低廉的社会福利性住房。美国建设大量的高层公共住房作为低收入群体的房源。20世纪50年代，美国普鲁伊特—艾格社区在低收入群体集聚的原有地址上新建33幢11层的公共住宅。20世纪中期，在芝加哥旧城园畔项目中，政府对该社区内的人群进行划分，针对住房困难的群体提供公共住房、针对可负担房租的家庭提供租用房和商品房等，满足了750户家庭的居住需求。在开发商和居民对房屋供需双方共同引导下，1912—1918年，美国城市公寓建设数量从25%上升至超过50%。尽管这种社会福利性住房采用工业化措施，但配备了一定的基本服务配套设施，如独立厕所、厨房、自来水、集中供暖和入户服务等，给入住居民的居住质量带来了实质性的提升，同时对街区的服务功能进行了完善。

面对有一定经济能力的社会居民，政府区别化对待，并提供私有化住宅。私有住房在住房供给中仅占小部分，大多数是公共住房。20世纪40年代，洛杉矶猎人风景住宅区为典型的老旧住宅区，居民亟须改善住房环境，政府针对该区内住房需求，建设了包括公寓住宅、行列式住宅和独立住宅在内的多种住宅形式，丰富了社区居民的生活空间。法国的私有型住宅建设存在地区限制，只针对危房地区。相对于政府提供的整个住房量来说，该时期的私有化住房满足了少部分社会居民的需求，而大多数居民追求的为公共住房。

综上，该时期的需求主要围绕居民住房及基本生活配套设施需求，供给是以政府所提供的带有配套性设施的公有住房和私有住房为主。这两种住房在一定程度上解决了居民对于基本生活需求的问题，住房紧缺的问题有所缓解。但是，随着城市的发展，内城活力不足、居民失业等新的问题逐渐显现，政府开始将城市更新的重心转向促进内城复兴。

（二）20世纪50~70年代：城市复兴的经济需求与功能性空间供给

20世纪50~70年代，美国、英国的城市内部集聚了大量低收入群体，内城缺乏经济活力。为此，美国提出消除贫困的现代城市计划，英国在城市更新政策中增加复兴内城的目标。但内城复兴的同时，居民受商业环境影响，无力承担高涨的房屋租金和通勤所消耗的交通、时间成本，陷入失业状态。因此，该时期的需求以复兴内城活力和解决居民就业为主，空间供给以开发商和企业所推动的购物中心、零售商业和商业街的建设为主。这种以经济为导向的城市更新成功地激活了内城的活力，改善了居民的就业状况。但由于过度注重商业建设，部分低收入群体利益被忽视、社会排斥及社会责任不明确等问题引发了对社会公平的关注。

为缓解城市复兴的经济需求与功能性空间供给间的供需矛盾，欧美等国政府企图从经济的角度制定内城复兴的政策，吸引开发商和企业对市中心进行投资并开展居民就业培训。如美国在1963年颁布《职业教育法》以帮助学生完成学业，对中等职业教育进行上岗前培训，培养高级人才，减缓就业市场的压力。经济元素的加入成功推动公共部门与私营部门、商会及其他组织进行联盟，促进了内城商业性设施建设，满足了居民就业的需求。该时期在开发商和企业的共同参与下，西方城市更新实践按类别的不同，可分为大型购物中心导向下的空间改造、零售商业导向下的空间改造和商业街导向下的空间改造。

购物中心建设起着完善周边基础服务设施、引进资本、创造商业性设施空间的作用，能达到刺激经济和解决居民就业的目的。20世纪60年代，某购物中心通过改善原有设施，建成一座5层的办公楼、一座20层728间客房的酒店及一个封闭的购物商场。建成后的大型购物中心在发挥零售、商业、会议活动等作用的同时，满足了居民就业的需求，更满足了政府对于激活内城活力的需求。美国某市购物街结合酒店改造新建150家商店和2个百货大楼，每天吸引超过2万名购物者来此消费，解决了约5000人的就业需求，促成了该市中心的复兴。

零售商业区建设主要依靠区域优势，政府、开发商和企业通过引入产业空间，并升级改造，促进零售型的商业空间发展，解决居民就业问题，满足内城复兴的需求。20世纪60年代，美国昆西市场拥挤混乱，在开发商和波士顿重建局的积极参与下，紧邻城市金融区的市场被改造成20345.8 m^2的零售空间、13285.1m^2的小型办公套房和160家小型商店的城市零售商业区，包含49个食品店、36个专卖店和2个花店等。改造后，昆西市场所产生的经济效益超过了销售预期，1981年昆西市场食品摊贩年平均销售额是一般商业中心的3倍有余，成功地激活了地区的活力。

（三）20世纪80—90年代：社会公平的需求与设施性空间供给

20世纪80-90年代，大量崛起的城市开发公司推动设施性空间的建设，鼓励提高地区的生活质量。社会排斥、阶层隔离、对人性需求的忽视等社会问题日益凸显，社会呼吁城市更新要关注社会公平，注重人的需求，突出居民和社区参与。在社会的鼓励之下，政府、私人和社区三方合作的理念得到落实。英国推行内城伙伴关系计划和国王十字伙伴合作计划以加强公、私、社区之间的合作；美国提出关照弱势群体，让尽可能多的公民参与城市更新。对于该时期公共服务设施的建设，西方城市更新实践按服务性质的不同，主要对教育文化、公共交通和基本消费三类设施进行更新改造。

大量建设的教育型设施对于提高居民生活质量发挥了良好作用。如西班牙毕尔巴鄂市实施融文化、艺术、贸易和旅游为一体的综合性城市复兴计划，在公共和私人机构共同参与下，建设欧洲计算机软件研究中心、大学分部、国际性博览会议中心和商务文化中心，刺激以文化创意、艺术和旅游为导向的第三产业快速发展。总体而言，该时期的经济发展刺激了人们对于接受良好教育和相关科学文化研究的需求。在政府和开发公司的协助之下，该时期所建设的教育型设施不仅包括传统的院校类机构、创新性的研发公司和文化交流中心，还包括教育培训等，极大地满足了人们对于教育的需求，也促进社会公平发展。

城市空间联系的需求和对社区安全生活的追求，刺激了城市交通公共服务设施的建设。交通的类型、方式增多，对不同群体的交通需求的考量促进了社会公平的发展。大量消费性公共服务设施的建设有助于改善社区居民的日常消费需求，进而刺激地方经济的需求。以美国和英国为代表的西方国家城市在这一时期涌现了大量的开发公司在城市中心建设大型的公共设施空间。如美国巴尔的摩的查尔斯项目，在旧城中心区实行商业、办公设施混合规划，建设了可容纳1800人的剧院、800间客房的酒店、可放置400辆汽车的停车场以及办公楼、音乐厅、水族馆等，以满足居民的文化需求。

该时期的需求以突出社会公平为主，供给是以政府所提供的消费型、教育型和交通型公共服务设施为主。大量设施的建设满足了社会群体参与城市更新的意愿，缓和了社会矛盾。受社会新思想的影响，可持续发展新思想被纳入城市建设体系，在社会的共同参与下，城市更新开始注重文化、科技、生态的多样化发展。

（四）20世纪90年代以后：多样化需求与多元空间供给

20世纪90年代后，能源紧缺，气候变暖，新一轮的信息技术变革加快城市发展，国际社会受可持续发展思想的影响，要求城市发展应实现协调发展，注重土地、文化、经济、环境等的可持续发展。各国开始研究城市遗产保护、创意产业思想和生态保护策略。如西班牙在《建筑能源性能指令》中将能源消耗、排放和节约列入城市更新体系。2007年6月，美国华盛顿召开城市街区研讨会，强调城市建设要减少对能源、原材料的消耗和对环境的影响等。在新区域主义、新城市主义、再生理论等思想影响下，可持续发展被列入城市更新的指导思想，要求对变化中的城市实现长远、协调性的改善和提高，要加强对城市空间文化的保护，提升对气候变化、能源需求、环境质量的关注度，推动城市更新走可持续发展道路。在政府、市场、社会的共同参与下，该时期城市更新实践按城市需求不同可分为以下四种：土地集约利用导向下的空间功能混合；历史文化保护导向下的地方特色挖掘；新型科学技术引导下的智慧城市建设；生态环境导向下的健康城市建设。

城市土地集约化利用的需求刺激了城市多重功能混合下的复合型空间的供给，有效地提升土地价值，促进土地资源的可持续发展。面对城市土地资源紧张和城市功能需求复杂化等问题，社会开始注重对土地集约化利用，在混合使用地区，把办公、文化、休闲等功能结合。澳大利亚的悉尼达令港为促进城市空间整体化发展，在政府、开发商和规划公司合作下，将其打造成综合体街区，规划建设国际会议中心、展演中心、生态公园、电影院等，满足举办零散型活动和大型活动的需求。菲律宾马卡蒂市为发展土地经济，在市政府的领导下启动城市重建特别区域计划，博东伦博实行“生活、工作、娱乐”改造理念，将多户住宅单元、商业建筑、社区零售商店和交通枢纽设施整合，最大限度地发挥该地区潜力。

基于保护文化的需求，激发了对城市地区文化品牌的塑造，促进了城市文化创意地区和城市历史性景点的发展。为促进地区文化品牌发展，以激活空间为目标，在基辅建筑局和规划人员支持下，乌克兰基辅在一座废弃的摩托车厂内创建公司孵化器和IT专业的商业校园，引导人们来此交流与培训。

该时期的城市更新推动了高新技术和材料在城市更新中的应用，缓解了城市能源危机，加速了智慧城市的发展。受全球能源危机和环境的影响，各国主张采用节能型材料以改善城市能源紧缺问题。借助现代科学技术的高速发展，节能型的材料和技术被广泛应用于城市更新中。

基于保护城市生态环境的需求，一些城市开始关注生物多样性发展，着手创造宜居环境为未来发展提供保障。具体实践如荷兰的奥利广场改造计划，广场内绿地采用无边界设计，极大地提升周边的宜居性，也为场地未来发展预留了足够的空间。

（五）供需视角下西方城市更新理论框架

从以上不同阶段西方城市更新发展演变历程可以看出，供需矛盾关系是推动城市更新发展的重要驱动力。

20世纪50年代以前基本生活的需求与物质性空间供给阶段，许多城市居民缺少基本的住房保障，提出想要解决住房的需求，政府通过改造市中心的贫民窟，建设公有住房和私有住房。20世纪50—70年代城市复兴的经济需求与功能性空间供给阶段，西方国家城市中心的活力较低，政府提出要提升内城活力，居民希望能解决就业，在开发商、企业的参与下，通过内城改造和绅士化在市中心建设商业设施，形成产业空间。20世纪80—90年代社会公平的需求与设施性空间供给阶段，种族冲突、阶级隔离等问题日益突出，在强调社会公平思想指导下的城市更新更加注重教育、交通、娱乐等公共设施的改造。20世纪90年代后多样化的需求与多元空间供给阶段，社会各界对土地、文化、科技、生态非常关注，提出要集约土地利用，实施历史文化保护、科技创新和城市生态化建设。在政府、市场、社会的共同参与下，通过多种改造方式创造复合型空间，塑造地方特色，创建智慧社区、健康社区等。

二、供需视角下国内城市更新中公共空间更新实践

党的十九大报告将人民日益增长的美好生活需要作为国家工作的重点。在新的历史时期，城市发展主要矛盾从建设用地不足、低效利用与城市经济发展、城市规模扩张之间的矛盾，演变为人居环境改善、产业转型升级、文化传承等需求与城市经济发展、城市规模扩张之间的矛盾。因此，随着供需矛盾的演变，城市更新的主要任务也在不断调整。城市更新项目由于物质环境、配套设施、产业基础和居民意愿等方面的不同，所采用的更新改造模式也大不相同，不同需求导向下的城市更新模式具有不同的特点和效果。

（一）土地需求影响下的城市更新

中国城市化进程的加速加剧了城市土地供给不足的态势，工业用地资源需求尤其紧张。土地需求影响下的国内城市更新实践包括释放生产低效的旧厂工业用地和活化旧村中的公共空间等。随着对城市人居环境改善和历史文化保护的要求逐渐提高，“三旧”改造经历了由“大拆大建”向“微改造”更新模式的转变。

以释放产业低端、用地低效的旧厂工业用地为导向的城市更新，是指一些临近城市中心的旧厂房，周边设施齐备且位置优越，通过开发可获得新的生产空间，提高城市存量土地利用效率。如S市采用复合式更新模式快速推进旧工业区的升级改造，以达到提升片区功能、落实产业布局、经济效益和环境保护并举、保护工业历史遗存等多重目的。在改造模式方面，倡导以综合整治为主，在符合规划开发强度的前提下，鼓励适度加建与功能转变；在政府引导方面，建立新的利益分配模式，并在地价、年限及土地贡献等方面进行适当的政策倾斜。

以活化旧村中的公共空间为导向，基本保持村庄原有风貌不改变，是对旧村“微改造”的常用思路，既能保证改造更新后建筑和原有机制的密切贴合，又能通过小范围的激活影响村庄内部更大片区甚至整个城市的变化。如泮塘五约“微改造”中，使用原有材料对位于主街的房屋进行修缮，保留了街区的特色风貌；平整土地与加宽广场使公共空间得到活化，由此获得的空间用以举办民俗活动，起到文化保护与传承的作用。

（二）住房改善需求影响下的城市更新

从“三旧”改造到城市更新，房地产开发逐渐成为主要的更新模式。该更新模式可改善城市环境和风貌，完善城市配套设施，进而提升城市地位和竞争力。同时，由于旧村、旧厂房的位置优越，出售速度快且利润较高，市场接受度较高，资本倾向于以房地产的方式进行开发。此类城市更新模式的实践主要包括提高城市容积率的住房更新和提供全面改

造型的住房更新。

以提高城市容积率为导向的城市更新模式，能大幅提高地区人口承载力。城市更新涉及许多不同利益主体，审批流程较长，常常因为“拆迁难”“钉子户”等问题使得项目陷入僵局，导致城市更新的成本较高。许多城市更新项目通过提高项目地区的容积率，获得更多的建筑空间。如在G市城中村全面改造中，猎德村改造后容积率为5.2，林和村改造后容积率为6.2，更新改造后的城中村容积率基本在5.0以上。容积率提升为城中村提供了更多建筑居住空间，有利于营造好的经济发展环境和生活环境，完成平衡经济发展与社会发展的目标。①

以提供全面改造型住房为导向的城市更新模式，可以为城市更新改造融资，保障财政基础，实现城市资产的良性循环，促进区域环境的改善。

全面改造型的住房更新模式，是指将原有区域的所有建筑物拆除推倒，建设新的房产并销售。如随着G市的城市发展以及“退二进三”政策的实施，加上广钢集团本身面临重组，G市钢铁厂进行了搬迁，改造后的广钢新城项目通过房地产开发的模式解决了改造融资难的问题，也为G市提供更多的住房空间。

（三）产业转型需求影响下的城市更新

转变经济发展方式，突破经济增长瓶颈是我国城市亟须解决的重要问题，也是各城市实现复兴的经济需求，促进产业转型升级成为新时代中国推动经济高质量发展的重要途径。2018年，中央经济工作会议中提出要坚持适应把握引领经济发展新常态，推进由中国制造向中国创造的转变，实现产业的转型升级。国内缓解这一供需矛盾的实践包括提供良好经济转型的制度环境和支持新兴产业发展等。

以提供良好经济转型制度环境为导向的城市更新，具体表现为：政府通过行政手段为产业的兴起和发展，出台税收优惠、融资便利等相关政策，为相关产业的引入提供金融保障和服务；政府通过发布相关标准，允许开发商在产业园区建设公寓和商业体，完善产业园区的配套设施，提供优质服务。如S市在《S市城市规划标准与准则》中表示，对于城市更新“工改工”项目，开发商可以利用项目30%的建筑面积来建设园区配套公寓和小型商业以促进空间形态的多元化，吸引更多优质企业入驻，进而促进产业的集聚和转型升级。

以高新技术产业为导向的城市更新模式主要适用于旧工业区，将旧工业区升级改造为用地性质为新型产业用地（M0）或普通工业用地（M1）加新兴产业用地（M1+M0）的新型产业园。改造后的新型产业园中除产业用房之外，一般还设有配套公寓、文娱商业等多元化物业形态，配套设施齐全，且生活环境优越。高新技术产业是国家目前大力发展的产

① 郭友良，李郇，张丞国.G市“城中村”改造之谜：基于增长机器理论视角的案例分析[J].现代城市研究，2017（5）：44-50.

业，以高新技术产业为导向的城市更新模式受到各级政府的欢迎，在政策和资金上获得当地政府支持的可能性更大。以高新技术产业为导向的城市更新热潮持续高涨。但这种城市更新模式也存在一些问题，一些新型产业园改造项目负责人对产业基础把握不够深入、产业定位不够清晰，相关配套建设不够齐全。这将导致高新技术产业资源难以引进，产业空间出现空置现象，无法有效地推动产业升级。

（四）人居环境需求影响下的城市更新

受可持续发展思想的影响，城市更新实践呈现多元化的发展趋势，国内对城市更新工作的认知也在不断刷新，城市更新的内容与内涵更加丰富且深化，目标更为综合，更加注重人的需求。在此转变过程中，国内开始主张以渐进式的微更新、微改造方式更新城市，强调以持续的、合作的、参与的方式合理解决城市问题。因此，该时期的需求主要围绕促进土地集约化利用、文化保护、节能发展和生态保护等，供给方面则围绕功能混合空间、文化特色空间、智慧城市、健康城市等内容。此外，绿色空间的设计强调以人为本，以实现人与自然社会的协调发展为目标，城市绿色空间的建设对于城市空间结构具有重大意义，具体实践包括以文化为主导和以城市绿地为主导的更新模式等。

以文化主导策略为导向的城市更新模式，既能盘活存量空间资源，也能推动文化创意产业的发展。

传统街区是老旧城区的重要组成部分，是城市中拥有稀缺文化记忆的区域。但由于建设年代久远，不少传统街区的建筑形象破败，建筑分布密度高，公共空间环境差，基础设施落后。此外，传统产业逐渐衰败，传统街区内的产业主要为批发业和零售业等低端产业。然而，对于城市空间而言，传统街区是宝贵的存量空间资源。如某街道通过置换局部建筑功能，激活存量空间，一部分被改造成为青年公寓和民宿，一部分用于承载社会活动。改造后的街区吸引了众多的文化创意企业和商家入驻，包括特色餐饮、手工艺品店和生活创意体验馆等，在社会网络再生产的基础上实现传统街区社区可持续的再生产。

以城市绿地为主导的城市更新模式满足了以人为本的城市发展要求。①城市绿色空间是城市的基础性公共产品，不直接与经济利益挂钩，市民能够平等、不排他性地享用空间。因此，在引导城市绿色空间构建的过程中，将建设重点放在城市绿色空间的利用是否公平合理上。如更新后的G市琶洲村的绿地可达性分布发生了变化，可达性指数最高的绿地分布在中心地带，面积最大，更新前的低等级区域直接上升为中、高等级区域，绿地在空间分布上也更为均匀。更新后的绿色空间的可达性指数较更新前的可达性指数发生明显变化，低、中、高等级的可达性指数较更新前普遍呈正向增长。这说明更新改造后，G市琶洲村的居民享受绿色空间的社会公平性增高，周边居民享受绿地游憩服务的公平性明显

① 周武忠，马程，李佳芯 . 论城市软更新 [J]. 中国名城，2021，35（12）：1-7.

增强。

三、供需视角下的国内外城市公共空间更新对比

通过以上分析可知，国内城市更新模式倾向于满足城市经济发展的需求。如土地需求下的城市更新是通过“三旧”改造挖掘可利用空间，目的是用以承载产业发展；住房改善需求下的城市更新，既能安置居民，又有助于推动当地房地产的发展，地方财政由此得到保障；产业转型需求下的城市更新解决了当前城市经济发展的主要问题，是城市经济发展的主要途径；人居环境需求下的城市更新以满足居民文化、生态等多样化需求为主要目标，但此类模式的城市更新在整体更新项目中占比较小。此外，国内城市更新依旧存在相关利益群体覆盖度不足、对社区供需缺乏了解、交流机制不完善导致建设存在偏差等问题，阻碍了中国推进城市更新发展的进程。因此，人居环境需求影响下的城市更新模式将成为城市更新的发展方向。此外，国内与西方城市更新中的公共空间更新存在差异。

中西方城市更新所处阶段不同，关注的重点也有所不同，当前国内仍更多关注城市更新中的经济需求。西方的城市更新可以追溯至1950年前后，距今已有70多年的历史，研究资料与实践经验丰富，法规成熟。而国内城市更新的正式推广在2008年前后，在十余年间快速发展，现有公共空间的研究实践虽然开始关注人居多样化的需求，但更多关注的仍为城市经济发展的需求。国内公共空间的城市更新进程如此之快，衍生了许多城市问题。为此，2021年住房和城乡建设部发布了《关于在实施城市更新行动中防止大拆大建问题的通知》（建科〔2021〕63号），强调城市更新的高质量发展。

中西方城市更新的研究侧重点不同，当前国内仍更多探索城市更新中经济可持续的途径，西方则倾向于探索加强社区文化及归属感的途径。西方国家的城市更新在实施中更加注重人文关怀，更加尊重实行更新区域的居民意见，对当地的历史文化、社区归属感保护力度大。现有文献中，西方关于社区归属感、邻里关系等的研究十分丰富，国内相关研究仅在起步阶段。反观国内，以房地产为导向的更新模式是城市公共空间更新的重要途径，更看重物质性的补给，居民参与感较西方弱。

中西方人口密度、居住习惯等存在明显差异，满足基本生活需求的强度和方式不同，当前国内借助城市更新供给住房空间的能力更强。西方国家的住宅多以独幢的楼房为主，土地所有权采用个人所有制。而国内由于人口基数庞大，住宅的特点是密度大、集约度高、土地公有。因此，在缓解基本生活的供需矛盾时，国内物质性空间，如住房空间的供给力度更大、供给方式更为多样。

从国内城市更新的实践来看，城市更新呈现如下特征：越来越注重通过城市更新的内涵式发展转变来促进城市转型提质、提高综合竞争力；更新改造的重点逐渐从具体地块的单一物理实体空间改造转向全面性、系统性的更新；城市更新的对象也开始从关注老旧危

的产权资源转向城市的公共资源、空间系统。在此基础上，我们要深刻认识中国城市更新工作的新特征、新要求，必须加快完善城市更新体系，强化政策顶层设计，为“十四五”期间规划城市更新营造更有利的政策环境，构建城市更新长效发展机制。合理引导城市更新走向兼顾历史保护与现代发展的道路，切实改善旧城人居环境，这是时代赋予我们的重要使命。

第三节 知觉体验视角下的城市公共空间更新

一、梅洛·庞蒂知觉现象学中的知觉体验描述

现象学是归属于哲学范畴内的思想理论，在20世纪发展为重要的哲学流派。经过一系列发展，现象学衍生出了很多不同方向的分支，本节研究的主要就是梅洛·庞蒂提出的知觉现象学理论体系。

本节将通过对梅洛·庞蒂的《知觉现象学》理论进行分析，从中选取与空间、设计相关联的三个论点——身体、超越身体综合的感知、被身体感知的物质存在对城市公共空间微更新进行分析研究。

（一）关于“知觉”的理论

法国哲学家梅洛·庞蒂所研究的知觉现象学是本课题研究的理论重心。其中，知觉被置于首要地位。在身体知觉感官中，主要概括为身体五感知觉的表达，最终形成知觉与被知觉的认知体系。下文将立足于身体与知觉描述进行分析和阐述。

1.知觉的首要性

梅洛·庞蒂在《知觉的首要性及其哲学结论》中认为身体中的知觉是开展一切行为活动的第一步，并反复试图说明知觉就是身体的知觉。

同胡塞尔和萨特有关意志的概念比较，梅洛·庞蒂强调的也是对自身的感觉，而认识世界就是梅洛·庞蒂认识人和他人关系、与社会关系的基础，也就是克服意志内在性的场域。梅洛·庞蒂认为，知觉必须先感受再感知，即人类要利用感官系统接收外部的反馈信息，这就点明了知觉的首要性。

2.知觉的感官体验

梅洛·庞蒂在知觉现象学中主要表达了关于“感知的存在”这一存在主义理论，将感

知摆在第一位置，而承载感知的载体即为身体。也就是说，梅洛·庞蒂将身体作为媒介，提供感知的器官，同时进行反馈。不同的是，身体作为媒介，同样会跟随知觉的变化产生更迭，同时随之更迭的还有身体的感知、对空间的感知、对时间的感知。这就是身体知觉与身体运动与空间的关系。由此形成了梅洛·庞蒂独特的知觉现象对世界的认识论。可以发现，在知觉现象学理论体系中，身体与感官都从属于体验。从某方面来说，感官是观察世界的一种工具或方式，然而身体的感官又存在综合其他感官的超越身体的感官体验，感官系统包括身体的触觉、视觉、嗅觉、味觉及听觉。与“经验主义”不同，梅洛·庞蒂对身体知觉的描述是站在逻辑理论的基础上，对身体拥有者自身所感知的行为感知体验。

从专业理论角度来说，知觉现象学是对人类存在进行广义的本体论研究。它将知觉作为媒介来完成对自身本能的认识，梅洛·庞蒂在《知觉现象学》一书的前言中描述了通过身体综合感受形成的感觉、知觉、记忆等本体论研究。这种对待身体感知的理论与设计中的人体工程学理论从属于两个派别，一个是根据体验与感官共同形成的认识论体系，另一个则是站在物质世界的基础上，对人的身体使用感受进行研究从而达到空间、物品尺度上的舒适。因此，知觉依托于感官而存在，感官系统通过身体五感进行反馈。

3.“五感”体验

梅洛·庞蒂认为，观察与描述自然世界必须尽可能地表现给人身体上的感受。空间感受是指对物品长度、形态、尺寸、位置等空间特征的感受，人们通过感知，而形成了感受。因此，现象学的世界并不属于纯粹的意识存在，而是人们通过自己的感受与别人的感受的互动，以及通过感受与经验的互动呈现的意义。

帕拉斯玛在《建筑七感》中对现象学的理解继承了梅洛·庞蒂知觉现象学中对身体体验的论述。将现象学的身体知觉方法运用到了建筑中，分析了人的各种身体感受。他认为不同的建筑应该存在不同的知觉感受，要从视觉、触觉、听觉、嗅觉、味觉等多种身体感官进行感知。

（1）视觉的体验

梅洛·庞蒂在《知觉现象学》中曾经多次引用了胡塞尔在《笛卡尔的沉思》一书中所写的一句话，可以理解为，有些不需要说明的知觉经验即需要放在适当的位置被眼睛察觉。然而，这句话却被梅洛·庞蒂不断地引用，自然是因为它正好解释了知觉现象学关于认识世界所需要做的事情。这些沉默不语的经验中，最先的自然归结为视觉体验。

日常生活中，对世界、空间的观察认识，首先依赖于身体的视觉系统，也是对空间最为主要的体验形式。这就不可避免地要谈论视觉。不论是光影、色彩还是尺度，都依赖于视觉对身体意识的反馈。

（2）听觉的体验

人与环境在视觉的影响下被分隔开来，原本作为旁观者的人只是停留在“看”这一层面上，听觉则把人重新拉回现实场地里。视觉通常具有"方向性"，听觉往往具有"持续性"，视觉感受则是指人在视觉的帮助下，通过视觉的探索自发地向周围环境靠近，再加上声音同样是自发地向人靠近。所以，人们通过接触声音，产生了听觉感受。听觉系统在身体中具有先行性，在空间中人们往往可以先于身体本体被动式接收远处空间对声音的反馈。围绕声音所产生的内在的、亲密的感觉体验，往往引起了人类的思考和幻想，从而产生了一种特有的空间感受。通过声音对空间主动和被动相结合的听觉体验达到对世界的认知。

（3）触觉的体验

触觉知觉和其他知觉不大相同的是，其通常是身体表面的皮肤通过和社会环境或者现实物体的直接接触来构建的，这种方式可称为主动接触。通过身体的主动接触，感受物质、材料、重量及温度等触摸的体验。在《建筑七感》一书中，帕拉斯玛将触觉表述为"触摸的形状"，即身体肌肤对物的主动体验。但从身体整体性出发，身体的触觉并不仅限于肌肤的主动接触，而是包含物与环境被动式反馈形成。即物的本质属性对眼睛的反馈亦为目光对物的"触摸"。

（4）嗅觉与味觉的体验

嗅觉在空间中往往扮演着影响整体感的角色，在空间中嗅觉有时扮演了决策者，即通过气味判定场所的正负属性，令人愉悦抑或难以靠近。同时，嗅觉、味觉在社会场所的体验当中具有辅助性、补充性的功能。

嗅觉属于体验记忆中留存最长的身体知觉，人们在他自己的人生经历中，往往会对走过的路，以及自身所在的城市带有的特殊气味有着极深的记忆，即使时隔多年，当人们再次闻到相似的气味时，封存的记忆就会立马被唤醒，与之相似的是，味觉体验属于近感体验的一种，它能通过人自身的感知力把记忆和联系引申出来，继而形成一种特殊的知觉体验。

（二）关于"身体"的阐释

1.身体的超感体验

身体具有综合性，在身体体验中，感官体验可以分别展开工作，亦可形成整体的合作机制。梅洛·庞蒂将体验看作一个身体与世界相认知的一个境域，而知觉就是认知这个境域最为重要的中心位。知觉通常需要身体作为媒介，理论上来说，身体与知觉之间同样存在境域。身体反馈知觉，从而感受空间中超越物的本身所存在的体验，如空间氛围、空间情绪、空间记忆等。

空间中所存在的知觉体验，可以理解为一种调动身体和所有感官参与的艺术形式。无论是体验与知觉还是体验与身体都依托于身体的媒介。从身体本体论来说，身体是所有器官的共同结构。基于多感官的叠加的特性，立足身体的知觉体验，超越感官的知觉体验。身体范畴就是梅洛·庞蒂知觉现象学的核心，身体的超感体验就是通过强调身体——主体的特殊性来接纳感知或情感之类的因素，通过身体的综合与物的综合相统一，达到超越身体自身观念性与物质性之间的关键。

2.身体与时空性

物体的综合是通过身体本身的综合实现的，物体的综合是与身体本身的综合的相似物和关联物。回到身体的时空性，身体的综合体验是身体与时空形成链接的基础，这种时空性不是身体所处的时间与空间，而是身体综合体验对空间进行综合解读后的时空性反馈。

这个身体综合是所有其他空间的原点，因为身体的知觉从而使得外部空间的存在得以被感知。空间中的物体会主动或被动地对身体知觉形成本质的属性反馈，再通过身体综合感官的处理从而形成空间性的认知。可见，身体的感知才使得空间客观存在。

3.身体与空间情绪

身体与空间的情绪性是指身体和空间之间相互作用产生的一种特殊感知。在这个过程中，人们会对某些物体进行观察或者触摸。梅洛·庞蒂的关注点在于人的内在世界或身体对外部世界的感知。通常而言，身体的动作越多，则表示身体和空间有着密切的关系。身体与环境的交互作用也可以称为身体的自然化。身体与外界的各种因素（如温度、光线、湿度等）发生了联系。即通过物的排列组合形成的空间整体性经过身体综合体验作出反馈，从而将身体与外部空间碰撞所产生的情绪知觉解释为身体的情绪体验。

一方面，空间情绪与人的情绪互为变量关系，通常空间的情绪会影响体验者的感受；另一方，体验者的不同情绪宣泄也需要不同的空间氛围。居民活动会对情绪造成影响，而情绪排解又需要适宜的空间环境。

（三）关于“物质”的讨论

1.对“物”的描述

物质是梅洛·庞蒂在现象学中的一个重要论点，物体的“意义”如何体现，空间环境提供物质场域，空间提出问题，而物质通过本质属性作出回答。例如，将“冬天寒冷的天气”这一知觉体验转化为现象学的表述，那么可能就转变成了“我的身体肌肤体验到了冬天的温度，这个温度给予了身体一种知觉体验”。这个例子形象地说明了梅洛·庞蒂在表达物的存在时使用的手法仅仅是不加色彩地描述它。

在针对物的描述中，斯蒂文·霍尔受到了梅洛·庞蒂理论的影响，在其建筑作品中，无论是对没有预设的切割所形成的无法探寻规律的空间、拉长的流线和奇怪的方向感和距离感、不正常的视角及扭曲夸张的造型比例，还是对材料的运用（磨砂玻璃绘画展、现浇混凝土折叠住宅、弧形玻璃、防水板组合、Sarphatistraat办公大楼扩建等），以上所有的元素都是对物体的阐述。

2.物质的“界域”把握

在《知觉现象学》一书中，梅洛·庞蒂对界域一词有着多重描述。“界域”即是其把握对象与观察外界事物的方式。例如，在观察橱柜上的碗筷时，观察者可以同时看到碗筷的性质，并且会将存放碗筷的橱柜、桌面、地板等出现在视觉中的物质所反馈的性质给予碗筷，而出现在视野中心的碗筷不过是集结了周围所有物的性质的正面显现。正如梅洛·庞蒂所说：“由于物体组成了一个系统或一个世界，由于每一个物体在其周围都有作为其隐藏面的目击者和作为其隐藏面的不变性的保证的其他物体，所以我能看见一个物体。我对一个物体的每一个视觉在被理解为在世界上共存的所有物体之间迅速地重复着，因为每一个物体就是其他物体‘看到’的关于它的东西。”①

界域像是一个连接物质与体验的隐形通道，梅洛·庞蒂通过“界域”的方式来把握对象，使观察者与外界事物之间的关系在处境中展现出来。在“体验”中，不只是视觉存在，还包含其他身体的感官系统，这些感官系统同时又在不断地和各自的界域间的物体发生关系。因此，在物的界域表达中，一方面，可以将物与五感体验进行链接，通过物质本身属性对五感体验形成反馈。另一方面，在物的界域表达中，可以将物与空间进行链接。空间的形成包含不同类别的物的排列组合，将物与体验的界域通过空间进行显现，从而被感知，知觉与物体的“共在”结构便呈现了出来。

3.物质与“气氛”

关于物质、身体体验与世界的联系之间的关系，梅洛·庞蒂在知觉现象学中有过这样的表述：“我们生活在这样一个时代：一方面，关于身体与世界认知之间所发生的感官体验及逐渐与感知之间产生了巨大的差距；与此同时，经过厚重的文化积淀，身体经验主义已在身体毫不知情的状态下在身体上留存下来了。这就预示着我们与体验性的、物质的现实联系正在不断弱化；我们越来越生活在一个虚拟世界之中、生活在一系列毫不相干的、肤浅的感官印象潮流中。”②这也从侧面强调了物与记忆的沉淀所需的身体体验。

可以说，身体通过视觉获得的世界图像并不是一张图片，而是一种连续的、可塑的结构。它不断地通过记忆来达到融合个体的感知。事实上，这一现象是通过融合记忆和视觉感知从而转换为表现性的触觉实体，而不是类似快照镜头照出的单一视网膜照片。因此，之所以能够建立和维持体验世界的存在、持久性和连续性，是因为对“世界本身”的体现性、触觉性的理解。借用莫里斯·梅洛·庞蒂的概念——我们分享我们身体的存在。通过身体的媒介，将身体器官对物的属性感知与综合作用，转变为空间气氛的记忆。对我们体验物质与“气氛”、认知世界、体验自身来说，这种感知是至关重要的。

① [法] 梅洛·庞蒂 . 知觉现象学 [M]. 姜志辉，译 . 北京：商务印书馆，2001：101.

② 梅洛·庞蒂 . 碰撞与冲突：帕拉斯玛建筑随笔录 [M]. 南京：东南大学出版社，2014：102.

在运用知觉现象学方法研究空间与人的感知的领域，不仅需要从物质和结构方面来说，而且还要从气氛、现象和记忆等的角度深入探讨物质与空间气氛的内在而深刻的关系。受到梅洛·庞蒂知觉现象学的影响，斯蒂文·霍尔对建筑空间哲学的理解也转向为空间的身体知觉体验以及物的“气氛”体验。对建筑的比例和造型，物的质感、光感、声音、味道以及综合属性的整体性“感受”，才使得身体能感受到空间的气氛与记忆。

综上所述，物质是人在空间体验中对空间形成氛围与记忆的关键因素，也是营造空间气氛与空间情绪的主要因素。

二、城市微更新背景下公共空间的多重含义

国内大中城市人口经过近十几年的高速增长，北京、上海等大中城市建筑用地已日趋饱和，“城市微更新”就是根据当前中国都市空间储备数量迅速发展的现实情况而提出，是以城市公共参与为基础、以社会公共空间与公共设施为主要更新对象的局部渐进式更新方法，其目的是焕发都市活力、提高城市社会凝聚力、优化邻里关系、提升城市社会的共同治理。

通过城市公共景观改善、完善和优化城市公共环境，满足城市居民的基本需求和精神文明建设的需求，使城市成为具有丰富多彩的文化内涵和独特魅力的“花园”。这也正是城市微更新理论研究的出发点。在传统的城市开发建设思维下，由于缺乏城市功能整合，导致各种城市问题层出不穷。如何解决好城市的发展与保护的关系、城市空间结构与功能布局的关系等问题，实现城市的持续健康发展已然成为城市发展必须面临的重大课题。

三、城市公共空间微更新的常见手法

（一）空间功能更新

空间受人的行为模式影响。不同的城市公共空间往往在城市居民的使用过程中，默默地被赋予了特定的空间作用，但在人们自发地对公共空间进行定义时，有一种原因是空间本身所具备的功能形态无法满足使用者的使用需求，如近年来频频发生的青年人与老年人争抢篮球场事件。另外，城市公共空间随着人居幸福生活的要求，也需与时俱进，针对个别空间进行场地功能微更新。将功能落后空间更新化、功能缺失空间多元化、功能固化的空间多样化、消极失落空间重新利用。

在城市公共空间微更新中应着重站在人的视角，利用微更新的手法满足城市功能空间的发展与需求。可以针对城市公共空间所产生的自发更新行为，预制模块空间，将空间使用方式重新交给使用者。如澳大利亚墨尔本的“城市针灸”项目，实验者将不同数量的塑料箱子置入十二个不同类型的消极空间，吸引了各种人群进行自发性活动，使其失落空间

成为城市中的活跃场所。

（二）重构空间网络

在《城市设计新理论》（*A New Theory of Urban Design*）中，克里斯托弗·亚历山大（Christopher Alexander）认为，像威尼斯和阿姆斯特丹这样神圣而又庄重的都市让人有一种错觉。在这些大的饭店、商店、公共园林、小型露台和装饰，所有的建筑都呈现出一种自然的和谐。但是，在当代都市中，这样的整体性常常是缺失的。很明显，在这些设计师忙着处理个别的建筑，而在当地制定法律的时候，他们很难有一种统一的感觉。诚然，城市空间的发展随着空间局部规划与复杂的社会更新因素逐渐走向碎片化，城市整体性的缺失普遍存在。

在城市空间网络重构这一命题中，应站在整体的层面，以点带面，利用修补思维将空间串联起来，形成空间整体性。

（三）织补城市肌理

城市公共空间的发展伴随着城市肌理的切割与断联现象，织补城市肌理是城市微更新中常见的手段。在城市公共空间中，城市肌理的形成往往映射了城市的生活变迁。影响城市肌理变化的因素主要包括居民生活习惯、城市建筑变迁、城市规划体系等。故织补城市肌理应从城市居民生活的微小空间入手，通过城市居民生活的道路交通、功能设施、文化交流活动场地等空间，见微知著，延续空间城市肌理。

与此同时，织补城市肌理是提高城市文化历史与居民空间认同感、归属感的重要手段。延续城市肌理可以通过对居民生活原貌的保护更新，达到肌理的延续；还可以通过对断联肌理的再造连接，深入空间需求，形成城市肌理的恢复与织补，从而最大限度地保留空间历史文脉与城市肌理形态。

四、知觉现象学介入城市公共空间微更新策略

（一）立足五感——多感官知觉体验微更新机制

1.多重视觉体验，营造微尺度立面高差

梅罗·庞蒂在《知觉现象学》一书中对“视觉”曾有这样的描述：“视觉如何从某处发生，而又不包含在视觉角度中。”[①]乔治亚大学建筑系的凯色林·霍维（Catherine Howett）关于视觉曾提出这样的问题，眼睛是否代表了知觉的门户？感知世界的人们是否只用到了眼睛？在视觉体验中起到关键作用的方式大致分为视线关系和光影关系两种。

① [法] 梅洛－庞蒂. 知觉现象学 [M]. 姜志辉，译. 北京：商务印书馆，2001：99.

（1）多元视线营造视觉体验

视线关系主要体现在城市微更新中的多元高差所营造的多种视觉关系的相互反馈。例如，在第十二届威尼斯建筑双年展所展示的装置的意图："所见之物亦在回望我们。"[①]在威尼斯双年展策展人的邀请下，巴西—阿根廷建筑事务所Vào与Adamo-faiden合作，特别设计了主题为"日常生活报告"的装置，它被放置在一个公寓大楼的内部。从外观看，建筑物的表面反映了周围环境。一旦进入大楼并向外望，就可以看到巨大的装置溶解到圣保罗的中心，完全融入了周围街道上的活动场所和建筑物。这个装置恰如其分地弥补了广场空间人的"知觉体验缺失"这一问题。通过透明玻璃材质的相互渗透，人们可以轻松地通过光线的折射进行互动。观景点旁有一间咖啡店，人们会长时间地坐在那里，观察由摩天大楼组成的景观。这就形成了多元的视线关系，利用高差与视线营造丰富的视觉体验。

（2）光影的变化赋予空间层次

"深度的阴影和黑暗是必不可少的，因为它们让锋利的视觉暗淡，让深度和距离变得模糊不清。"[②]在光影关系中主要体现在城市微更新中的光线与阴翳所营造的视觉体验。光影对空间的塑造和引导的影响，不仅仅在视觉上，还能体现在心理和精神上。光线角度强度与材料特性相互组合，都会给人带来不同序列的感官体验，甚至对下个空间序列的感受产生一定的影响。光线通过阴影的变化，明暗的对比可以突出空间的环境氛围。当空间昏暗或明亮时，空间氛围会随着视觉体验更迭改变。置身其中，会感到紧张压抑或舒畅轻松。同时，光影的变化能够赋予空间层次感。

在《阴翳礼赞》中，古崎润一郎对阴翳进行了描写，刻画出了暗调光线中的美学与空间氛围。在微空间中的应用更为突出，如书中提到的一个较有代表性的例子，一家名为"草鞋屋"的日本东京有名的饭店内部陈设使用的是古朴的烛台。在昏暗的火光笼罩下，餐具器皿都变得深邃起来，有种独特的魅力。后来，有客人抱怨烛台灯光太暗了，商家只好换成了纸罩台灯，这下漆器之美少了很多。彼得·卒姆托在《思考的建筑》中进行了详细的解读，通过光影解读了尺度感和尺寸感；通过来自地球之外的光，空气才被眼睛感觉到，附加的还有空气的温度；从阳光到黑暗，都有它们代表的时间与温度。它立足于超感的身体综合知觉，源于现象学的身体感知与空间体验，营造了一种微妙的、诗化的空间气氛。由此，将光影介入城市公共空间微更新中，便可发现，光影对空间视觉的影响尤为突出，灯光对于空间光环境的丰富具有重要作用。可利用灯光的装置介入城市公共空间中，不同的灯光相互交织形成独特的五维空间，与场地的互动丰富且动人。如某市高校的古树与地面植被的组合，温暖热烈的阳光从古朴的大树枝缝中漏下，在安静的草地上、沉稳的

① 巴西—阿根廷建筑事务所 Vào 与 Adamo-faiden 在第十二届建筑双年展合作设计的"日常生活报告"装置。

② [芬] 尤哈尼·帕拉斯玛. 肌肤之目 [M]. 北京：中国建筑工业出版社，2016：55.

建筑侧立面上留下了斑驳的光影，不仅层次丰富，而且烘托出了空间的视觉温度。

柯布西耶著名信条“建筑是把许多体块在光线下组装在一起的熟练、精准而壮丽的表演”[①]，毋庸置疑地定义了一种视觉的建筑，也肯定了视觉在知觉体验中的重要地位。从上面的案例与指导中总结出视觉体验对城市公共空间微更新的作用，即利用多元高差形成多视角体验、多重光影丰富空间层次氛围。

2.强调听觉体验，把握微更新场地音域

听觉隐于世、藏于形，声音的体验在空间中的作用有时会被人忽略，人们大多是习以为常地听到那些他们所听到的声音而不假思索，但或许当某种听起来无序的声音，置身于特定的空间场合，通过序列或者其他手法的人为干预，会觉得熟悉的声音变得陌生，因此，在理论上来说空间能呈现出不一样的、极其惊艳的体验效果。“现在，让我们想象一下，偶尔当水珠滴落到阴暗和潮湿的地下室时的声音——空间感；教堂钟声创造出的城市空间感；当我们在夜晚熟睡时，被轰隆作响、奔驰而过的火车吵醒后感受到的距离感；或者一家面包店或者糖果店拥有的气味——空间感。”[②]声音在空间中的序列表现也体现了听觉体验的重要性，通过声音在不同功能区域中的干预，潜移默化地给人带来不同的感受。

针对“城市公共空间体验的缺失”这一现存问题，日本越后妻有大地艺术祭中有关声音的空间装置作品“耳宅声景”作出了回答。这一装置是在狭小的空间中通过使用声音感知作为界域来试图认识世界，在方寸空间中聚焦参与者的思考或体验。

在25个均布地设置有音响设备的方格中，通过人的介入联动对应空间的音箱，参与者在耳宅装置空间中的体验，其实是对25个单位场所出现的声音进行组合序列的体验。在逼仄到只能意识到耳朵的存在的“耳宅”中，仿佛用听觉体验到了不同界域的风景。

由此，针对“城市公共空间体验的缺失”在听觉系统中的思考，亦可通过对环境的区域分割来打造不同的听觉体验。在实际的城市公共空间中，区域分割可以利用高大的植物来打造。在绿色环绕的树林中听到鸟鸣与街边广场听到的噪声所带来的感知体验是不同的。那么，后者则需要利用多种手法来降低噪声，保证人体知觉的舒适感。可以通过植物切割空间，形成空间屏障来改善城市广场带来的噪声污染。如日本藤本壮介事务所与法国OXO两家事务所联手在巴黎中心打造的一个联系自然的绿色天际线（A new skyline for Paris），这个在巴黎中心二环路上飘浮的绿色村落，通过大尺度植被将建筑包裹在一个没有嘈杂的空间范围中，随之带来了各类鸟儿的啼叫，让人的身体处于被营造的听觉耳宅中。不仅带给人们森林般的清新与平静，也带领人们迈向新巴黎。

拉斯姆森（Steen Eler Rasmussern）在其代表作《建筑体验》中将最后一章标题设为

① [芬]尤哈尼·帕拉斯玛.肌肤之目[M].北京：中国建筑工业出版社，2016：33.

② [芬]尤哈尼·帕拉斯玛.碰撞与冲突：帕拉斯玛建筑随笔录[M].南京：东南大学出版社，2014：14.

“聆听建筑”，描写了部分关于听觉对尺度的感受：“你的耳朵同时感受到了隧道的长度和它圆筒的形状。”这就进一步描述了听觉体验在不同环境与空间中所带来的知觉变化。

综上所述，从上面的案例与指导中总结出听觉体验对城市公共空间微更新的应用大体分为两类：一类是通过对声音的营造增强空间的知觉感受与空间氛围；另一类则是通过对声音的消减与弱化达到空间与内心的宁静。

3.重视触觉体验，恢复微空间场地记忆

“触觉”一词源自希腊语“haptikos”，意为通过接触感受的信息。触觉主要是由肢体接触物品或观感的被动触觉所呈现的触觉感受，在触觉体验中，触觉大体可以分为主动触摸与被动触摸。

其中，主动触摸通常依赖于物质的反作用，触摸的过程中解读了物质的固有属性与被动属性（肌理、质感、尺度、温度、记忆等），通常不同的物质给予身体不同的体验。多出现于材料对触觉的反馈，在微更新中常常出现不同属性的材料营造不同的空间触感；针对“城市公共空间体验的缺失”这一问题，可以通过亲肤材料的使用来有效地营造空间适宜人体亲近的空间感受。例如，昌里园微更新设计中对材料的应用，街巷中大多采用砖、石、土、木等物质属性较强的本土材料，以便营造丰富的触觉感受。正如约塞普·凯特格拉斯在他的《隆尚》一书中所写的那样，“建筑开始于这个地方的构成，它本来就是这样，但最重要的是，它可以而且应该成为这个地方的记忆，也是完整的意志”。

除此之外，被动触摸通常依赖空间带给身体的触觉感受，在不同空间温度体验的过程中，我们的肌肤总是能感受到炎炎夏日大树下的阴凉，或是寒冷冬天被阳光包裹的一抹温暖，都是身体主动或被动地对空间产生了感知体验。帕拉斯玛在其作品《建筑七感》中举例，一件具有历史年代的物件由手工业者耐心打磨雕琢而成，同时加上使用者的触摸，形成一种物质本身所不具有的强烈的触摸吸引力。这种触觉被动地将人们与时间和历史联系在一起：通过不断重复的触觉印记与不断更迭的吸引力，人们得以与历史沟通起来。触觉将时间有形化，从而体会场所内所蕴含的空间氛围。

从上面的案例与指导中总结出触觉体验对城市公共空间微更新的应用大体分为两个角度：一方面是通过对不同物质本身属性的反馈来营造不同空间场景触觉体验，另一方面则是空间给予的被动式体验。这两种触觉体验从属于递进关系，基于此，在针对“城市公共空间体验的缺失”这一问题时，可以通过对多种材料属性的反馈形成综合空间触觉体验，这些材料正是空间真实感与时间感的来源。

4.补充嗅觉、味觉体验，调整城市微空间情绪

嗅觉和味觉在空间场所体验中通常被看作起辅助补充的作用。而帕拉斯玛认为，人在知觉感受中气味是记忆最持久的体感，放在空间中，气味记忆仍然有效。通过嗅觉，可以对心灵产生不同于其他体感的空间体验，同时对空间形成独特的记忆。这就解释了在人的

生活中出现的对其所行之处、所处之地伴随特有的气味的记忆的原因。当我们再次接受相同的气味刺激时，即便时隔久远，依旧可以在大脑中完成相同味觉的存储器的对应工作。同时，这种味觉体验作为近感体验，可以根据人的自身感知引发回忆和联想，与现有空间再次链接，形成特殊的知觉体验。

在处理微更新中的味觉这一体验时，可以充分利用植物营造空间味觉与嗅觉感受，促进个体对空间记忆的形成。

“一种别样的气味让我们不自觉地走进了一个已被视网膜的记忆完全遗忘的空间；鼻孔唤醒了被遗忘的画面，我们被诱入一场生动的白日梦里，鼻子让眼睛开始回忆。”①嗅觉往往是对空间记忆持续性最久远的神经元，不管是散发着“空洞”味道的废弃房屋，是充满花香的美妙广场，都在讲述着其所处空间的情绪。

个体性空间体验不同于传统的大拆大建的开发模式，社区层面的微更新项目往往面对的是小尺度的碎片化空间，没有完整清晰的规划条件和确切的功能设定，周边环境却错综复杂、矛盾丛生且品质较低。无论是北京胡同大杂院中被私搭乱建挤压侵占得仅剩下过道的逼仄院落，或是上海老旧小区经拆违整治后遗留的单调、冗长的社区围墙，还是深圳混杂着历史建筑、废墟和城中村、移民社区的大型街区，这类项目面对的问题复杂而零碎，设计的目标模糊而抽象，更需要站在整体性中进行更新与营造。

基于具体而现实的日常生活需求，通过对公共空间微小而精准的干预，切实改善居民生活质量的同时，也意在以生活场景的营造、公众参与机制的构建，凝聚社区精神、带动社区文化的发展。将视觉美学的追求，更多地转向对社会生活的营造。多样化的策略和成果显示出建筑师的巨大能量，诸多创新的探索也有待于进一步地追踪评价与反思。但无论如何，微更新虽“微”，这一系列广泛的、小型的具体项目凝结起来，或将汇聚成一种激发和带动城市整体完善的新体系与新范式。

在城市公共空间微更新中关于“城市公共空间缺少活力”这一问题，可以根据知觉体验在城市微更新中对城市失落空间相融合进行整理，以点带面形成空间活力网。

基地地处社区与工业开发区相邻处，故形成了一个零碎的三角形夹缝空间。由于空间难以介入并且常被随意停放车辆，使这片空间缺乏活力。通过对小范围场地的精准干预，从而影响场地交通流线与空间布局，打破空间原有的封闭性，使得空间允许周围居民介入，提升空间活力。设计中将典型长廊注入场地，使其与原有场地元素相融合，共同形成了共生关系，同时将场地零碎化的空间绿地交通有机融合，激活空间。小范围的空间碎片整理更新改造，为社区环境和空间整体营造产生了正面的效果。

（1）延续空间肌理，保留城市空间记忆

空间肌理常理解为场地材料的质感所营造的空间质感，抑或是城市在发展过程中形成

① [芬]尤哈尼·帕拉斯玛.肌肤之目[M].北京：中国建筑工业出版社，2016：63.

的城市格局脉络。城市公共空间微更新场地不乏充满记忆的老城街巷，在微更新过程中延续空间肌理，保留城市空间记忆是不可忽视的一环。而街巷空间又常常跟随人的活动变化产生空间肌理的更迭，需要通过空间中人的生活状态与体验进行综合考虑；另外，场地所拥有的物质也跟随着时间前进不断进行新的质感重塑。

因此，可以从两方面对空间肌理进行塑造。

第一，从材料本身属性出发。不同的材质所形成的肌理不同，在城市微更新过程中，针对不同空间记忆，可将空间中的物与材料进行有机延续，达到空间记忆的延续。

第二，可以从空间整体规划出发。城市肌理亦可置于城市整体规划的角度看待，城市街道分布，更新变迁都是城市肌理的影响要素。在城市公共空间微更新中，立足街巷布局与城市肌理，采取新旧结合的更新手段，在不破坏原有城市街巷空间布局的情况下，有机更新，从而留住空间肌理，延续场地记忆。

（2）把握空间比例，塑造空间活力

在城市公共空间中，影响空间活力的因素大致可以分为以下几种：空间存在的尺度与空间比例带给人体的感官体验（或舒适或局促）、空间植物与空间建筑间的尺度与比例带来的氛围体验。这些尺度在城市公共空间活力的塑造中，都会有很大的影响。日本学者芦原义信认为："当D/H > 1时，随着比值的增大会逐渐产生远离之感；超过2时则产生宽阔之感；当D/H < 1时，随着比值的减小会产生接近之感；当D/H=1时，高度与宽度之间存在着一种匀称之感。"①（D为街道的宽度，H为建筑外墙的高度）因此，空间中不同尺度与比例的营造会使空间具有不同的活力。

研究表明，人的活动是常常会引起人们关注的因素。通过观察日常生活，笔者发现城市中大量的空间尺度仅仅适用于汽车与高楼，而从未切身地站在人的体验上进行设计，如拥挤的城市人行道。不仅如此，在仅仅一米开外的人行道上经常停放着共享单车、垃圾桶、配电箱等物，不合理的空间尺度造成了整体空间活力的缺失。类似的情况在各大城市均有出现，不论是老城区街巷道路还是新城区道路两侧，都需在接下来的城市公共空间微更新中立足知觉体验，把握空间比例，重塑场地活力。

另外，在城市居住空间中，存在大量小摊贩或城市公共设施占道现象，致使公共空间不断萎缩，城市居民逐渐丢失了邻里间的沟通与热络。针对以上两种情况，在城市微更新中，可以站在空间尺度的把握上，切实为人体直觉考虑。

（三）立足身体——超感的情绪空间塑造

空间往往服务于人的使用，空间所营造的情绪往往与使用者的情绪相互作用，使空间情绪得到反馈。针对城市公共空间微更新中"城市公共空间活力缺失"这一问题和通过

① [日]芦原信义．街道的美学[M]．尹培桐，译．南京：江苏凤凰文艺出版社，2017.

上文城市公共空间微更新中“城市公共空间情绪同质化”这一问题的论述，引出塑造不同情绪空间的重要性。本节将利用知觉体验中的超感理论对城市公共空间微更新进行指导探索。立足身体综合感知所形成的情绪体验（喜、怒、哀、惧），探究如何将适宜人情绪表达的微空间置入城市公共空间的微更新营造中。

1.通过物的反馈，建立正向情绪空间

通常来说，情绪是人的心之所思和对外界的需求的综合表现。通过《情绪心理学》的研究发现：通过身体的反馈活动，可以增强情绪的体验。情绪作为主观认知经验，体现了身体知觉与环境结合所作出的主观认知。从理论上来说，空间服务于人的知觉经验，那么人类的四种基本情绪（喜、怒、哀、惧）理应分别在城市公共空间中有所对应。

目前所出现的公共空间大多是为了营造正向的情绪体验，赋予空间各种不同的功能与意义，营造出绿地、广场、街巷或者各种功能型的空间场所供人们使用，同时它们给人们提供了广义上的情绪宣泄，或开心或轻松。总之，空间服务于人的积极情绪或试图影响人们体验更快乐的生活。例如：“令人愉快的城市空间在回忆里有熟悉的声音、有勾起回忆的气味，还有各种或热烈或含蓄的阳光与阴凉。在我记忆中的美好城市里散步，我甚至可以选择道路被阳光照耀的一侧或是背阴的一侧。”当空间环境正好满足当前人的主观认知经验，就可以认定这个空间是适宜的情绪空间。因此，在城市公共空间微更新中营造正向情绪空间，需要更加注重人的体验与物的反馈。霍尔把自己对于人类行为和环境之间的复杂关系的思考融入了设计当中，通过大量实际项目的应用证明了自己所说的“艺术就是要表达人的情绪”。例如，地处波兰的奥利维亚商务中心花园，在一个充满异国情调的自然花园空间中为人们创造出舒适宜人的休闲环境。植物带给人以舒适的自然资源，木制阶梯营造空间气氛。人、建筑与自然在这座花园中完美融合，一年四季都为人们提供了舒适的工作环境与放松空间。利用身体综合知觉体验，通过物质营造具有安全感、舒适感的正向情绪空间。

2.通过综合知觉体验微更新建立反向情绪空间

公共空间中的微空间从一定程度上包含了情绪上人的知觉体验。彼得·卒姆托在《气氛》中描述了小尺度的气氛空间，通过知觉体验微更新建立不同的空间多样性。立足人的不同的情绪（兴奋、发呆、焦虑、哭泣、冷静）知觉营造情绪空间是当下城市空间基于人的知觉体验指导下微更新的重点，对公共空间中的微小空间进行新的改造设计，是满足其情绪需求多样性的最好办法。

然而，当代人群生活压力不断攀升，继而带来的负面情绪（压力释放）增多，但城市公共空间却没有提供相应的宣泄空间。因此，应该重视空间的情绪功能。在城市公共空间微更新中，应充分挖掘空间场景内部潜在的情感资源，立足打造宣泄压力苦闷等负面情感性的空间。

在讨论影响空间情绪氛围的要素中，更多的是光与物质对空间氛围的反馈。不同的物质材料会形成不同的肌理与质感，从而带来丰富的空间感受。同理，光线的明暗会给人带来不同的知觉体验，在处理适宜负面情绪微空间更新时，应注重阴翳理论与物质的结合。此外，空间围合与开敞也会给宣泄空间带来较为显著的影响。

彼得·卒姆托（Peter Zumthor）在《思考建筑》中描述了尺度、光线、材质对空间的影响："我也关注着建筑中尺度的应用。要营造出一种私密感、亲近感和疏远感，把各种材质、表面、棱角或粗糙的材料放在太阳底下，以产生一种深层的物质和层次的影子，以及黑暗的表面，以显示光线对对象的吸引力。一直等到所有的东西都准备就绪。"[①]即通过物的反馈与体验营造，使空间与使用者的情绪达到一致。例如，位于我国台湾的一座冥想场域——隐世修炼场，整体空间以深灰色调围塑安定的场域氛围。空间尺度纵深较高，搭配灰色调的水泥材料，将空间神秘感营造出来，配上灯光，使得尺度、光线与材质之间达到了氛围的契合。利用身体综合知觉体验，通过物质营造具有安全感、宣泄感、领域感的反向情绪空间。在微更新的过程中，利用材质肌理与光的结合，在微更新中注入情绪，从而带来一种新的更新思路。

3.基于整体性中的情绪空间多样性

城市是一个有机的整体。在城市空间更新中，应站在整体的层面，以点带面，利用修补思维将空间串联起来，形成空间整体性。上文提到的城市情绪空间立足于强调人的主观认知经验与空间情绪营造感知多样化，而面向实操环节的城市微更新所要应对的就是，如何在构建一种基于城市社会发展格局的整体规划体系的同时，将城市公共空间中所发现的微小空间进行更新与链接，以实现对城市系统整体性中不同要素、场所和参与人群的有效带动与统合。

在研究分析工作中，探讨如何将城市公共空间整体性的更新工作凝结成为一系列具体而微小的情绪空间节点。与此同时，这些微小的情绪空间节点的调整也逐渐发散影响整体的城市系统。正向情绪空间的微更新营造与反向情绪的微更新刻画，都基于城市的整体性。

（四）立足物质——影响感官的知觉体验微更新营造

为解决上文城市公共空间微更新中"公共设施破旧、人居环境杂乱"这一问题，本小节将从知觉体验中的"物质"入手，物体的综合是通过身体本身的综合实现的，物体的综合是与身体本身综合的相似物和关联物。通过对空间中的材质、功能设施、细节三方面进行分析，探讨知觉体验中的物质体验理论对城市公共空间微更新进行指导探索。将物质体验与身体体验相结合，探讨城市公共空间体验微更新的具体解决方法。

① ［瑞士］彼得·卒姆托. 思考建筑 [M]. 张宇，译. 北京：中国建筑工业出版社，2010：87.

1.重视材料在微更新中的综合应用

材料的体验是以视觉、触觉联合为主，嗅、味觉为辅的一种知觉体验。材料在空间中所产生的作用是形成空间感知的重要环节。材质通过组合排列或使用方式的变化都会带给空间不同的感知体验，彼得·卒姆托在《思考建筑》《氛围》等书中都提到了用知觉现象学中的触觉来感知材料与空间。诚然，在城市公共空间微更新中，材料的使用与空间的协调、对空间的影响以及材料本身的属性与反馈在设计中都需要着重关心。

材料在城市公共空间微更新中一直扮演着不可或缺的角色。它们拥有自己的语言系统，从中你可以知道它们来自哪儿、其结构的丰富性和复杂性，甚至是地球本身的地质基础。同时，它们还能激励人们去拓展空间物质实践的边界，再发明、再调整利用以及突破学科之间的严格划分，并在审美、功能和技术层面寻找新的联系。每一种材料都会讲述它们无声的故事，另外，在建筑师和他对灵感的搜索之间建立对话。这些灵感，有时生动而活跃，有时寂静沉默。

（1）材料与空间的协调

在不同的公共空间中一般所处的周边环境也差距较大，材料的应用一般要考虑到周边建筑与环境的调性，公共空间多分为老城街巷夹缝空间、新城商业建筑广场或城市公共绿地公园等类型，而对于不同类型的空间微更新来说，同时需要考虑材料的多样性、组合性、美观性等因素，从而实现城市公共空间微更新中材料与环境的协同。

（2）材料与空间层次

城市公共空间微更新中一般为小尺度空间，材料的透明属性影响空间开放性，透明材料的运用可以在视觉上达到空间的延展和拓宽。例如，把镜面运用在建筑或装置的外表皮时，它能够反射出周围环境、自然光线与气候的变化，在视觉上将建筑与环境融为一体，为建筑赋予了动态的表达与梦幻般的光影效果。当把镜面作为饰面材料运用在微尺度空间中时，会对空间产生扩张的视觉效果，镜面材料互为作用，对空间层次进行多维反射，同时使空间与人形成互动，带来趣味性与神秘感。能够让新的体验者渗透到底层的新空间，创造出空间新的物理联系，与镜面空间产生视觉连接。可见，材料的合理应用实现了空间体验的层次性。在城市公共空间微更新中，面对小尺度空间更新，可以适当采用通透的材料从视觉上扩大空间比例，同时可以增加更新地块的空间层次，带来更好的空间感受。

（3）材料与空间温度

在城市公共空间中，大部分失落空间所存在的现状均为破旧的空间物质形成的难以介入的灰色地块。材料与空间相互关联同时反映了空间的温度。在微更新的过程中，打造有温度的公共空间就对材料提出了更高的要求。

城市公共空间微更新中“公共设施破旧、人居环境杂乱”这一问题，从物质本身的属性出发，通过对材质肌理的把控和对人居生活环境进行更新，使其具有整体性，解决人居环境杂乱问题。“当进入路易斯康设计的位于加利福尼亚拉霍亚的中萨尔克研究所的户外空间时，我有一种不可抗拒的冲动想要走上前去触摸那混凝土墙，感受它那天鹅绒般的光滑和温度。”①材料的肌理影响其所在的空间质感，进而影响身体与空间的距离。失落空间大多存在空间活力不足、人的介入程度低等明显问题，材料的选择模糊了新旧之间的界限，利用这一特性，针对城市公共空间中的失落空间进行针对性干预。

2.改善功能设施，提升空间体验

在城市公共空间现存微更新开发模式下，城市公共空间针对现有场地进存量更新，功能完善是一种经济可行的微更新手段。在城市公共空间中，公共设施破旧、人居环境杂乱是普遍存在的城市人居环境的现象。以G市城中村为例，数以万计的城市居民生活在完全割裂的城市空间。走出巷子即为大城市工薪居民，拥有宽阔的城市街道、高耸的商业大楼；然而，进入牌坊又仿佛置身于另一个世界，杂乱不堪的窄小街道上需要承载各种交通工具及行人通行，立足居民知觉体验、提升居民生活环境、改善街道功能设施是针对城市微更新最快速的针灸疗法。

在微更新中过程中，针对公共空间功能设施缺失的问题，可在空间中通过置入预制模块，将空间自主权交到居民手中，切实改善空间功能设施。例如，景观设计师卡里拉·扎卡里亚（Khalilah Zakariya）与何志森博士一起在澳大利亚的墨尔本针对城市微更新体验所做的针灸项目——克罗夫特巷。这个场地由于空间窄小且缺少功能设施而导致街巷失落寂寥。这种状况直到空间中出现了各种颜色各异的塑料箱之后得以改变。通过这批颜色各异的预制塑料箱，人们将空间组合成了各种自身所需的功能设施。例如，休闲座椅、沟通交流的空间、中午的餐桌、户外写生的座椅、夜市唱吧等具有明显差异化、空间多元化的功能设施。进一步满足了空间的功能设施，也将这条街巷变成了最丰富的活力空间。

这种更新方式是城市居民自发性的功能提升所达到的空间体验感的提升。从中可以获得启示，针对城市公共空间微更新中的体验与功能设施不完善问题，需要切实投入居民的实际需求中，利用微更新的手段，在城市细节处进行改善和提升，或是人为干预、预制模块的置入等多种方式，立足身体在知觉现象学中物质的感知与综合体验来解决城市微空间中公共设施破旧、人居环境杂乱问题。

3.强调空间微更新中的细节连续

空间中的细节变化往往体现在空间材质或设施的更迭变化。细部的体验是以触觉联合为主，视、听、嗅、味觉为辅的一种知觉体验。使用者虽然不能触及那片虚无的空间，可是他可以通过与这片空间的物质有细微的联系，来获得对这片空间的感应。建筑的细节部分可以引发人的视线、停留、触摸、讨论、坐与躺等行为与交流的契机，通过引导人的知觉感受与综合体验拉近人与建筑之间的关系。通常对空间细节的营造往往需要通过物质本

① [芬] 尤哈尼·帕拉斯玛. 肌肤之目 [M]. 北京：中国建筑工业出版社，2016：67.

身的属性与无感体验发生接触，并且身体捕捉到物质的变化从而产生较为真切的体验感。因此，可以将不同材质与空间细微结构相结合，通过材质的色彩、属性、大小、尺度营造空间细节。同时，材质具有连续性，通过同属性材质的使用可以在空间中达到相同感官与场所记忆的营造。

例如，对旧事物保留与再利用，使其在保留原有质感的同时迸发出新的意义。类似案例多存在于城市历史建筑或历史课件的保护更新机制中。因此，针对城市公共空间微更新中“公共设施破旧、人居环境杂乱”这一问题，可以从空间细节入手，通过对空间材质的把控，营造不同的细节连续，同时延续场所记忆。

第四节　日常都市主义视角下的城市公共空间更新

一、城市小尺度公共空间更新的必要性

在过去，许多城市依靠大型城市更新工程来打造城市的外部形象，大量建设集中在购物街、大型商场等商业性质的活动空间，大众所熟悉的日常生活空间被不断割裂，城市公共空间建设结构失衡，每座城市特有的市井文化被阻挡在固定的空间模式之外。因此，城市小尺度公共空间的更新对恢复中国特色地域文化生活具有重要意义。

二、日常都市主义理论

日常都市主义、新城市主义与后都市主义是当代城市主义三大主流范式。日常都市主义主张从局部的、微观的视角来看待城市公共空间的更新改造，观察城市公共空间存在的诸多空间异用、自主营造、自发性再设计等居民自主的空间实践活动，以居民的日常生活和城市现实公共空间为基础，搜寻空间中异质性和多样化的特点，在此基础上构建包容性的、多元化的城市更新方式，以此来填补自上而下发展模式下的城市设计在居民日常生活方面的空缺，探索对现存事物进行渐进式更新的意义，对往后的城市公共空间发展有着重要的启示作用。

三、基于日常都市主义的城市公共空间案例分析

虽然政府主导的自上而下的城市更新运动改变了城市风貌，创造出大量的公共空间，但在大众日常生活需求驱动下形成的非正规空间也逐渐发展出与城市融合的生存方

式。如何正确看待非正规空间，承认并充分发挥其作用，吸收对城市公共空间进行改造的有效经验是非常有必要的。

（一）G市番禺垃圾桶项目

G市番禺垃圾桶项目是在滨江步行道做的一次引导性设计实验。这条步行道只在傍晚时段人流量较大，为吸引居民在非高峰期时段使用它，设计师何志森将原有的300多个垃圾桶桶盖取下并摆放在步行道上，几天后这些桶盖已经被周边居民移到步行道上的不同位置，并给予它们不同的使用功能。这一举措有效地提升了该空间的活力，以垃圾桶盖为媒介的公共生活和社会关系逐渐成形。因此，当居民发现垃圾桶被换成无法拆卸的类型后，便自发地把家里的旧家具搬到步行道上，越来越多的公众积极参与空间再造，此时的滨江步行道已经成为周边居民最重要的日常公共空间。

番禺垃圾桶项目是通过对居民的日常生活、行为习惯及空间实践的差异性和丰富性进行调研，研究其活力来源，通过设计引导激发人们参与空间创造的兴趣与潜力，让居民利用垃圾桶盖做出各种非常有趣的空间占领行为。步行道从官方建设的公共空间变成民众可以参与创作的空间，人们利用身边的既有资源去建构属于他们的公共空间，使消极的公共空间转化成社会不同群体进行互动和交流的场所。

（二）G市农林肉菜市场项目

G市扉美术馆与农林肉菜市场只有一墙之隔，二者之间的区域几乎无人问津。设计师何志森邀请艺术家宋冬共同把这堵墙改造成无界之墙，它是由许多旧房子中不同样式的窗户拼凑而成的玻璃墙，内部空间氛围的营造是通过收集周边居民提供的物件与回收的700多盏特色灯具共同实现的。有了无界之墙的存在，美术馆组织起一系列的娱乐活动并邀请居民参加，将艺术和生活联结起来，使得无论是去美术馆的居民还是去菜市场的居民都热衷于参与这里的活动，如看电影、长街宴、广场舞等活动。无界之墙成为美术馆连接周边社区居民的桥梁，让买菜也成为获取艺术熏陶的一种途径。

G市农林肉菜市场项目是从小微尺度介入城市街巷空间，在营造多元化小尺度空间的同时，将低廉材料与场地现状完美融合，如长街宴就是利用36张旧木床拼成的桌子作为基础设施来举办的。通过视觉体验激发人们探索和创造的兴趣，重新构建城市公共空间的本质，并赋予它们全新的意义，使传统街巷生活得以复苏，实现空间功能的复合，激发社会性和多样化的交往活动。

四、日常都市主义视角下城市公共空间更新策略总结

（一）通过设计引导全民参与

通过居民参与的方式来重新建构大众对公共空间的主导意识。当下，部分居民为消解孤独，将家改造成不出门就可以社交、娱乐的“公共场所”，以一种自我建设的方式参与设计，私人和公共的边界越来越模糊。在人们自力营造的“公共空间”中，可以看到他们对公共生活的渴望，以及人们在空间上的想象力和主体性，他们将成为今后城市更新和社区营造的重要力量。

（二）对非正规城市家具的认可与优化

目前，许多固定式城市家具由于缺少与周边环境、使用人群的有效互动，利用率低下。相反，可自由灵活使用的城市家具能提供自主创造的条件和可能性。观察人们如何使用空间并改造空间的行为，结合居民所总结的老旧家具实践经验，用最小的预算和创造性思维重新审视日常空间和既有物体。在环境空间、功能需求与行为活动的相互作用下，对非正规城市家具的认可与优化能够最大限度地发挥空间价值来塑造高活跃度的公共空间。

（三）以小微尺度介入街巷空间

以小微尺度介入城市公共空间营造，必须从日常生活出发，致力于日常生活的观察和再发现，并通过对既有的闲置或废弃事物的艺术化处理，赋予空间以更多可能性，增加人们的空间体验，完成对公共空间的艺术植入与场地活化，从而丰富场地周边环境，吸引更多的人参与其中，对城市生活环境产生潜移默化的影响。

（四）对城市原有肌理与文脉的尊重

目前的城市发展着重于旧城更新，但在其实践中过多地注重新潮、炫目的概念，而忽略了城市的原有历史和空间肌理，仅仅保留原有的空间形态，无法让周边居民将生活记忆代入现有场地。正是因为居民赋予公共空间以时代意义，才让该地区的时代精神得以延续。因此，在公共空间的营造中应充分考虑该地区的历史文化特色、空间肌理现状与地域生活景观，这样才能在保留城市原有肌理与文脉的同时促进城市多元化发展。

中国城市公共空间改造与建设活动在迅速转型，回到日常将成为往后城市建设与更新的重点要素，日常都市主义构想出一种可替代的、平民化的设计理念，将城市规划设计、大众和社会紧密联系起来，以城市居民及其日常生活经验为基础，为城市公共空间更新提供新的视角来描绘丰富多彩的日常生活图景。

第五节　社区营造视角下的城市公共空间更新

社会快速发展背景下，20世纪末，我国的城市从进入市场经济以后，便开始进入更新城市住宅建设的阶段。改革开放以后，开始全面组织社区更新改革。经过一段时间，社区变得老旧，不能完全良好地满足社区居民的实际要求。怎样来实现社区更新，解决多种社会矛盾，推动经济、社会、文化的变革，助力城市功能获取理想的发展，变成城市建设、社区不断发展面临的一系列重要问题。如何让社区经过微更新的模式，展示出新的景象，成为值得深入分析的课题。

一、社区营造

在相同的地理范围当中所居住的居民，持续性采用集体的行动来针对所面临的社区生活问题来实施处理，在共同解决实际问题的前提条件下，创建出更能满足实际需求的生活场所，居民彼此之间、居民与社区的环境之间建立起较为紧密的社会联系。

二、社区营造的城市公共空间微更新措施

（一）整合社区环境

建设出具有个性化、文化性的空间，为城市提供多元化的特点，为城市增添活力，加大对公共空间微更新的宣传力度。

1.与城市触媒理论进行融合，做好引导设计工作

从城市建设发展进程来讲，对潜力地方与内容多个方面实施分析，为其赋予不同的功能，为城市周围环境增加活力。以城市触媒理论作为支持力，挖掘出更多新鲜的元素，通过运用辐射作用或影响作用，及时做好区域工作，推动片区不断发展。触媒元素特征以多元化为主，在具体实践过程中，需要综合场地等多元化的需要，通过整合物质、经济文化等多种内容，打造出一个满足人民实际需求的人文环境，从而把优化公共空间的品质当作努力实现的目标，做好环境建设工作，结合街道管理不同方面的内容，打造民生设计平台，把城市改建工作做到位，拓展城市发展和微更新的有效路径。

2.针对附属性的空间结构展开整合

在城市建设发展过程中，在微更新理论的支持下，做好城市精细化管理与建设。通过

对城市中碎片化、附属性、边缘化的空间进行精心设计。在微更新当中对其展开科学合理的规划分析，获得良好的整合运用效果。通过丰富与弥补附属性空间，打造出比较完善的公共空间网络架构，通过运用不同空间之间权属性关系，在一定尺度和维度中实现优化，建立起长久的补偿机制，从而为整合利用城市微空间打好坚实基础。

（二）历史脉络的延续发展

每一个地方都拥有独特的历史脉络，老旧社区的空间布局和肌理饱含着丰富多彩的历史文化，有着悠久历史的城市记忆。

以白塔寺历史街区为例，此街区的公共空间面积非常有限、形态各不相同，总体肌理比较细碎，却能够真切地表现出街区在城市发展中所形成的空间形态，还能够生动反映出老百姓的日常生活起居。微更新的模式重点保留下历史街区的空间形态的完整程度，打造出原真性的历史，从而促使历史文化脉络延续发展。

在白塔寺历史街区当中，出现了空间杂乱、私自搭建、乱搭乱建的问题，在对调研数据进行测绘的前提下，按照微更新的原则，拆除违规建设的空间，丰富传统肌理。另外，面对白塔寺历史街区当中总体历史肌理下所出现的狭窄、细碎的空间，坚持保护好街区真实性的原则，弥补现有的问题。并且，通过使用历史资料及居民的自主讲述，深入地方历史与传统文化，在公共空间系统当中融入该街区当中所独特具备的精神与历史文脉，成了有效保护历史文脉原真性的有效方法。

在这一街区的微更新当中，需要先深入挖掘街区的历史文脉，整合公共活动空间与交通空间，拆除居民违反规定搭建的空间，保护好历史所形成的街区的公共空间场所，将原本的街区公共空间的面貌进行还原。另外，对街区内部以及外部的通行线路、公共空间的节点、交通导视的系统进行梳理，利用灵活动态的流线型、丰富趣味的空间感、增强历史肌理、重新建构空间秩序。在这一前提下，充实白塔寺街区特色，在街区当中把传统文化融入现代功能，通过对文化场景的设计再现，吸引居民主动参与进来，重新唤起居民集体的记忆，在日常生活当中凸显出传统和现代之间的交流，彰显出地域特色，丰富这一街区所具备的风貌，强化人文情怀。

（三）采用环境叙事方式

以社区营造作为视角，展开公共空间微更新，利用环境叙事的方法，在公共空间当中展开良好介入，利用充满故事性、情感性的设计概念集聚社区居民，增强社会凝聚力。在微更新当中，创造出具备吸引力、互动性、特殊情节的社会交流空间，附加叙事设计，把各种类型的居民团结在一起，给他们提供具有趣味性的参与机会，提高社区居民的凝聚力。通过运用环境叙事的方法，顺利展开微更新的工作。

微更新计划邀请专业的设计队伍加入社区当中，运用陪伴形式与居民创设出更贴合居民实际情况的方案。通过物质空间的变化推动观念的变化，设计队伍在美观性与实用性之间获取平衡感，居民也能够逐渐开阔眼界，变成建设社区的主要参与者、重要维护者。社区的微更新项目为人民建设人民的城市提供了平台，从社区居民的认可当中获得较大的成就感。

再以上海市虹旭小区为例，在征集方案之前已经改造了精品小区，具有良好的环境基础。综合居民的意见，几个较为闲置的空间地点变成具体的更新对象。反复优化的更新方案，与最初的方案大相径庭，却获得了多方面的共同认识。起先设计这一小区的主入口的闲置地带设置为开放地带，用来提供给居民进行文化宣传、休闲活动的空间，之后结合附近居民所提出的安全威胁、噪声影响，把边界转换为凹凸的矮墙，打造出一种过渡的空间形式，得到居民的一致认同。

在改造中心广场的廊架时，同样的居民提出意见：老年人居民提出原本的方案当中，综合廊架结构进行的一体化设计的钢结构座凳中靠背少，舒适度低，更换为成品的木质座椅；总体的设计风格也充分考虑了居民的喜好，从现代的简约风转变为中式风。这样的转变，让居民充分体会到尊重。

此外，这一小区的居委会经过自主探索潜力空间，持续引入专业队伍进行微更新，还把小区当中的另外一个空闲的地带更新为“生境花园”，由热心的居民构成志愿者，保护这一地带的环境，更新宣传内容，组织活动，实现了共同创造、共同分享的目标。

（四）多元化公共空间微更新途径

1.构建起多方面一同协作的开放沟通平台

立足于社区营造，做好城市的公共空间的微更新工作，需要将政府、企业、社会组织、居民与专业团队融合到一个平台上，实现多方面之间的沟通互动，从而助力项目共同实现。多方主体表现出需求，调动起居民的主动参与积极性，让全部居民全程参加到前期分析、制定、维护管理方案等多个环节当中。经过构建起多元化的平台，制定出从下到上的长时间、可持续的微更新的计划手段。

2.建立所属街区和社区的责任规划师制度

社区微更新项目包含一个共同点，都要经历漫长的过程。一个明星项目，虽然短时间会获得良好的效应，但从长远发展角度来说，社区微更新项目可持续性要构建社区规划师制度。由社区规划师介入社区公共空间微更新，发挥多方面的作用。第一，专业技术能够得到居民的信任。在正式施工之前，由专业设计单位提供好方案，容易与居民交流，得到居民认可后进行施工，容易得到居民的理解。第二，设计人员要将自身所具备的桥梁作用充分发挥出来，采用设计方案，在组织微更新过程中，涉及多方居民的利益，社区规划师需要及时展开协调，解决居民之间的矛盾，形成多方居民的共识。第三，公众需要主动参与设计表达，要发挥出设计团队的专业水平，社区规划师在现场的多个环节当中，提倡公众积极参与，主动带着居民参与建设美好家园。第四，创新理念，强化更新内涵，利用社区规划师所具备的专业知识与技能，将城市发展当中所具备的新理念和技术引进来，增强社区改造的综合效益。第五，规范成果，便于展开指导。每一个小区经过表决实施方案，构成一整套规范的图册，方便指导施工单位进场，让有关人员根据图纸施工，确保所实施的效果与设计方案保持一致。第六，实现及时跟踪，为居民提供后续的服务。在这部分内容中，如果设计方案与施工出现不一致的情况，那么需要立即进行协调，设计队伍也应该同步展开跟踪服务，及时针对节点实现设计变更，充分满足有关要求。

总之，城市化进程逐步加快，城市更新内容已经从增量拓展转为存量更新，社区作为城市中较为重要的元素，其未来的发展方向会直接决定城市的发展方向。

第六节　健康城市理念视角下的城市公共空间更新

在效率优先的城市发展进程中，城市人口普遍面临着亚健康问题，“大城市流行病”频发，城市公共空间与人体健康及疾病之间的关系引起了人们的关注。对城市空间的功利性改造引起城市环境、生活方式、社会交往模式等方面的改变导致的“慢性病”越来越成为城市人群健康的一大顽疾。

长江路街道是原黄岛区的中心城区，在原有的效率优先和功利性的城市发展模式下，长期忽略对城市品质的塑造，公共空间已无法承载人们对美好生活的需求。生活方式的改变越来越影响市民的健康生活，亟须采取手段来解决类似“慢性病”问题的发生。

一、“健康城市”引领城市走向健康

人们日常生活、工作和游憩所接触到的物质和社会环境显著影响着个体患慢性病的可能性，并决定了人与人的健康差异。相关研究表明，相对于临床治疗，健康状况 80%的影响是由环境和行为因素决定的。人们散步、骑自行车和玩耍等身体活动很大程度上受到相关空间和设施布局的影响。消极的公共空间会改变人们的生活方式，会引起心理刺激，导致心理疾病，同时会产生致病病原。适宜、安全、高质量和优美的环境会促进人们进行户外体育锻炼和休闲活动，鼓励人们选择步行和自行车交通，从而可以预防一些慢性疾病的发生。无障碍设施能够增加老人、儿童和残疾人的活动空间，帮助他们拥有更为健康的生活方式。

健康城市计划创始人特雷弗·汉考克（Trevor Hancock）及伦达尔（Len Duhl）认为，健康城市就是这样一个能持续创新改善城市物理和社会环境，同时能强化及扩展社会资源，让社区民众彼此互动、相互支持，实践所有的生活技能，进而发挥彼此最大潜能的城市。通过城市规划优化空间布局和塑造城市环境来影响个人生活方式的选择，从而促进健康生活方式是健康城市的一种物理手段，健康公共空间设计是其中的关键环节。

二、健康公共空间的主要设计策略

通过对国外健康城市公共空间设计导则的研究总结，健康的公共空间主要涵盖包容和健康公平性、便捷可达性、场所特征性、积极交通友好性、生境网络韧性五大设计策略。

（一）包容和健康公平性

包容性是城市可持续发展的重要因素，是健康公共空间的重要特征。通过对服务人群特征、年龄结构进行综合考量，合理搭配公共空间的功能，丰富其使用空间。通过布置多样化、具有针对性的功能吸引多元类型的居民来共享使用，让所有使用该空间的人都感到受欢迎、受尊重、安全和舒适。另外，公共空间的包容性和健康公平性更应该关注老年人、残疾人和儿童等特殊人群的使用需求，因地制宜地布局相应功能来促进其体力活动，真正实现健康公共空间的公平性和公正性。

（二）便捷可达性

高度的可达性，是吸引人群具有强烈意向使用室外公共空间的重要因素。北美城市多以10分钟步行可达距离为宜，国内城市更新中应结合社区生活圈规划，合理布局公共空间，对于社区级小型公共空间的服务半径不宜超过30米。对于城市绿地、公园等开放空间，应根据相关政策和指导的要求，打造300~500米公园网，形成“300米见绿，500米见园”的空间布局，实现绿色共享、健康宜居。

（三）场所特征性

具有鲜明的场所特征性，是一个健康公共空间应该拥有的基本特性。公共空间的场所特征性是在美学空间基础上进一步的场所特色塑造和当地文脉注入。理想的健康公共空间所具有的符合区域环境的空间场所特质能营造具有地方特色和生活情趣的景观意象，有助于增强人们的场所感和家园意识，能满足人群的生理和心理需求，使人有认同感和愉悦感，能够长时间驻留，成为促进体力运动的强大动力。街道也应具有独特的场所特征，并富有人情味，其场所空间功能由其品质决定，不同街道由于承载力不同功能，应该呈现不同的面貌、配套不同的设施。

（四）积极交通友好性

积极的交通主要指步行、骑行等非机动车交通和公共交通出行。对于街道等公共空间而言，积极的交通友好性主要是指步行友好和骑行友好。通过积极交通引导，促使人们优先选择非机动车交通，实现主动式体能活动，促进健康生活方式的培养。针对步行友好空间的设计需要兼顾人的尺度、步行道的舒适度、安全性及土地利用等方面，并同时对邻里单位的环境和文化特征作出一定的回应。对于骑行友好的空间设计应构建网络化的自行车道，创造安全的骑行环境，以及精心设计的自行车停放位置、安保措施和配套服务功能。

（五）生境网络韧性和高绿视率

生境网络韧性是指营造城市建成区的生物多样性，并通过绿色空间的网络交织，提高城市高绿视率。生物多样性常被聚焦于远离城市建成区的自然保护区中，尽管城市地区的动植物密度远远不及自然保护区，但许多研究表明，城市仍然可以支持大量的生物多样性，在生物多样性保护中发挥重要作用，不仅是城市大型绿色廊道的构建，街区生境网络的重塑都能对城市生物多样性的营造起到关键作用，街区的生境网络可以将城市中点状的绿色空间串联成网络，形成更开放、更多元、更亲民的人性化绿色空间网络，并促进街道、广场、公园等城市公共空间绿视率的提升，从而有助于缓解视力疲劳、听觉疲劳，促进脉搏和血压的稳定，促进生理和心理健康。

第九章　城市建设管理与建造体系构建

第一节　新时代城市规划建设管理的目标与原则

一、新时代城市规划建设管理的总体目标

城市在快速发展中积累了大量问题和矛盾，要缓解和消除这些问题和矛盾，需要我们不断提高城市规划建设管理水平，通过有序建设、适度开发、高效运行，努力打造和谐宜居、富有活力、各具特色的现代化城市，让人民生活更美好。

（一）提高城市规划建设管理水平

1.有序建设是城市规划建设管理的基本要求

要实现有序建设，首先要科学编制规划。编制城市规划在遵循现代城市发展规律，增强规划的战略性、全局性和前瞻性的同时，要结合城市定位和发展实际，增强规划的适用性和可操作性；要推行"开门"编制城市规划，让建设方、管理方、社会市民、市场企业参与到编制过程中，切实反映各方的合理关切，增强执行规划的自觉性。其次，要严格执行规划。法定规划一经批准，就要严格执行，防止出现换一届领导、改一次规划的现象。各个专项规划要与城市总体规划紧密衔接，规划中的强制性规定应得到严格落实。要严肃查处各类违反规划的行为，全面清理各类违法建设，坚决遏制新增违法建设。要增强规划的公开性，让人民群众监督规划的有效实施。最后，城市规划建设相关的各专业部门要协同配合。规划编制部门要参与城市建设和管理全过程，以保障规划意图实现；各专项规划编制既要各有侧重，也要兼容互补；各项建设既要分工协作，也要循序推进。

2.适度开发是城市规划建设管理的底线约束

现代城市发展史很大程度上是一段不断治理各种"城市病"的历史。我国当前城市开发与自然生态环境保护间的矛盾已比较尖锐，要扭转这一局面，必须坚持适度开发，将生态文明理念贯穿于城市规划建设管理的全过程。要建立底线思维，城市规模要同资源环境承载能力相适应，不能逾越水资源、土地资源、大气环境容量等资源环境承载力约束指

标构成的区域发展底线，以及城市开发边界、永久基本农田、生态红线等空间界线构成的规划刚性管控要求。必须保护的资源、必须坚守的底线，要通过立法将其确定下来。中国历史上的城市营造始终强调“因天时就地利”。城市建设应汲取前人的经验，既要控制合理容量，限定开发强度，也要控制合理体量，限定空间形态；要以自然为美，杜绝盲目改造自然的行为，把青山绿水有机融入城市，使城市绿地水网与自然山水形成完整的生态网络。

3.高效运行是城市规划建设管理的根本目的

长期以来，我国城市重开发建设轻管理维护，城市管理体制不健全。这是当前部分城市“城市病”不断加剧、城市安全事故频发的重要原因。从国外城市发展经验来看，治理“城市病”最切实有效的方法就是不断提高城市管理水平，提升城市运行效率。衡量一个城市发展水平的高低，不在于人口规模和经济规模的大小，而在于通过提高城市运行效率，能否充分发挥城市规模集聚效应，并将人口、产业高度集聚带来的负效应降到最低。只有找准问题，对症下药，全方位地提升规划建设管理水平，城市才能实现和保持长久的高效运行。规划编制要强调城市功能混合，要因地制宜地推广“窄马路、密路网”的城市道路系统，促进各级城市道路合理搭配，降低小汽车出行比例，有效分担城市交通压力。城市建设要推进各项交通出行方式的无缝对接，实现同台换乘，提高公共交通出行效率；要推进综合管廊建设，理顺地下管线，减少路面开挖，降低安全隐患；要加大海绵城市、智慧城市、绿色城市等城市发展新理念的推广力度，支持城市能源系统低碳节能改造，鼓励发展超低能耗建筑技术，促进资源节约集约利用和节能减排，实现绿色生态发展。城市管理要理顺体制机制，切实改变当前“九龙治水”的局面，建立适应现代城市运行要求的管理体制；通过智慧城市建设，建立开放、共享的综合性城市管理数据库，推动形成“用数据说话、用数据决策、用数据管理、用数据创新”的城市管理新方式；要树立“全周期管理”意识，有效打通规划建设管理各环节的衔接，共同保障城市生命体的有序、协调、高效运行。

（二）打造和谐宜居、富有活力、各具特色的现代化城市

1.打造和谐宜居的生活环境是现代城市发展的中心任务

工业革命引发的城市公共卫生问题，促使现代城市规划制度首先出现在英国。直到今天，伦敦、巴黎、纽约、东京等国际知名城市在规划城市发展时，空气清洁、环境优美、生活便利、服务高效、绿色生态、公共安全仍然是重点规划目标。中国城市经过几十年的快速发展，人居环境基础条件得到了极大改善。但我们也要清醒地看到，中国城市发展的整体质量不高。城市的核心是人，提高城市的宜居水平，关乎每个城市居民的切身利益。打造和谐宜居的生活环境，要坚持社会公平，要让所有城市居民都能享受到住有所居和良

好公共服务的权利。要通过深化城镇住房制度改革，满足城镇居民特别是新市民的住房需求；加快棚户区和老旧小区改造，大大改善城市居住环境，最终实现住有所居。要将提高公共服务水平作为城市工作的重中之重，科学规划布局各类各级公共服务设施，让城市居民步行就能到达医院、学校、公园。要提高城市管理和服务水平，彻底改变粗放型管理方式，为城市居民提供精细的城市管理和良好的公共服务，让城市居民在城市生活得更方便、更舒心。

2.营造富有活力的城市氛围是实现城市可持续发展的重要保障

一个富有活力的城市必然也是一个经济发达、社会和谐、文化繁荣的城市。法国哲学家卢梭说过，“房屋只构成镇，市民才构成城”。城市有没有活力，关键看能否“留住人”。改革开放以来，我国城市数量快速增长，城市的规模结构不断得到改善。但我们也要看到城市间的不平衡在扩大：东部核心大城市吸引了大量中西部农村外出务工人员，城市人口规模急剧膨胀，超出了城市发展的合理规模；中西部的中小城市普遍面临人口集聚能力弱、老龄化问题突出、城市发展活力不足等问题；少数城市特别是一些传统老工业基地、工矿城市，面临着人口持续流失的严峻形势。提高城市的活力，首先要创造出一个能够“留住人”的城市环境。这就要求城市首先要加快以人为核心的新型城镇化建设，推进土地、财政、教育、就业、医疗、养老、住房保障等领域配套改革，促进有能力在城镇稳定就业和生活的务工人员实现市民化。其次要找准自身的发展定位。城市发展要结合资源优势，明确主导产业和特色产业，强化城市间的协作协同，形成横向错位发展、纵向分工协作的发展格局，无论大中小城市都能提供充足的就业岗位，促使城市竞争从零走向共赢。再次要深化城市改革，尤其要深化科技、文化、教育等领域的改革，优化创新生态链，让创新成为城市发展的主动力，营造出“大众创业、万众创新”的活跃氛围。同时，还要积极推进城市空间的改造和提升。老城区要开展城市有机更新，通过实施城市修补，解决环境品质下降、空间秩序混乱等问题，恢复城市功能和活力；城市新区建设要避免大街坊和宽马路对城市生活空间的分割，要提倡更加混合多元的城市空间塑造，要让街区和道路富有人情味，为居民骑车散步、逛街购物、餐饮会友、休闲娱乐提供方便。

3.营造各具特色的城市风貌是文化自信的重要体现

历史上中华民族强盛的同时多伴随着城市的辉煌。唐代长安城、宋代开封城、明清北京城都是中华民族推动世界文明发展的重要标志。中国人民在历史长河中不断摸索、不断创新，建立了中国特有的自然山水环境和城市规划建设关系的理论，形成了符合各地区自然环境条件的城市营造方法和建筑风貌特色。城市是一个民族文化和情感记忆的载体，历史文化是城市魅力的关键。营造各具特色的城市风貌不是要标新立异，而是要在推进城市实现现代化的过程中大力弘扬中华民族优秀文化传统，将民族和地域文化特色与城市现代化建设紧密结合。“望得见山，看得见水”，就是要尊重自然、顺应自然，把城市融入大自然，不能再去劈山填海；“记得住乡愁”就是要保护弘扬中华优秀传统文化，延续城市历史文脉，保留中华文化基因，不能再搞“拆真古迹，建假古董”。要在城市规划建设中全面开展城市设计，从整体平面和立体空间上统筹城市建筑布局，加强对城市的空间立体性、平面协调性、风貌整体性、文脉延续性等方面的规划和管控，形成具有鲜明民族和地域特征的城市风貌。

二、新时代城市规划建设管理的基本原则

进一步加强城市规划建设管理的基本原则是：坚持依法治理与文明共建相结合，坚持规划先行与建管并重相结合，坚持改革创新与传承保护相结合，坚持统筹布局与分类指导相结合，坚持完善功能与宜居宜业相结合，坚持集约高效与安全便利相结合。这六项原则体现了创新、协调、绿色、开放、共享的新发展理念，是规划好、建设好、管理好城市，提升城市综合承载能力和发展质量，走以人为核心的城镇化道路的必然要求。这六项原则是我国城市规划建设管理工作长期实践的经验总结和思想凝练，也是当前及今后一个时期做好城市规划建设管理工作的方向指南和行动准则。

（一）坚持依法治理与文明共建相结合

“依法治国，是坚持和发展中国特色社会主义的本质要求和重要保障，是实现国家治理体系和治理能力现代化的必然要求。”依法治国是我们党领导人民治理国家的基本方略，依法治市就应是我们治理城市的基本遵循。发挥法治的引领和规范作用，同样是国际上提升城市治理能力的基本特征和普遍经验。法治使得城市治理制度化、规范化，在提升城市治理能力方面发挥着基础性作用，但社会主义文明城市内涵十分丰富，社会主义核心价值观倡导富强、民主、文明、和谐的国家价值目标，自由、平等、公正、法治的社会价值取向，爱国、敬业、诚信、友善的公民价值准则，这构成了我国文明城市建设的完整图景。这些目标、取向和准则的实现，需要发挥广大市民的主体作用，形成共建文明城市的良好氛围。

当前，我国城市规划建设管理法律法规体系基本建立，城市秩序、市民素质较过去有较大程度提高。但是，在城镇化快速发展的过程中，新情况、新问题不断涌现，相应的法律空白需要填补，一些不适应新情况的法律规定亟须修改。但是，在实践中，一些领导干部随意干预城市规划和工程建设的情况时有发生，对城市规划建设管理领域违法行为的惩处力度仍需加大。提高市民素质、培育文明风尚是城市工作的永恒主题。实现城市治理体系和治理能力的现代化，建设中国特色社会主义文明城市，要求我们必须走依法治理与文明共建相结合的道路。

（二）坚持规划先行与建管并重相结合

“罗马不是一日建成的”，一座城市的形成需要成百上千年的塑造和积淀，城市中的一些建筑、工程，其建设周期也相当漫长。巴黎圣母院大教堂始建于1163年，历时180多年才全部建成。积跬步以至千里，积小流以成江海。确保城市在漫长的建设发展过程中一致、有序，就必须依靠富有前瞻性、指引性的城市规划，实现先布棋盘后落子。

纵览伦敦、巴黎、纽约、东京等世界名城，除了岁月积淀赋予的独特风格和魅力，它们也通过现代化的管理不断焕发出生机和活力。这些世界先进城市无一不有整洁的环境、井然的秩序和高素质的市民，这些都是城市竞争力的重要组成部分。这不仅与经济发展水平、设施完备程度相关，也涵盖了一个城市的管理水平和治理能力。一流的城市，必须有一流的管理水平。

当前，我国处于城镇化加速发展时期。一方面，一些城市规模扩张快、工程项目多。先建设再规划，边建设边规划，甚至违规建设的情形屡见不鲜，城市规划对建设发展的引领和约束作用尚需加强；另一方面，一些城市经过几十年快速发展，设施水平大幅提升，城市面貌显著改善，但城市管理仍是一块短板，还不能适应内涵式发展要求。因此，我们必须彻底扭转过去先建设、后规划，重建设、轻管理的思想观念，牢固树立规划先行和建管并重的新理念。

（三）坚持改革创新与传承保护相结合

创新是引领发展的第一动力，创新驱动着城市发展和人类进步。很多城市正是依靠创新，与时俱进、博采众长，使城市的风貌、形态和功能不断适应时代发展的需要，形成富有创新活力、发展动力和独特魅力的美丽城市，从而得以长期屹立于世界城市之林。

我国历史悠久，在漫长的发展过程中，许多城市依托独特的山水格局，逐步形成了各具特色的城市形态和历史文化，可以说是多姿多彩。尤其一些历史悠久的老城区，是前人留下的宝贵财富。长期以来，特别是改革开放以来，我国的城市建设，借鉴和吸收其他国家的优秀成果，建成了一批富有时代感的地标性建筑，也使许多古老的城市更加适应现代化的生产、生活方式。但是，也有一些城市由于指导思想偏差，贪大求洋，囫囵吞枣地简单复制国外建筑式样和风貌，制造各种“山寨建筑”，导致千城一面、缺乏特色，甚至风格迥异、不伦不类。还有一些城市片面强调发展经济，大拆大建，既破坏了生态环境，又损毁了历史古迹。因此，新时代的城市建设必须坚持改革创新与传承保护相结合，既要大力创新、博采众长，又要尊重自然、承载历史，在改革创新中促进传承保护，在传承保护中实现改革创新。

（四）坚持统筹布局与分类指导相结合

落实“四个全面”战略布局，促进城市转型发展，推动城市现代化建设，需要统筹全国城市规划建设管理工作全局，作出顶层设计，树立全国“一盘棋”的理念。我们国家区域差距大，各城市的自然条件和资源禀赋也差异巨大，东中西部城市处于不同的发展阶段，大中小城市面临不同的机遇和问题，城市工作不能“一刀切”。要充分发挥城市的积极性和主动性；要允许各城市根据自身条件和可能，制定更高目标、执行更严格标准；要尊重地方首创精神，鼓励城市深化改革、先行先试；要简政放权，把城市政府能够做好的事情坚决下放，为发挥地方的积极性留足制度空间和政策空间。

这就要求我们坚持统筹布局与分类指导相结合，中央在统一规划、指导和协调城市工作的同时，也要允许和鼓励各城市从实际出发，着力解决本地区的重点和难点问题，探索各具特色的城市发展模式。

（五）坚持完善功能与宜居宜业相结合

城市是人类社会步入现代文明的标志，在其形成过程中，社会就赋予了城市一定的功能。早期的城市主要有军事防御、举行祭祀和消费中心的功能，随着社会的进步和科技的发展，现代城市功能日渐增多，而且城市越大，其功能也越丰富，很多大城市往往兼具政治中心、经济中心、文化中心、交通中心等多种功能。城市功能是城市的本质属性，其转型、发展和完善决定着城市的兴衰存亡。

城市应以满足市民的生产生活需要为基础。城市应当有助于人民的事业发展，这样，市民才能生活富足，城市才能兴旺繁华；城市应当有益于生存生活，这样，人类才能实现安居梦想，城市才能成为温馨家园。

曾有一段时期，我们在城市建设中提倡先生产、后生活，过度强调城市的生产功能，忽视居住功能，导致住房短缺、设施落后。当前，也有一些城市片面追求城市经济规模的增长和空间范围的扩张，而对人民群众的诉求关切回应不够，为广大市民提供公共服务的动力不足，导致公共产品短缺、环境事件频发。新时代的城市规划建设管理，必须坚持完善功能与宜居宜业相结合。

第二节　加强建筑设计管理与加快智慧城市建设

一、加强建筑设计管理

建筑是凝固的历史和文化，是城市文脉的体现和延续。近年来，我国广大建筑师和设计人员奋发图强、勇于实践，创作了一大批高质量、高水平的建筑设计作品，在满足人民群众生产生活需求的同时，塑造城市特色风貌、推动新型城镇化发展方面发挥了极为重要的作用，取得了显著成绩。但随着经济社会的发展，建筑设计仍然面临繁重的任务，贪大、媚洋、求怪等乱象不同程度地影响着我国建筑设计水平的提升。

（一）坚持“适用、经济、绿色、美观”的新时代建筑方针

建筑方针是建筑活动必须遵循的基本原则，是指导我国建筑活动的社会主义核心价值观，是创造中国特色建筑的基石，对保证国家基本建设、满足人民生产生活需要发挥着重要作用。

我国的建筑方针随着经济社会的发展，经历了一个逐渐演变的过程。我国是一个人口众多、地区发展不平衡的发展中国家，建筑规模巨大，环境和资源压力很大。为进一步提高我国资源利用和节能环保水平，推动我国经济社会可持续发展，必须实践创新、协调、绿色、开放、共享的新发展理念。

1.深刻理解新时代建筑方针内涵

适用是指要从使用者的角度出发，以人为本，保证质量安全，满足功能需要，给予使用者良好的应用体验，同时要满足经济、社会、科技发展所带来的新需求。建筑一方面必须保证安全，既包括结构安全，即保证设计使用期内主体结构的安全度和抵御灾害的能力，又包括使用安全，即保证使用中没有对人的健康等方面产生不良影响；另一方面要满足使用要求，要结合当地实际，考虑自然环境、气候条件、地质条件、人口老龄化等本土化因素，提供恰当的使用面积、合理的功能布局、必需的设备设施、较好的物理环境等。

经济不但是指建筑自身的经济效益，还需要考虑建筑的社会环境综合效益，以及全社会的可持续发展大局。要在满足功能需求的前提下反对过度装饰，节约建筑造价成本，在建筑物全寿命周期内减少运营维护费用，创造后续利用价值，延长使用寿命。要达到以上要求，首先要基于科学研究，合理确定建筑规模和标准。要强调建筑规模与需要相适应，

脱离实际盲目求大或人为压小都不经济。其次，要在具有前瞻性的城市规划和城市设计指导下进行建设。城市规划和城市设计要对各区位的建筑功能、绿地率、密度、容积率、开放度、形态、色彩、风格、地上地下空间等进行科学研究和合理控制，这既有利于提高城市公共空间品质，也避免因不满足城市发展需要导致建筑短命，带来巨大资源浪费。最后，要考虑耐久性。建筑设计一方面要积极应用新理念、新材料、新体系、新技术，延长主体结构使用年限；另一方面要有预见性，对建筑未来的功能变化有较强的适应性，使建筑具有长久的使用价值。

绿色是指在建筑全寿命周期内，最大限度地降低资源能源消耗、保护环境、减少污染。从建筑选址立项、规划设计开始，计量备料、实施建设、使用运行、维修改造及最后拆除回收等全过程都要有节能环保的自觉意识。要运用先进适宜的设计理念、设计方法、建筑技术开展绿色建造，建设与自然和谐共生的绿色生态节能建筑。

美观是指建筑设计要给予人美的享受，反映人们的审美情趣，反映社会文明进步带来的对建筑审美的新要求。建筑具有双重性，既是具有使用功能的物质产品，又是具有观赏价值的艺术作品；既体现物质文明水平，又体现精神文明水平。我国已步入小康社会，人们不但开始追求以健康、舒适为目标的物质生活，对文化、美学等的精神追求也不断增强。因此，“美观”既包括建筑自身的形式美，又包括建筑与周边环境的和谐美，与自然环境共生的生态美，塑造城市风貌的特色美，体现地域特点和民族风情的文化美，突出时代精神、与时俱进的现代美。从更高的精神层次引导人的需求，体现人文关怀，这也是人们对建筑坚持不懈、永无止境的追求。

新时代建筑方针的四个方面是有机的、辩证的统一。忽视“适用”，就会失去建筑存在的合理性；忽视“经济”，就会造成巨大的浪费；忽视“绿色”，就无法实现可持续发展；忽视“美观”，就会丧失城市的特色风貌。新时代建筑方针具有高度的概括性、广泛的拓展性和强大的生命力，能够长期指导我国建筑设计工作实践。

2.坚定不移贯彻新时期建筑方针

一是宣传建筑方针理念。在新形势下，进一步明确和拓展新时代建筑方针的内涵，开展建筑文化宣传；推动开展“建筑文化周、建筑日”等每年固定的宣传活动，使适用、经济、绿色、美观的建筑理念深入人心，使建筑师、开发商、业主、城市建设决策者和广大市民的思想统一到建筑方针上来。

二是创造建筑文化环境。对贯彻建筑方针的优秀建筑设计人才和作品加强宣传，通过正面鼓励和引导、反面批评和纠正，形成主导性的理论基调，形成崇尚美好建筑、支持设计创新的良好环境；在公众教育中普及建筑文化和美学常识，提高全社会的建筑艺术修养；在专业教育、继续教育和技术培训中，强化建筑基本原理的学习，加强建筑方针的研讨，引导正确的建筑设计理念。

三是加强建筑文化研究。强调地域特征、民族特色和时代精神相结合，加强对历史建筑的保护和历史建筑文化的传承；鼓励建筑师和设计企业深入研究不同城市和区域的文化特点和空间特色，提取地区和民族的建筑文化要素，并在相关的城市设计和建筑设计中有所体现；引导行业深入研究、细化不同类型建筑的功能要求、文化特点和时代需求，制定有针对性的设计技术政策和建设标准。

四是激发优秀设计创意。贯彻建筑方针绝不是排斥新的创意，相反，要建立并完善有利于创新的市场机制，指导企业建立更加灵活的收入分配、职称评定和选人用人机制，制定相应的物质、精神激励政策，充分调动设计人员创新的积极性、主动性、创造性；通过组织评优评奖、优秀设计作品展、建筑师创意沙龙等活动，进一步激发建筑设计人员的创作热情，鼓励进行设计出更多质量优、水平高的建筑精品，推动我国建筑方案创作水平迅速提高。

五是提供设计技术支撑。推动信息技术、绿色技术、新型建材、建筑产业现代化等方面的技术进步，推进成熟适用先进技术成果的迅速转化和大规模应用，为繁荣建筑创作、建设精品工程提供技术支撑。

（二）进一步加强我国建筑设计管理

1.培育和规范我国建筑设计市场

一是培育建筑设计市场。进一步开放建筑设计市场，深化行政审批制度改革，精简资质类型，消除市场壁垒，规范简化备案管理；充分发挥市场作用，保证合理的建筑设计费用和设计周期，在招标文件中应明确设计费或计费方式，在合同中明确约定合理的设计周期和设计费用，并严格履行；完善优化设计激励办法，鼓励和推行优质优价，通过公平、诚信的市场手段，形成与设计服务价值相适应的设计费用形成机制，确保设计品质；建立市场诚信体系，对建筑设计企业信用开展动态评价；建立守信激励、失信惩戒机制；市场管理重心由重前置审批转向重事中事后监管，由重企业资质管理转向重企业信用、执业人员信用评价。

二是改革建筑设计招标投标制度。探索实施分类监管，国有资金投资项目依法进行设计招标，非国有资金投资项目设计委托方式由业主自主确定，可直接委托设计。鼓励招标方式多样化，改变原有单一的方案招标方式，采取设计单位比选队伍、方案竞赛、方案招标等符合建筑设计特点的多种招标方式。允许招标时间节点提前，可在报送可行性研究报告前开展设计招标，由中标单位完成方案设计，编制或者配合编制可行性研究报告及立项文件，取得项目立项和规划意见书后，业主可不再招标，直接由原中标单位继续承担项目的初步设计和施工图设计工作。完善评标制度，细化建筑设计评标专家库分类，依据项目类别对口选取专家，合理分配专业比例，充分发挥专家在评标中的作用。建立投标补偿机制，对未中标的投标人给予一定补偿金，以提高优秀建筑设计企业参与方案设计投标的积极性。

三是完善建筑方案决策机制。地方城乡规划主管部门要建立完善对重大公共建筑和大型居住区设计方案审批的专家评审工作程序，凡违反国家法律法规和城市设计控制要求、不符合国家产业战略与政策、损害公众利益、功能与经济严重不合理的建筑设计方案，在审批时要实行一票否决制。加强公众和舆论监督，通过多种方式向利益相关方以及社会公众公示包括评审专家名单及评审意见等在内的建筑方案决策信息，接受舆论监督。

2.培养优秀建筑师队伍

一是加强建筑设计相关学科专业建设。调整完善专业课程体系，增加人文、建筑文化与评论的教学内容；采取教学标准宣贯、核心课程研讨、学术交流等方式，来加强师资培训；推动高等学校与设计机构实施专业联合培养计划。

二是形成合理多元的设计人才结构。完善注册建筑（工程）师执业资格考试制度，加强设计实务、设计能力的考核；规范完善设计人员职称制度体系和评审标准；建立健全人才选拔任用、培养、流动和分配激励制度；重视青年设计师发展和培养，鼓励建立师徒培养制度，建设青年设计师交流平台，形成各年龄层次相结合的设计人才梯队。

三是营造高层次设计人才成长环境。发挥高层次设计人才在政策制定、评选审查等方面的支撑作用；建立完善国家工程设计优秀人员表彰奖励制度；在项目招标、评审中给予优秀建筑师带领的设计创作或学术研究团队优惠政策。

四是扩大我国建筑师的国际影响力。开展国际注册建筑师资格互认；支持建筑设计单位和建筑师承揽国际建筑项目、参与国外设计竞赛和评选活动；支持行业社团参加国际建筑师相关组织的学术活动，推荐优秀中国建筑师担任有关职务，加快“中国设计”走向世界的步伐。

五是发挥建筑师主导作用。调整注册建筑师执业范围，建立完善与国际接轨的注册建筑师执业制度，向城市设计、前期策划和后期项目管理“两端”延伸；进一步界定建筑师在建筑设计、施工、使用以及维护全生命周期内的权利和责任，建立与之相适应的项目管理机制，确保设计意图在项目实施中得到充分实现；鼓励建筑设计事务所作为建筑工程项目的设计总包单位，由注册建筑师选择结构、机电等分包机构，注册建筑师对整个设计项目负责，实现注册建筑师对建筑设计项目的掌控；完善知识产权保护制度，确保建筑师设计创意的作品作为劳动成果依法得到保护；加快建立完善由政府倡导、按市场模式运行的工程设计保险制度，分担建筑师从业风险。

3.强化建筑设计质量管理

一是完善建筑设计评价体系。将体现国家政策、履行社会责任、协调周边环境、延续传统文化、符合城市设计、注重经济性、坚持可持续发展作为建筑设计的重要评价标准，突出建筑使用功能以及节能、节水、节地、节材和环保，逐步形成体现中国特色的建筑设计评价体系。

二是强化公共建筑和超限高层建筑设计质量监管。加强建筑设计单位内部质量管理，全面落实建筑工程五方责任主体项目负责人质量终身责任；在建筑初步设计审查中，对安全性、功能性、经济性严格把关；进一步完善超限高层建筑抗震设防专项审查和施工图设计审查制度，对涉及公共安全和公众利益的内容加强审查，加大质量检查和责任追究力度，确保质量安全；建立质量信息公开机制，充分发挥媒体舆论、社会公众和使用者对建筑设计质量的监督作用。

三是建立重大公共建筑设计后评估制度。政府投资的重大标志性公共建筑使用一定年限后，由第三方机构对公共建筑的功能、造价、效益、环境影响等进行综合评估；通过经验总结，实现对城市规划管理和建筑设计的动态指导，为其他工程建设提供参考借鉴。

四是倡导建筑项目使用手册制度。建设单位应组织建筑设计等单位编制建筑使用手册，规范引导使用者、管理者行为，明确建筑使用、维护和设计使用年限等具体要求，指导建筑各系统、各设备有计划地维护、更换，确保建筑使用功能和安全性以及设计功能、外观效果的可持续性，提高建筑全生命周期的品质；鼓励建筑设计单位在建筑使用到设计使用年限时，向建筑业主或管理单位发送通知。

4.倡导开展建筑评论

建筑评论对研究建筑创作理论与思想、总结建筑设计经验、促进建筑设计理念的交融升华、促进建筑艺术的普及、提高公众的建筑艺术修养具有重要的意义。因此，要积极倡导开展建筑评论工作。

（1）广泛开展建筑评论

在主流媒体、社交网络、专业期刊开辟专栏，鼓励专业学者和社会舆论开展建筑批评。在干部培训中开展建筑评论和研讨，提升行政领导的城市和建筑文化素养。

（2）培养专业建筑评论人才

吸引优秀建筑师、建筑理论家、历史学家、文化界人士和有关媒体人士投身于建筑评论，提高建筑评论者的素质，培养形成一支公正、专业的建筑评论队伍。

（3）提升社会整体建筑文化水平

营造尊重优秀建筑文化的社会氛围，引导社会公众和媒体树立科学的建筑观，加大建筑审美文化的基础教育和普及。通过专业评论、网络平台、建筑参观、建筑作品展和与建筑师互动等多样化手段，普及提升建筑审美文化。

二、加快智慧城市建设

（一）建设智慧城市具有重要意义

智慧城市是通过大数据、物联网、云计算等现代信息技术的创新应用，实现深层次的信息共享和业务协同，促进城市规划、建设、管理和公共服务的精准化、智能化、便捷化和高效率，进而提升城市综合发展能力和安全与服务水平的城市发展新形态。其本质是以系统性、控制性、协同性理念和现代信息技术综合应用，来支撑城市管理服务的体制改革和机制创新，解决制约我国城镇化发展的瓶颈问题，推动城市功能提升和协调发展，提高城镇化质量。

建设智慧城市可显著提升城市规划建设管理和服务水平。一是通过实施智慧规划，使城市规划编制逐步从经验化发展到数量化和科学化，并实现“多规合一”；二是通过建筑信息模型等信息的深度应用，实现建筑设计、建造和管理全过程的协调性和可控性；三是通过城市市政基础设施智能化，实时了解设施运行状况，保障运行安全；四是通过拓展数字城管的网格化管理思想，“多网合一、一网打尽”，实现城市人和物的精细化管理与服务。

建设智慧城市可带动相关领域的投资，是我国扩大内需、启动投资、促进产业升级和转型的新方向之一。通过建设智慧城市，引导社会资本进入城市基础设施和公共服务能力提升领域，可带动就业，实现产业结构调整，促进现代服务业发展。项目建成后，通过运营服务将会产生更高的经济价值和社会价值。

（二）建设智慧城市的探索实践和初步成效

我国智慧城市建设已逐步从理念走向实践，从无序变为有序，从注重形式转为追求实效，从单一自建走向合作共赢。各地因地制宜，探索出不少具有中国特色的智慧城市发展路径，并已取得初步成效。兰州市、上海浦东新区，以构建可持续发展社区为目标，建设了功能整合的社区综合管理服务平台，提升了社区治理、便民服务、小区管理、居家养老等服务的水平；宜昌市、北京市朝阳区，将网格化管理作为智慧城市建设的基础性、战略性、实用性手段和途径，实现管理与信息资源有机整合，打造全面覆盖、动态跟踪、联通共享、功能齐全的城市精细化管理服务综合体系；广州市番禺区、沈阳市浑南新区，注重城市地上地下空间整体规划、建设、管理和运营，促进城市土地资源集约利用和智慧开发，取得了明显的经济效益和社会效益；南京市河西新城区、中新天津生态城、青岛中德生态园，坚持以“绿色、低碳、智慧发展”为原则，从系统层面解决城市发展和生态保护不相协调的问题，以智慧化手段降低资源能源消耗，提高可持续发展能力；辽源市、佛山市乐从镇依托智慧园区建设，优化产业布局，加强综合服务配套，探索出产业化、城镇化同步融合发展的新路径。

（三）智慧城市的下一步发展方向

智慧城市建设对经济发展和社会进步都有着巨大而深远的影响，我国智慧城市建设工作才刚起步，还存在着很多不足。面向未来，要着力做好以下方面的工作：

1.推进公共信息平台和综合性城市管理数据库建设

城市公共信息平台是连接城市政府管理部门和公共服务部门各类信息系统的中枢，城市各类数据资源通过平台进行交换和共享，汇聚成综合性城市管理数据库。公共信息平台和综合性城市管理数据库，在智慧城市建设中发挥着至关重要的核心和基础作用，应规避部门专业信息平台“各自为战”的局面，加快公共信息平台建设步伐，接入并整合各行业信息资源，尽快建立健全涵盖人、地、事、物等要素和城市供水、供电、燃气、供热等生命线运行状态的综合性数据库，促进跨部门、跨行业、跨层级的业务协同应用；在信息大整合、大集中的同时，做好信息安全保障。

2.提高公共服务智慧化应用

以人为本的公共服务是智慧城市建设的重要内容，满足公众需求是智慧城市建设的主要动力所在。智慧城市建设要突出为民、便民、惠民，要立足不同城市不同的发展阶段，结合现有公共服务的实际水平，进行深入的公众调查研究，找出主要需求和主要差距，明确公共服务智慧化发展的主要目标和任务，加快相关系统开发和应用；同时，要注重改进公共服务的基础条件，合理布局、均衡资源、预测容量。

3.加强城市管理、社会治理、公共安全、公共服务等领域网格化应用

各地普遍建成的数字化城管网格平台，已成为我国城市中贴近百姓、应用广泛、成效显著的公共平台。要在数字化城管网格平台基础上，拓展网格化在社会治理、公共服务、应急管理等民生领域的智慧应用，并逐步实现全面覆盖；打造政务高效、服务便捷、管理睿智、安全运行的城市智慧发展新常态。加强社会治理领域网格化管理，将影响国家安全、社会稳定、治安秩序和群众安全感的各类社会矛盾和问题信息进行综合集成，纳入网格化管理体系，提升城市社会治理水平。加强应急管理领域网格化管理，实现各类应急突发事件和公共安全信息的采集上报、分析研判、协调指挥、处置反馈和考核评价，最大限度地减少灾害损失，保障人民群众生命财产安全。加强公共服务领域网格化管理，在基本公共教育、医疗卫生、社区养老、劳动就业、文化体育等领域开展基于网格化的主动式公共服务，精细划分服务事项，精准定位服务人群，切实提高公共服务水平。

4.加快智能化基础设施建设

继续推进城乡一体的宽带网络、视频图像网络和广播电视网建设，加强网络基础设施整合，为智慧城市打下更为深广的信息化基础。要大范围提高城市供水、供电、燃气、供

热、防震减灾等生命线工程的智能化水平，实时掌握城市基础设施建设运行的基本状态和主要数据变化，及时发现和排除安全隐患。在各地正在建设推进的地下综合管廊建设中，要运用现代信息技术进行智能化建设和改造，在开展地下管线普查的基础上，建立管线电子档案和专业数据库，建立数据动态更新和维护工作机制，实现基础设施运行的精准化、协同化和一体化。

5.完善智慧城市建设体制机制

智慧城市建设是一个复杂的系统工程，要立足国情，充分发挥地方政府在推动智慧城市建设中的主导作用，将智慧城市建设作为新型城镇化建设重要抓手，科学编制相关规划，统筹安排城市建设和发展的各项事业；要逐步统一建设标准，实现城市各类信息数据的共享交换，兼顾不同城市、不同区域间数据共享，建立省级层面甚至全国统一的数据共享机制；要开展智慧城市试点示范，建成一批特色鲜明的智慧城市，完善评估指标体系，切实发挥试点示范引领作用。要将智慧城市建设与深化改革结合起来，建立健全顶层协调的智慧城市建设规划、信息资源共享使用、业务协同管理等方面的规章制度。

第三节　城市信息化建设与智慧建造体系的构建

一、信息化建设

我国现行的城市工程建设模式除工期长、投资成本大两个问题以外，还存在城市规划管理不合理、施工项目管理组织施工质量差、城市建设管理现代化建设理念不够深入等问题。这样的城市建设管理模式运行起来，必然会造成浪费人力资源、不合理运用空间资源等问题，使得城市建设不能够满足现代化建设的需要，导致社会经济效益差，城市交通运输质量、城市人口居住满意度、城市企业投资收益等都会受到相应影响。

现行城市建设模式的首要问题主要体现在行政机构对城市规划的安排不合理。由于是非专业和非职业的组织机构进行相关方面的设计、布置和管理，不能够全面地将整个城市的经济因素、交通运输因素、水文地理条件因素、气候因素、固定及流动人口因素等多方面因素进行综合考虑，使得城市建设在设计一开始就出现了问题，后续的运行和实施也必然不能合理进行。在城市工程管理信息化的背景下，网站系统的建设已经为信息化打下了坚实的基础，取得了显著的成绩，实现了网上透明运行与监督，提高了办公共服务能力。

二、智慧建造体系的构建思路

（一）系统发展与单元推动

1.系统与单元

在各个行业中，存在着不同的系统。系统优化是对系统进行分析和改造，这是系统发展问题的核心。由于系统具有整体性，当其中一部分损坏将导致整个系统瘫痪，而查找问题、维修、优化等都需要消耗大量的时间、人力、物力，因此将系统划分为多个独立的单元进行工作，具有积极作用。系统在注重总体的同时，其组成与各个独立单元之间的连接发展也至关重要。系统强调主体，单元则注重局部。因此，集成是系统构建的关键。单元集成在各个行业中都有重要的应用。系统与单元是相辅相成的，在发展过程中需要以系统带动单元，同时要利用单元推动系统发展。

系统发展模式则是要突出系统的作用，利用系统来带动单元。单元技术的提高有利于系统的发展，但它并不一定能够解决系统存在的所有问题。换言之，即使不全部应用最先进的技术，也可以达到系统的整体目标。很多高端产品在生产过程中它的加工条件都不一定是高度自动化的机器人来实现的；采用系统发展模式，不仅能达到系统目标，还能推动单元技术的发展。

单元推动模式是要突出单元的作用，以单元推动系统；通过对各个独立单元的优化发展，在一定程度上能够提高系统的整体水平，从而推动系统的发展；在对独立单元的选择上，应优先考虑与系统关联性强、重要程度高的单元。

2.智慧建造的系统发展与单元推动

智慧建造模式作为建筑行业高度融合信息技术发展的新方向，从系统角度来看，可以把智慧建造实施系统作为应用的主体；从单元角度来看，可以把智慧建造实施系统的组成单元看作各项技术。将系统发展和单元推动两种方式相结合，将系统发展模式的思路用于指导智慧建造体系的搭建，将单元推动模式的思路用于指导智慧建造体系各功能层主要技术的工程实践应用；借助智慧建造体系对单元技术进行界定、分层，以单元技术的实践应用来推动整个系统的完善、发展。

（二）体系构建的意义

目前，对于智慧建造的研究和发展主要是自下而上的，即通过零散地应用一些信息化技术优化工程建设过程中的部分工作，以此逐步提高整体工程建设的智慧化水平。但这种发展方式的目标过于分散，所得到的成果不具有整体性和系统性。同时，长此以往会造成人们对于智慧建造的理解仅仅停留于某项信息化技术为工程建设带来的智慧化效应，而忽视智慧建造的本质是实现高度信息化、智慧化的建造模式。

以自上而下的思维，则是在对智慧建造领域深入研究的基础上，去构建一个整体的智慧建造体系，具有以下几方面的意义：该体系能够详细给出智慧建造模式的主要内容和实施方式；能够为智慧建造发展和应用指明方向；能够指导实际工程的建设活动；有助于整合现有的信息化发展理念、各类技术应用以及协同管理模式；有利于从根本上改善目前建筑业信息化水平低、建造模式粗放，以及生产效率低等问题；同时该体系随着实践应用和技术研发可以不断补充完善。

（三）体系构建的原则

建立智慧建造体系需要考虑的因素比较多。智慧建造体系的由来、内容、实施等应客观、系统、全面地满足目前的工程建设领域。因此，为了保证智慧建造体系的价值性，智慧建造体系的建立原则如下所示：

1.客观性

智慧建造体系的建立，是依托于客观工程实际、相关工程理论研究以及信息技术工程应用研究，非常尊重目前我国工程建设的实际情况，致力于解决工程建设中存在的难题，而不是主观地、突兀地去搭建框架体系。智慧建造体系的客观性越强，越具有实际意义。

2.全面性

智慧建造模式是贯穿于整个建设项目全生命周期的，其服务的阶段不单一并能持续关联，服务的对象涵盖各个工程参与方。因此，智慧建造体系的建立应该从建设项目整体出发，全面考虑各参与方的需求，最大化发挥信息技术的作用，才能为智慧建造奠定基础。

3.可操作性

智慧建造体系的建立，不仅仅是对智慧建造模式进行简单的理论介绍，更重要的是能够将理论切实地应用于工程项目。因此，智慧建造体系应具有可操作性，能够将理论落地于实际工程上，能够为实现工程项目建设智慧化提供有效指导。

4.智慧性

智慧建造体系的建立，是为了让新兴信息技术更好地集成服务于建设工程，是为了实现工程建设领域的智慧化。因此，框架体系应包含新兴信息技术的应用模式及应用阶段，应详细描述如何实现智慧化，能够与信息时代发展接轨。

三、建设工程智慧建造体系

智慧建造的架构体系可以从两个角度去解析：一个是从微观角度着手，分析单个建设工程智慧化运营的架构体系；另一个是从宏观角度考虑，面向建筑行业对体系进行延伸，实现建筑行业内的项目开展、多方监督、信息共享、综合管理等方面的智慧化。

（一）单个建设工程的智慧建造体系

单个建设工程的智慧建造体系，以平台层作为综合管理和信息汇集的控制中心，平台的功能服务面向建设工程项目的各个参建单位，平台信息来源包含现场实时数据和人为外源数据，平台服务年限涵盖整个建设工程项目的全生命周期。可以借助人体的构造来解释架构体系的各个组成部分，即把平台层看成人的“大脑”，则感应层内各种获取信息的系统和技术可以作为“感受器”，通信层内传输各类数据的通道可作为“神经系统”，信息安全系统可作为“身体防御系统”，基础设备层内各类设备可作为“功能器官”，各司其职维持整个智慧建造体系的运转。

智慧建造是将新兴技术集成应用于工程建造，以平台化管理的方式将建设工程的所有信息整合起来，通过在平台上开发功能模块以及增加接口来满足各方参建人员协同办公、互联互通、公开监管的需求，能够在建设工程全生命周期为参建各方提供智慧化服务的建造模式，具有信息化、智慧化、便利性等特点。其信息化体现在大量信息技术的应用、学科之间交叉融合，为建筑业带来全新的活力，大大增强了建设工程过程信息的采集、存储、处理、互联、挖掘等功能。智慧化体现在新技术之间的集成功能、新技术与设备设施的结合应用、平台化智慧服务、智能化技术应用等，与传统粗犷的建造模式相比，智慧建造顺应新时代潮流，智能化系统和设备应用率高。便利性体现在智慧建造模式下，各方参建人员的信息流通更加便利，工作方式多样化，工作量减轻，工作效率提高。

（二）体系的主要内容

1.平台层

平台层：包含系统内置模块和外置功能模块两大部分，其中系统内置模块是支持整个平台运营的处理系统和数据资源整合系统，包括服务端口、输入输出接口、认证系统、服务模块以及分类数据库等；外置功能模块是用户能够直接使用的各项平台功能，包括基础工具、工程信息、参建方管理模块、监管模块和运营模块等。

平台层作为一个综合性的用户访问、数据处理、资源协调的云端平台，具有强大的分布式处理数据资源的能力。平台端具有开发端口、信息交互端口、平台互联端口及用户端口。各类端口是虚拟的用户端。云平台并非只是一个大的平台，它以一个个小的项目、企业等云平台为单位，联入上一级云平台，上一级云平台也有很多，并且是互联互通的，往上相连，以此类推；云平台的上一级可能不止一个，如一个建设项目的云平台，其上级云平台既可以是建设项目归属区域的监管云平台，也可以是该工程参与企业的云平台等。同级平台相互之间的信息获取、上级平台对下级平台的信息获取，都需经过权限认证及身份验证，并保留获取记录。大大小小的云平台并列、交互，从而构成一个庞大的平台网。

下一层级通过信息交互端口传递大量现场信息数据至平台层，平台层接收信息后，对信息进行处理、分类，将处理后的数据信息进行存储，存储过程中利用大数据技术对数据进行深度分析，分类储存在云端数据库中。平台层的上一层级连接的是区域监管平台或企业管理平台，通过平台互联端口实时上下传输信息。用户可以通过用户端口来获取平台上的信息服务，并能够编辑和上传项目信息等。平台的开发者通过开发端口能依据服务对象的需求，来开发相关配套软件。

2.服务对象

服务对象：包括建设单位、软件开发单位、设计单位、勘察单位、施工单位、监理单位、分包单位、第三方单位等。

操作模式：建设单位作为该工程的发起人，拥有访问和监管该项目云平台所有信息资源的权限，能够给予建设项目各参与方的平台访问和工作权限，并能够结合项目实际情况和监管需要，让软件开发单位通过开发端口进行新功能模块的开发工作，或者根据建设项目各参与方的工作需求来开发新功能模块，以便更好地服务该工程的建设。建设项目的其他参建单位，能够依据建设单位所给的权限，来访问平台相应的数据库、完成相应功能模块的工作内容以及增加外源数据等。软件开发单位需要在工程项目建设前期，依据建设单位的需求完成平台层的搭建工作，并维持平台层的正常运行，在平台层运行期间，根据建设单位的指令完成相应的权限管理、功能模块开发等工作。

3.通信层

通信层：主要指有线传输和无线传输两种方式，其中有线传输方式包括光信号、电信号、交换技术、信号处理、复用方式等；无线传输方式包括加密算法、网络协议、接入技术、智能天线技术等。

操作模式：通信层作为一种虚拟的、向平台层传递信息的纽带，能够借助大量的传输通道将传感装置、监控装置、智能设备等一系列现场作业设备所获取的第一手数据，快速直接地传入平台层相应的数据库中。实现这种精准数据传输工作，需要在现场设备安装阶段就调试好传输的路径和效果，并考虑工程往后开展是否会影响到数据传输。对于工程现场实现有线传输比较困难的设备，应该尽早调整接线方案或改成无线传输，对于信号不强烈的情况，可以在附近增设简易的通信基站来过渡传输，等等。

4.感应层

感应层：包括监控系统、各类传感技术、射频识别技术、门禁系统、全球定位系统、移动端图文采集技术、地理信息系统、预警系统、智能机器信息采集技术、环境监测系统、运维服务系统、能源检测系统等。

基础设施层：包括摄像头、机房、各种类型传感设备、射频识别装置、建造机器人、移动终端、人工智能系统、测量机器人、无人机、智能加工设备、通信基站、传输设备等。

5.应用层

应用层：涵盖项目全生命周期。在整个建设项目的规划、设计、施工、交付、运营的全部阶段，都能够加入智慧化系统和信息化设备，并将所有过程信息都统一汇集到平台层上。

6.信息安全系统

信息安全系统：包括体系安全服务、智能识别和安全防护机制等。建设单位委托软件开发单位来负责整个智慧建造体系的各个功能层正常运作的信息安全保障工作。软件开发单位需要根据建设项目的重要性等级，制定相应的信息安全系统。

7.互联层

互联层：将每一个建设工程云平台向上互联到地区监管云平台或者企业云平台上，地区项目监管云平台再向上互联到更高一级的监管云平台，项目云平台也可以通过企业信息接口互联至企业云平台，实现企业内部工程信息流通。

8.外联应用

外联应用：使得平台外源的应用软件、应用系统等有权限使用该客户平台上权限内的数据库，来实现数据调用、办公的目的。同时，外联应用的数据也能够导入平台数据库中。

（三）智慧建造体系的主要特征

对智慧建造体系进行分析，从信息、安全和技术这三个方面梳理智慧建造模式的内部结构与关系。

1.信息特征

智慧建造模式下，整个建设工程项目的信息流通方式，是以云端平台为主要载体。云端平台作为现场实测和办公信息的聚集地，通过云端平台能够实现各个参建方之间的信息在相应权限下共享、互通，通过云端平台能够将工程项目最直接、最基础的现场信息完整地传输、呈现给用户；同时云端平台也是信息汇集的“驿站”而不是终端，建设项目云平台作为该建设项目完整信息的载体，会借助信息手段，互联互通至其他监管云平台，实现监管信息透明化。一方面，各参建方不仅能通过云端平台来读取和处理现场的实测数据、图像等，而且能直接在云端平台打开对应的外联应用软件完成正常的专业工作，并将工作阶段性成果数据存储在平台上，或者直接在计算机中完成专业工作，将工作成果上传至平台上。另一方面，云端平台不仅能存储和传递建设项目全生命周期的实测数据和影像等信息，还能存储各个参建单位的工作数据和文档等信息，且服务于各个参建单位的日常工作。

智慧建造体系的信息采集——传递——反馈结构是按照采集方式多样化、传输形式有效化、各类信息集成化的思想来建立的，将建设项目全生命周期的现场信息和工作信息通过各类传感设备、软硬件设备等采集保存，利用通信技术转换并传输至云端平台，云端平台能够将各种繁杂的信息进行集中处理，将信息格式统一化，方便平台直接对信息的读取或者外联应用软件对信息的读取。

2.安全特征

安全特征是结合建筑行业的现状以及智慧化应用的特点，对传统安全管理机制进行延伸，提出包含生产、设备及信息安全等方面在内的安全特征。

（1）生产安全

建筑物建造过程具有劳动力集中、施工复杂性高、高危作业多等特点，建筑安全事故也时常发生，建筑生产的安全问题需要投入大量精力和物力去防控。保障生产过程中的人员生命安全，防止意外发生，可以借助物联网技术等信息技术，对工作区域情况进行实时监控，对人员信息进行实时追踪，诊断设备设施的状态，进行安全管理、材料堆放管理与高空防坠、生产环境的危险预警等，同时增强安全装备和智能系统研发的硬件防护能力，在实现建造模式智慧化的同时，大大提高生产风险防控水平。

（2）信息安全

在信息时代背景下，信息化产品和信息技术被大量应用到工程建设过程中，信息安全问题越来越受建筑行业人士的重视。信息安全是智慧建造体系的重要组成部分。通过采取有效的技术和管理手段，联合软件开发单位共同建立保障智慧架构运行的信息安全体系，对架构体系的物理层、网络层、系统层、外联层、通信层、数据层等进行全面的安全技术防护，提供身份认证、访问权限、工作权限、加密技术、完整性保护、预警机制、内容安全、响应恢复等能力。

3.技术特征

智慧建造体系是新兴信息技术在工程建设领域应用的集中体现。对于体系的技术特征，以论述信息技术在工程上的应用和演变发展为主。信息技术的应用可以从横向和纵向两个角度加以说明。信息技术的横向集成：运用各类信息技术，将建设工程全生命周期生产和管理中所产生和需要的信息流、物质流以及技术流紧密地融合在一起，建立一个能够满足各个参建方工作需求的高度智慧化、信息化的建造模式。信息技术的纵向集成：借鉴制造业发展历程并结合建筑业应用新兴信息技术现状，可以把信息技术在建造中的应用分成五个阶段：第一阶段是单项信息技术协助解决工程具体问题，这是信息技术在工程建设上的最初尝试，利用单项信息技术为解决某一问题提供便利；第二阶段是多项信息技术协助解决工程具体问题，随着信息技术的多元化应用，人们开始将多项较成熟的信息技术应用于对口的工程问题中，并取得不错的应用效果；第三阶段是多项信息技术交叉应用于工程项目，改变单项技术只发挥单项作用解决单一问题的现状，开始将信息技术交叉互补，来解决更复杂的工程问题，深化信息技术应用；第四阶段是多项信息技术集成应用于工程项目，即将多项信息技术串联在一起形成一个成熟的“技术块”，集中解决工程某一阶段的问题，将多个“技术块”串联，来服务于工程各个阶段；第五阶段是成熟的信息技术体系服务于建筑业，将多个成熟的“技术块”连接到一起，共同发挥作用，搭建一个成熟的技术体系，能够服务于整个建设工程项目，进一步推广，能够服务于整个建筑业。

（四）智慧建造体系的实施层次

智慧建造体系的实施层次表达的是建造工程智慧化建造的核心路径及理想化目标，通过点、线、面这三方面将复杂系统中蕴含的内容都表达出来。从工程管理理论的发展来看，全生命周期管理理论是对工程项目全面系统的管理模式；建筑工业化是建筑行业借鉴工业化的生产模式，对构件进行工厂生产、构件运输、现场组装及综合管理，而建筑产业化是将建筑工业化向市场推进的过程，在追求技术突破的基础上，实现其商业化和非商业化价值；新兴信息化技术能够为工程项目建设注入全新的活力，实现智慧化建造与服务，满足各个参建方需求。以现阶段的工程项目管理理论、建筑产业化发展理念及信息化发展趋势这三个方面为基础构建智慧建造体系的实施层次。

智慧建造体系的三个实施层次的内涵说明：

第一个层次：生命周期层，包含规划、设计、施工、运营，它是基于建设工程全生命周期管理理念的，说明智慧建造模式是贯穿于项目前期规划决策、项目设计与审核、项目施工与监管，以及工程竣工后的项目运营。

第二个层次：价值链，包含模型设计、构件制造、整楼建造、人文价值，它是从建设项目的价值角度出发，介绍了从虚拟模型设计、整楼建造到价值实现的全过程。模型设计指将建设方的意愿构造成二维、三维的模型；构件制造指组成一个建设项目的单元构件其建造的过程；整楼建造是指整个建设项目的竣工交付，实现其商业价值；人文价值是指建设项目通过后期的智慧化运营，实现其人文价值。

第三个层次：功能层级，包含感知层、通信层、集成平台、互联互通，它代表着整个智慧建造的核心功能系统，也是目前建设项目如何实现智慧化的途径。感知层是指利用传感器、RFID标签、GPS、摄像头等设备或技术进行数据、图像等信息的采集；通信层是指利用通信技术、网络等途径传输各种信息；集成平台是资源数据汇集共享、信息技术高度融合、全方位服务的智慧化平台；互联互通是指智慧化平台不是一个孤立的平台，而是通过上下级平台间的信息互联，同级平台间的信息互通，整个平台网络交错连接、信息流通的互通平台。

生命周期层是工程项目完整的建设路径；价值链将设计想法转化成了实体建筑，又为实体建筑赋予商业价值、人文价值；功能层级是体现智慧化建设工程项目的标志；功能层级、价值链是对工程项目全生命周期的升华。

第十章　城市给排水管网系统设计

第一节　城市给水管网系统的设计计算

一、给水管网的布置

给水管网的布置合理与否对管网的运行安全性、适用性和经济性至关重要。给水管网的布置包括二级泵站至用水点之间的所有输水管、配水管及闸门、消火栓等附属设备的布置，同时还须考虑调节设备（如水塔或水池）。

（一）给水管网的布置原则

（1）按照城镇规划平面图布置管网，布置时应考虑给水系统分期建设的可能，并留有充分的发展空间。

（2）管网布置必须保证供水安全可靠，当局部管网发生事故时，断水范围应减到最小。

（3）管线遍布在整个给水区内，保证用户有足够的水量和水压。

（4）力求以最短距离敷设管线，以降低管网造价和供水能量。

（二）给水管网的布置形式

给水管网的布置形式基本上分为两种：树状网（或称枝状网）和环状网。树状网一般适用于小城镇和小型工矿企业，这类管网从水厂泵站或水塔到用户的管线布置成树枝状向供水区延伸。树状网布置简单，供水直接，管线长度短，节省投资。但其供水可靠性较差，因为管网中任一段管线损坏时，该管段以后的所有管线就会断水。另外，在树状网的末端因用水量已经很小，管中的水流缓慢甚至停滞不流动，水质容易变坏。

在环状管网中，管线连成环状，当任一管线损坏时，可关闭附近的阀门将管线隔开，进行检修，水还可从其他管线供应用户，断水的区域可以缩小，供水可靠性增加。环状网还可以大大减轻因水锤作用产生的危害，而在树状网中，则往往因水锤而使管线损坏。但是，环状网的造价要明显高于树状网。

城镇给水管网宜设计成环状网，当允许间断供水时，可设计为枝状网，但应考虑将来连成环状管网的可能。一般在城镇建设初期可采用树状网，以后发展逐步建成环状网。实际上，现有城镇的给水管网，多数是将树状网和环状网结合起来。供水可靠性要求较高的工矿企业需采用环状网，并用枝状网或双管输水到个别较远的车间。

二、给水管道定线

（一）输水管渠定线

从水源到水厂或水厂到管网的管道或渠道称为输水管渠。输水管渠定线就是选择和确定输水管渠线路的走向和具体位置。当输水管渠定线时，应先在地形平面图上初步选定几种可能的定线方案，然后沿线踏勘了解，从投资、施工、管理等方面，对各种方案进行技术经济比较后再决定。当缺乏地形图时，则需在踏勘选线的基础上进行地形测量绘出地形图，然后在图纸上确定管线位置。

输水管渠定线的基本原则：①输水管渠定线时，必须与城市建设规划相结合，尽量缩短线路长度保证供水安全、减少拆迁、少占农田减少工程量，有利施工并节省投资。②应选择最佳的地形和地质条件，最好能全部或部分重力输水。③尽量沿现有道路定线，便于施工和维护工作。④应尽量减少与铁路、公路和河流的交叉，避免穿越沼泽、岩石、滑坡、高地下水位和河水淹没与冲刷地区、侵蚀性地区及地质不良地段等，以降低造价和便于管理，必须穿越时，需采取有效措施，保证安全供水。

为保证安全供水，可以用一条输水管并在用水区附近建造水池进行调节或者采用两条输水管。输水管条数主要根据输水量发生事故时须保证的用水量输水管渠长度、当地有无其他水源和用水量增长情况而定。供水不允许间断时，输水管一般不宜少于两条。当输水量小、输水管长或有其他水源可以利用时，可考虑单管输水另加水池的方案。

输水管渠的输水方式可分成两类：第一类是水源位置低于给水区，如取用江河水，需通过泵站加压输水，根据地形高差、管线长度和水管承压能力等情况，还有可能需在输水途中设置加压泵站；第二类是水源位置高于给水区，如取用蓄水库水，可采用重力管（渠）输水。根据水源和给水区的地形高差及地形变化，输水管渠可以是重力管或压力管。远距离输水时，地形往往起伏变化较大，采用压力管的较多。重力管输水比较经济，管理方便，应优先考虑。重力管又分为暗管和明渠两种。暗管定线简单，只要将管线埋在水力坡线以下并且尽量按最短的距离供水；明渠选线比较困难。

为避免输水管局部损坏，输水量降低过多，可在平行的两条或三条输水管之间设连接管，并装置必要的阀门，以缩小事故检修时的断水范围。

输水管的最小坡度应大于1：5D（D为管径，以mm计）。当管线坡度小于1：1000时，应每隔0.5～1 km在管坡顶点装置排气阀。即使在平坦地区，埋管时也应人为地铺出上升和下降的坡度，以便在管坡顶点设排气阀，管坡低处设泄水阀。排气阀一般以每千米设一个为宜，在管线起伏处应适当增设。管线埋深应按当地条件确定，在严寒地区敷设的管线应注意防止冰冻。

长距离输水工程应遵守下列基本规定：（1）应深入进行管线实地勘察和线路方案比选优化。对输水方式、管道根数按不同工况进行技术分析论证，选择安全可靠的运行系统；根据工程具体情况，进行管材、设备的比选，通过计算经济流速确定管径。（2）应进行必要的水锤分析计算，并对管路系统采取水锤综合防护设计，根据管道纵向布置、管径、设计水量、功能要求，确定空气阀的数量、形式、口径。（3）应设测流、测压点，并根据需要设置遥测、遥信、遥控系统。

（二）城镇给水管网

城镇给水管网定线是指在地形平面图上确定管线的走向和位置。定线时一般只限于管网的干管及干管之间的连接管，不包括从干管取水再分配到用户的分配管和接到用户的进水管。干管管径较大，用以输水到各地区。分配管是从干管取水供给用户和消火栓，管径较小，常由城镇消防流量决定所需最小管径。

由于给水管线一般敷设在街道下，就近供水给两侧用户，所以管网的形状常随城镇的总平面布置图而定。城镇给水管网定线取决于城镇平面布置，供水区的地形，水源和调节水池的位置，街区和用户（特别是大用户）的分布，河流、铁路、桥梁等的位置等，考虑的要点如下：

（1）定线时，干管延伸方向应和二级泵站输水到水池、水塔、大用户的水流方向一致，循水流方向，以最短的距离布置一条或数条干管，干管位置应从用水量较大的街区通过。干管的间距，可根据街区情况，采用500～800m。从经济上来说，给水管网的布置采用一条干管接出许多支管，形成树状网，费用最省；但从供水可靠性考虑，以布置几条接近平行的干管并形成环状网为宜。干管和干管之间的连接管使管网形成环状网。连接管的间距可根据街区的大小考虑在800～1000m。

（2）干管一般按城镇规划道路定线，但应尽量避免在高级路面或重要道路上通过，以免今后检修难度大。

（3）城镇生活饮用水管网，严禁与非生活饮用水的管网连接，严禁与自备水源供水系统直接连接。生活饮用水管道应避免穿过有毒物质污染及腐蚀性地段，无法避开时，应采取保护措施。

（4）管线在道路下的平面位置和标高，应符合城镇或厂区地下管线综合设计的要求，包括给水管线和建筑物、铁路及其他管道的水平净距、垂直净距等的要求。基于上述要求，城镇管网通常采用树状网和环状网相结合的形式，管线大致均匀地分布于整个给水区。

管网中还须安排其他一些管线和附属设备，如在供水范围内的道路下须敷设分配管，以便把干管的水送到用户和消火栓。分配管直径至少为100 mm，大城市采用150～200 mm，目的是在通过消防流量时，分配管中的水头损失不致过大，导致火灾地区水压过低。

（三）工业企业管网

根据企业内的生产用水和生活用水对水质和水压的要求，两者可以合用一个管网，或者可按水质或水压的不同要求分建两个管网。即使是生产用水，由于各车间对水质和水压要求也不一定完全一样，因此在同一工业企业内，往往根据水质和水压要求，分别布置管网，形成分质、分压的管网系统。消防用水管网通常不单独设置，而是和生活或生产给水管网合并，由这些管网供给消防用水。生活用水管网不供给消防用水时，可为树状网，分别供应生产车间、仓库、辅助设施等处的生活用水。生活和消防用水合并的管网，应为环状网。生产用水管网可按照生产工艺对给水可靠性的要求，采用树状网、环状网或两者相结合。不能断水的企业，生产用水管网必须是环状网，到个别距离较远的车间可用双管代替环状网。

大型工业企业的各车间用水量一般较大，所以生产用水管网不像城镇管网那样易于划分干管和分配管，定线和计算时全部管线都要加以考虑。

三、给水管网水力计算

新建和扩建的城镇管网按最高日最高时供水量计算，据此求出所有管段的直径、水头损失、水泵扬程和水塔高度（当设置水塔时），并在此管径基础上，按下列几种情况和要求进行校核：

（1）发生消防时的流量和水压的要求。

（2）最大传输时的流量和水压的要求。

（3）最不利管段发生故障时的事故用水量和水压要求。

通过校核计算可知按最高日最高时确定的管径和水泵扬程能否满足其他用水时的水量和水压要求，并对水泵的选择或某些管段管径进行调整，或对管网设计进行大的修改。

如同管网定线一样，管网计算只计算经过简化的干管网。要将实际的管网适当加以简化，只保留主要的干管，略去一些次要的、水力条件影响小的管线。但简化后的管网基本上能反映实际用水情况，可减少计算量。管网图形简化是在保证计算结果接近实际情况的前提下，对管线进行的简化。

无论是新建管网、旧管网扩建还是改建，给水管网的计算步骤都是相同的，具体包括：求沿线流量和节点流量；求管段计算流量；确定各管段的管径和水头损失；进行管网水力计算或技术经济计算；确定水塔高度和水泵扬程。

（一）管段流量

1.沿线流量

在城镇给水管网中，干管和配水管上接出许多用户，沿管线配水。在水管沿线既有工厂、机关、旅馆等大量用水单位，也有数量很多但用水量较少的居民用水，情况比较复杂。

如果按照实际情况来计算管网，非但难以实现，并且因用户用水量经常变化也没有必要。因此，计算时往往加以简化，即假定用水量均匀分布在全部干管上，由此得出干管线单位长度的流量叫比流量。

根据此流量，可计算出管段的配水流量，称为沿线流量。

长度比流量按用水量全部均匀分布于干管上的假定求出，忽视了沿线供水人数和用水量的差别，存在一定的缺陷。为此，也可按该管段的供水面积来计算比流量，即假定用水量全部均匀分布在整个供水面积上，由此得出面积比流量。

对于干管分布比较均匀、干管间距大致相同的管网，不必采用按供水面积计算比流量的方法，改用长度比流量比较简便。

在此应该指出，给水管网在不同的工作时间内，比流量数值是不同的，在管网计算时需分别计算。城镇内人口密度或房屋卫生设备条件不同的地区，也应根据各区的用水量和管线长度，分别计算比流量，这样比较接近实际情况。

2.节点流量

管网中任一管段的流量包括沿线配水的沿线流量和通过该管段输送到以后管段的转输流量。转输流量沿整个管段不变，沿线流量从管段起端开始循水流方向逐渐减小至零。对于流量变化的管段，难以确定管径和水头损失，所以有必要再次进行简化，将沿线流量转化为从节点流出的流量，使得管段中的流量不再变化，从而可确定管径。简化的原理是求出一个沿程不变的折算流量，使它产生的水头损失等于沿管线变化的流量产生的水头损失。

城市管网中，工业企业等大用户所需流量，可直接作为接入大用户节点的节点流量。工业企业内的生产用水管网，水量大的车间用水量也可直接作为节点流量。这样，管网图上只有集中在节点的流量，包括由沿线流量折算的节点流量和大用户的集中流量。

（二）管段的计算流量

在确定了节点流量之后，就可以确定管段的计算流量。确定管段计算流量的过程，实际上是一个流量分配的过程。在这个过程中，可以假定离开节点的管段流量为正，流向节点的管段流量为负，流量分配遵循节点流量平衡原则，即流入和流出之和应为零。这一原则同样适用于树状网和环状网的计算。

单水源树状网中，从水源到各节点，只能按一个方向供水，任一管段的计算流量等于该管段以后（顺水流方向）所有节点流量总和，每一管段只有唯一的流量。

对于环状网而言，若人为进行流量分配，每一管段得不到唯一的流量值。管段流量、管径及水头损失的确定需要经过管网水力计算来完成。但也需要进行初步的流量分配，其基本原则如下：

（1）按照管网的主要供水方向，拟定每一管段的水流方向，并选定整个管网的控制点。

（2）在平行干管中分配大致相同的流量。

（3）平行干管间的连接管，不必分配过大的流量。

对于多水源管网，应由每一水源的供水量定出其大致供水范围，初步确定各水源的供水分界线，然后从各水源开始，根据供水方向按照节点流量平衡原则，进行流量分配。分界线上各节点由几个水源同时供给。

（三）管径、管速确定

管径应按分配后的流量确定。对于圆形管道，各管段的管径按下式计算：

$$D=\sqrt{\frac{4q}{\pi v}}$$

式中：D——管段直径，m；

q——管段流量，m^3/s；

v——流速，m/s。

由上式可知，管径不仅与计算流量有关，还与采用的流速有关。流速的选择成为一个重要的问题。为了防止管网因水锤现象出现事故，最大设计流速不应超过2.5～3.0m/s；在输送浑浊的原水时，为了避免水中悬浮杂质在管道内沉积，最小流速通常不得小于0.6m/s，可见技术上允许的流速变化范围较大。因此，须在上述流速范围内，再根据当地的经济条件，考虑管网的造价和经营管理费用，来确定经济合理的流速。

各城市的经济流速值应按当地条件（如水管材料及价格、施工费用、电费等）来确定，不能直接套用其他城市的数据。另外，由于水管有标准管径且分档不多，按经济管径算出的不一定是标准管径，这时可选用相近的标准管径。再者，管网中各管段的经济流速也不一样，须随管网图形、该管段在管网中的位置、管段流量和管网总流量的比例等而定。因为计算复杂，有时简便地应用界限流量表确定经济管径。

每种标准管径不仅有相应的最经济流量，还有其界限流量，在界限流量的范围内，只要选用这一管径都是经济的。确定界限流量的条件是相邻两个商品管径的年总费用值相等。各地区因管网造价、电费、用水规律的不同，所用水头损失公式的差异，所以各地区的界限流量不同。

由于实际管网的复杂性，加之流量、管材价格、电费等情况在不断变化，从理论上计算管网造价和年管理费用相当复杂且有一定难度。在条件不具备时，设计中也可采用平均经济流速来确定管径，得出的是近似经济管径。一般大管可取大经济流速，小管的经济流速较小。

以上是指水泵供水时的经济管径的确定方法，在求经济管径时，考虑了抽水所需的电费。重力供水时，由于水源水位高于给水区所需水压，两者的高差可使水在管内重力流动。此时，各管段的经济管径或经济流速应按输水管和管网通过设计流量时的水头损失之和等于或略小于可以利用的高差来确定。

（四）水头损失计算

确定管网中管段的水头损失也是设计管网的主要内容，在知道管段的设计流量和经济管径之后就可以进行水头损失的计算。管（渠）道总水头损失，一般可按下式计算：

$$h_z = h_y + h_j$$

式中：h_z——管（渠）道总水头损失，m；

h_y——管（渠）道沿程水头损失，m；

h_j——管（渠）道局部水头损失，m。

（五）树状网的水力计算

流向任何节点的流量只有一个。可利用节点流量守恒原理确定管段流量，根据经济流速确定水头损失、管径等。

（六）环状网的水力计算

在平面图上进行干管定线之后，干管环状网的形状就确定下来，然后进行计算。环状网水力计算步骤为：①计算总用水量。②确定管段计算长度。③计算比流量、沿线流量和节点流量。④拟定各管段供水方向，按连续性方程进行管网流量的初步分配。进行流量分配时，要考虑沿最短的路线将水供至最远地区，同时考虑一些不利管段故障时的处置。⑤按初步分配的流量确定管段的管径，应注意主要干线之间的管段连接管管径的确定。⑥管网平差。由于是人为进行的流量分配，同时在确定管径的过程中按经济流速、界限流量或平均经济流速采用的标准管径，使得环状网内闭合基环的水头损失代数和不为零，从而产生了闭合差，为了消除闭合差，需对原有的流量分配进行修正，使管段流量达到真实的流量，这一过程就是管网平差。⑦计算管段水头损失、节点水压、自由水头，绘制等水压线，确定泵站扬程。

环状网计算原理为：管网计算的目的在于求出各水源节点（如泵站、水塔等）的供水量、各管段中的流量和管径以及全部节点的水压。首先分析环状网水力计算的条件，对于任何环状网，管段数P、节点数J（包括泵站、水塔等水源节点）和环数量L之间存在下列关系：

$$P=J+L-1$$

对于环状网，因环数L=0，所以P＝J-1，即环状网管段数等于节点数减一。

管网计算时，节点流量、管段长度、管径和阻力系数等为已知，需要求解的是管网各管段的流量或水压，所以P个管段就有P个未知数。环状网计算时必须列出P个方程，才能求出P个流量。管网计算原理是基于质量守恒和能量守恒，环状网计算就是联立求解连续性方程、能量方程和压降方程。

（七）环状网的设计计算

环状网计算多采用解环方程组的哈代·克罗斯法，即管网平差计算方法，主要计算步骤如下：

（1）根据城镇供水情况，拟定环状网各管段水流方向，根据连续性方程，并考虑供水可靠性要求进行流量分配，得到初步分配的管段流量q。这里ij表示管段两端的节点编号。

（2）根据管段流量 q_{ij}，按经济流速确定管径。

（3）求各管段的摩阻系数 $s_{ij}\left(s_{ij}=a_{ij}l_{ij}\right)$，然后求水头损失得 $h_{ij}=s_{ij}q_{ij}^{b}$。

（4）假定各环内水流顺时针方向管段的水头损失为正，水流逆时针方向管段的水头损失为负，计算各环内管段水头损失代数和 $\sum h_{ij}$。$\sum h_{ij}$ 不等于零时，以 Δh_i 表示，称为闭合差。$\Delta h_i>0$时，说明顺时针方向各管段中初步分配的流量多了些，逆时针方向管段中分配的流量少了些；$\Delta h_i<0$时，则顺时针方向管段中初步分配的流量分配少了些，而逆时针方向管段中分配的流量多了些。

（八）多水源管网特点

许多大、中城镇随着用水量的增长，逐步发展成为多水源给水系统。多水源管网的计算原理虽然和单水源相同，但有其特点：

（1）各水源有其供水范围，分配流量时应按每一水源的供水量和用水情况确定大致的供水范围，经过管网平差再得出供水分界线的确切位置。

（2）从各水源节点开始，按经济和供水可靠性考虑分配流量，每一个节点符合流量连续性方程的条件。

（3）位于分界线上的各节点的流量，有几个水源供给，也就是说，各水源供水范围内的节点流量总和加上分界线上由该水源供给的节点流量之和，等于该水源供水量。

（九）给水管网设计校核

管网的管径和水泵的扬程按设计年限内最高日最高时的用水量和水压要求决定。但用水量是发展的，也是经常变化的，为了核算所定的管径和水泵能否满足不同工作情况下的要求，就须进行其他用水量条件下的计算，以确保经济合理的供水。管网的核算条件如下：

1.消防时的水量和水压要求

消防时的管网核算，是以最高时用水量确定的管径为基础按最高用水时另行增加消防时的流量进行分配求出消防时的管段流量和水头损失。按照消防要求仅为一处失火时，计算时只在控制点额外增加一个集中的消防流量即可；按照消防要求同时有两处失火时，则可以从经济和安全等方面考虑，将消防流量一处放在控制点，另一处放在离二级泵站较远或靠近大用户和工业企业的节点处。虽然消防时比最高时所需自由水压要小得多，但因消防时通过管网的流量增大，各管段的水头损失相应增加，按最高用水时确定的水泵扬程有可能不能满足消防时的需要，这时须放大个别管段的管径，以减小水头损失。个别情况下因最高用水时和消防时的水泵扬程相差很大，须设专用消防水泵供消防时使用。

2.转输时的流量和水压要求

对设置水塔的管网，在最高用水时，由水泵和水塔同时向管网供水，但在一天抽水量大于用水量的一段时间里，多余的水将送进水塔内储存，因此这种管网还应按最大转输时的流量来核算，以确定水泵能否将水送入水塔。核算时节点流量须按最大转输时的用水量求出。因节点流量随用水量的变化成比例地增减，所以最大转输时的各节点流量可按下式计算：

$$\text{最大传输时节点流量}=\frac{\text{最大传输时用水量}}{\text{最高时用水量}}\times\text{最高用水时该节点的流量}$$

然后按最大传输时的流量进行分配和平差计算，方法和最高用水时相同。

3.不利管段发生故障时的事故用水量和水压要求

管网主要管线损坏时必须及时检修，在检修时间内供水量允许减少。一般按最不利管段损坏而需断水检修的条件，核算发生事故时的流量和水压是否满足要求。至于发生事故时应有的流量，在城镇为设计用水量的70%，在工业企业按有关规定考虑。

经过核算不符合要求时，应在技术上采取措施。如当地给水管理部门有较强的检修力量，损坏的管段能迅速修复，且断水产生的损失较小时，事故时的管网核算要求可适当降低。

四、输水管设计

从水源至净水厂的原水输水管（渠）的设计流量，应按最高日平均时供水量确定，并计入输水管（渠）的漏损水量和净水厂自用水量。从净水厂至管网的清水输水管道的设计流量，应按最高日最高时用水条件下，由净水厂负担的供水量计算确定。上述输水管（渠）若还负担消防给水任务，应包括消防补充流量或消防流量。

输水干管不宜少于两条，当有安全储水池或其他安全供水措施时，也可修建一条。输水干管和连通管的管径及连通管根数，应按输水干管任何一段发生故障时仍能通过事故用水量计算确定，城镇的事故用水量为设计水量的70%。

输水管（渠）计算的任务是确定管径和水头损失。确定大型输水管渠的尺寸时，应考虑到具体埋设条件、所用材料、附属构筑物数量和特点、输水管渠条数等，通过方案比较确定。

第二节　城市排水管道系统的设计计算

一、排水系统的整体规划设计

排水工程的设计对象是需要新建、改建或扩建排水工程的城市、工业企业和工业区。主要任务是对排水管道系统和污水厂进行规划与设计。排水工程的规划与设计是在区域规划及城市和工业企业的总体规划基础上进行的，应以区域规划及城市和工业企业的规划与设计方案为依据，确定排水系统的排水区界、设计规模、设计期限。

（一）排水工程规划设计原则

（1）排水工程的规划应符合区域规划及城市和工业企业的总体规划。城市和工业企业的道路规划、地下设施规划、竖向规划、人防工程规划等单项工程规划对排水工程的规划设计都有影响，要从全局出发，合理解决，构成有机整体。

（2）排水工程的规划与设计，要与邻近区域内的污水和污泥的处理和处置相协调。一个区域的污水系统，可能影响邻近区域，特别是影响下游区域的环境质量，故在确定规划区的处理水平和处置方案时，必须在较大区域范围内综合考虑。根据排水规划，有几个区域同时或几乎同时修建时，应考虑合并起来处理和处置的可能性。

（3）排水工程规划与设计，应处理好污染源治理与集中处理的关系。城市污水应以点源治理与集中处理相结合，以城市集中处理为主的原则加以实施。

（4）城市污水是可贵的淡水资源，在规划中要考虑污水经再生后回用的方案。城市污水回用于工业用水是解决缺水城市资源短缺和水环境污染的可行之策。

（5）如设计排水区域内尚需考虑给水和防洪问题，污水排水工程应与给水工程协调，雨水排水工程应与防洪工程协调，以节省总投资。

（6）排水工程的设计应全面规划，按近期设计，考虑远期发展有扩建的可能。应根据使用要求和技术经济的合理性等因素，对近期工程作出分期建设的安排。排水工程的建设费用很大，分期建设可以更好地节省初期投资，并能更快地发挥工程建设的作用。分期建设应首先建设最急需的工程设施，使它尽早地服务于最迫切需要的地区和建筑物。

（7）对城市和工业企业原有的排水工程进行改建和扩建时，应从实际出发，在满足环境保护的条件下，充分利用和发挥其效能，有计划、有步骤地加以改造，使其逐步达到完善化和合理化。

（8）在规划与设计排水工程时，必须认真贯彻执行国家和地方有关部门制定的现行有关标准、规范或规定。

（二）设计资料的调查

排水工程设计应先了解、研究设计任务书或批准文件的内容，弄清本工程的范围和要求，然后赴现场勘探、分析、核实、收集、补充有关的基础资料。进行排水工程设计时，通常需要有以下几方面的基础资料。

1.明确任务的资料

与本工程有关的城镇（地区）的总体规划；道路、交通、给水、排水、电力、电信、防洪、环保、燃气、园林绿化等各项专业工程的规划；需要明确本工程的设计范围、设计期限、设计人口数；拟用的排水体制；污水处置方式；受纳水体的位置及防治污染的要求；各类污水量定额及其主要水质指标；现有雨水、污水管道系统的走向，排出口位置和高程及其存在的问题；与给水、电力、电信燃气等工程管线及其他市政设施可能的交叉；工程投资情况等。

2.自然因素方面的资料

主要包括地形图气象资料、水文资料、地质资料等。

3.工程情况的资料

道路的现状和规划，如道路等级、路面宽度及材料；地面建筑物和地铁、其他地下建筑的位置和高程；给水、排水、电力、电信电缆、燃气等各种地下管线的位置；本地区建筑材料、管道制品、电力供应的情况和价格；建筑、安装单位的等级和装备情况等。

（三）设计方案的确定

在掌握了较为完整可靠的设计基础资料后，设计人员可根据工程的要求和特点，对工程中一些原则性的、涉及面较广的问题提出不同的解决办法，这些问题包括：排水体制的选择问题；接纳工业废水并进行集中处理和处置的可能性问题；污水分散处理或集中处理问题；近期建设和远期发展如何结合问题；设计期限的划分与相互衔接问题；与给水、防洪等工程协调问题；污水出水口位置与形式选择问题；污水处理程度和污水、污泥处理工艺的选择问题；污水管道的布局、走向、长度、断面尺寸、埋设深度、管道材料，与障碍物相交时采取的工程措施的问题；中途泵站的数目与位置等。

为使确定的设计方案体现国家现行方针政策，既技术先进，又切合实际，安全适用，具有良好的环境效益、经济效益和社会效益，必须对提出的设计方案进行技术经济比较，进行优选。技术经济比较内容包括：排水系统的布局是否合理，是否体现了环境保护等各项方针政策的要求；工程量、工程材料、施工运输条件、新技术采用情况；占地、搬迁、基建投资和运行管理费用多少；操作管理是否方便等。

（四）城市排水系统总平面布置

1.影响排水系统布置的主要因素

城市、居住区或工业企业的排水系统在平面上的布置应依据地形、竖向规划、污水厂的位置、土壤条件、河流情况，以及污水的种类和污染程度等因素而定。在工厂中，车间的位置、厂内交通运输线及地下设施等因素都将影响工业企业排水系统的布置。上述这些因素中，地形常常是影响系统平面布置的主要因素。

2.排水系统的主要布置形式

（1）正交布置

在地势向水体适当倾斜的地区，各排水流域的干管可以最短距离沿与水体垂直相交的方向布置，这种布置也称正交布置。

正交布置的优点是干管长度短、管径小，因而经济，污水排出也迅速；缺点是由于污水未经处理就直接排放，会使水体遭受严重污染，影响环境。在现代城市中，这种布置形式仅用于排除雨水。

（2）截流式布置

若沿河岸再敷设主干管，并将各干管的污水截送至污水厂，这种布置形式称为截流式布置，所以截流式是正交式发展的结果、对减轻水体污染、改善和保护环境有重大作用。

截流式布置的优点是若用于分流制污水排水系统，除具有正交式的优点外，还解决了污染问题；缺点是若用于截流式合流制排水系统，因雨天有部分混合污水排入水体，造成水体污染。它适用于分流制排水系统和截流式合流制排水系统。

（3）平行式布置

在地势向河流方向有较大倾斜的地区，为了避免因干管坡度及管内流速过大，使管道受到严重冲刷，可使干管与等高线及河道基本上平行、主干管与等高线及河道成一定斜角敷设，这种布置称为平行式布置。

平行式布置的优点是减少管道冲刷，便于维护管理；缺点是干管长度增加。它适用于分流制及合流制排水系统，地面坡度较大的情况。

（4）分区布置

在地势高低相差很大的地区，当污水不能靠重力流至污水厂时，可分别在高地区和低地区敷设独立的管道系统。高地区的污水靠重力流直接流入污水厂，而低地区的污水用水泵抽送至高地区干管或污水厂，这种布置形式叫作分区布置形式。

其优点是能充分利用地形排水，节省电力，但这种布置只能用于个别阶梯地形或起伏很大的地区。

（5）辐射状分散布置

当城市周围有河流，或城市中央部分地势高、地势向周围倾斜的地区，各排水流域的干管常采用辐射状分散布置，各排水流域具有独立的排水系统。

这种布置的优点是干管长度短、管径小、管道埋深浅、便于污水灌溉。缺点是污水厂和泵站（如需要设置时）的数量将增多。在地势平坦的大城市，采用辐射状分散布置可能是比较有利的。

（6）环绕式布置

近年来，由于建造污水厂用地不足，以及建造大型污水厂的基建投资和运行管理费用也较建小型厂更经济等因素，故不希望建造数量多、规模小的污水厂，而倾向于建造规模大的污水厂，所以由分散式发展成环绕式布置。这种形式是沿四周布置主干管，将各干管的污水截流送往污水厂。

二、城市排水管道系统的设计计算

城市排水管道系统的设计的计算涵盖了污水管道系统的设计计算、雨水管渠系统及防洪工程设计计算、合流制管渠系统的设计计算等，篇幅所限，本节我们以污水管道系统的设计计算为例来简单介绍。

污水管道系统是由管道及其附属构筑物组成的。它的设计是依据批准的当地城镇（地区）总体规划及排水工程总体规划进行的。设计的主要内容和深度应按照基本建设程序及有关的设计规定、规程确定，并以可靠的资料为依据。

污水管道系统设计的主要内容包括：①设计基础数据（包括设计地区的面积、设计人口数、污水定额、防洪标准等）的确定；②污水管道系统的平面布置；③污水管道设计流量计算和水力计算；④污水管道系统上某些附属构筑物，如污水中途泵站、倒虹吸管、管桥等的设计计算；⑤污水管道在街道横断面上位置的确定；⑥绘制污水管道系统平面图和纵剖面图。

（一）污水量计算

污水管道系统的设计流量是污水管道及其附属构筑物能保证通过的最大流量。通常以最大日最大时流量作为污水管道系统的设计流量，其单位为L/s。它主要包括生活污水设计流量和工业废水设计流量两大部分。就生活污水而言又可分为居民生活污水、公共设施排水和工业企业内生活污水和淋浴污水三部分。

1.生活污水设计流量

城市生活污水量包括居住区生活污水量和工业企业生活污水量两部分。

（1）居住区生活污水的设计流量计算

居住区生活污水设计流量按下式计算：

$$Q_1 = \frac{nNK_z}{24 \times 3600}$$

式中：Q_1——居住区生活污水设计流量，L/s；

n——居住区生活污水定额，L/（人·d）；

N——设计人口数；

K_Z——生活污水量总变化系数。

（2）工业企业生活污水及淋浴污水的设计流量计算

工业企业的生活污水及淋浴污水主要来自生产区的食堂、卫生间、浴室等。其设计流量的大小与工业企业的性质、污染程度、卫生要求有关。一般按下式进行计算：

$$Q_2 = \frac{A_1B_1K_1 + A_2B_2K_2}{3600T} + \frac{C_1D_1 + C_2D_2}{3600}$$

式中：Q_2——工业企业生活污水及淋浴污水设计流量，L/s；

A_1——一般车间最大班职工人数，人；

A_2——热车间最大班职工人数，人；

B_1——一般车间职工生活污水定额，以25 L/（人·班）计；

B_2——热车间职工生活污水定额，以35 L/（人·班）计；

K_1——一般车间生活污水量时变化系数，以3.0计；

K_2——热车间生活污水量时变化系数，以2.5计；

C_1——一般车间最大班使用淋浴的职工人数，人；

C_2——热车间最大班使用淋浴的职工人数，人；

D_1——一般车间的淋浴污水定额，以40L/（人·班）计；

D_2——高温、污染严重车间的淋浴污水定额，以60 L/（人·班）计；

T——每班工作时数，h。

淋浴时间以60min计。

2.工业废水设计流量

工业废水设计流量按下式计算：

$$Q_3 = \frac{mMK_z}{3600T}$$

式中：Q_3——工业废水设计流量，L/s；

m——生产过程中每单位产品的废水量，L/单位产品；

M——产品的平均日产量；

K_Z——总变化系数；

T——每日生产时数，h。

生产单位产品或加工单位数量原料所排出的平均废水量，也称作生产过程中单位产品的废水量定额。工业企业的工业废水量随各行业类型、采用的原材料、生产工艺特点和管理水平等有很大差异。《污水综合排放标准》对矿山工业、焦化企业（煤气厂）、有色金属冶炼及金属加工、石油炼制工业、合成洗涤剂工业、合成脂肪酸工业、湿法生产纤维板工业、制糖工业、皮革工业、发酵及酿造工业、铬盐工业、硫酸工业（水洗法）、黏胶纤维工业（单纯纤维）、铁路货车洗刷、电影洗片、石油沥青工业等部分行业规定了最高允许排水量或最低允许水重复利用率。在排水工程设计时，可根据工业企业的类别、生产工艺特点等情况，按有关规定选用工业废水量定额。

在不同的工业企业中，工业废水的排出情况有所不同。某些工厂的工业废水是均匀排出的，但很多工厂废水排出情况变化很大，甚至一些个别车间的废水也可能在短时间内一次排放。因此，工业废水量的变化取决于工厂的性质和生产工艺过程。工业废水量的日变化一般较少，其日变化系数可取1。某些工业废水量的时变化系数大致如下（可供参考）：冶金工业1.0～1.1，化学工业1.3～1.5，纺织工业1.5～2.0，食品工业1.5～2.0，皮革工业1.5～2.0，造纸工业1.3～1.8。

3.地下水渗入量

在地下水位较高地区，受当地土质、管道、接口材料及施工质量等因素的影响，一般均存在地下水渗入现象，设计污水管道系统时宜适当考虑地下水渗入量。地下水渗入量Q_4一般以单位管道长（m）或单位服务面积（hm^2）计算。为简化计算，也可按每人每日最大污水量的10%～20%计地下水渗入量。

4.城镇污水设计总流量计算

城市污水管道系统的设计总流量一般采用直接求和的方法进行计算，即直接将上述各项污水设计流量计算结果相加，作为污水管道设计的依据，城市污水管道系统的设计总流量可用下式计算：

$$Q = Q_1 + Q_2 + Q_3 + Q_4 (\mathrm{L/s})$$

上述求污水总设计流量的方法，是假定排出的各种污水，都在同一时间内出现最大流量。但在设计污水泵站和污水厂时，如果也采用各项污水最大时流量之和作为设计依据，将很不经济。因为各种污水量最大时流量同时发生的可能性较少，各种污水流量汇合时，可能互相调节，而使流量高峰降低。因此，为了正确、合理地决定污水泵站和污水厂各处理构筑物的最大污水设计流量，就必须考虑各种污水流量的逐时变化。即知道一天中各种污水每小时的流量，然后将相同小时的各种流量相加，求出一日中流量的逐时变化，取最大时流量作为总设计流量。按这种综合流量计算法求得的最大污水量，作为污水泵站和污水厂处理构筑物的设计流量，是比较经济合理的。但这需要污水量逐时变化资料，往往实际设计时无此条件而不便采用。

5.服务面积法计算设计管道的设计流量

排水管道系统的设计管段是指两个检查井之间的坡度、流量和管径预计不改变的连续管段。

服务面积法具有不需要考查计算对象（某一特定设计管段）的本段流量、转输流量，过程简单，不容易出错的优点，其计算步骤如下：①按照专业要求和经验划分排水流域。②进行排水管道定线和布置。③划分设计管段并进行编号。④计算每一设计管段的服务面积。每一设计管段的服务面积就是该管段受纳排水的区域面积。⑤分别计算设计管段服务面积内的生活污水设计流量和其他排水的流量，求和即得该设计管段的设计流量。

需要特别指出的是，生活污水设计流量需要特别列出单独计算，因为生活污水流量的变化规律经过统计分析已在《室外排水设计规范》中予以明确。其他排水如工业污水，其变化规律与工业企业的规模、行业和技术水平密切相关，千差万别，故需要另外予以计算，然后求和得出设计管段的设计流量。

（二）污水管道水力计算与设计

1.污水管道中污水流动的特点

污水由支管流入干管，由干管流入主干管，再由主干管流入污水处理厂，管道由小到大，分布类似河流，呈树枝状，与给水管网的环流贯通情况完全不同。污水在管道中一般是靠管道两端的水面高差，即靠重力流流动，管道内部不承受压力。流入污水管道的污水中含有一定数量的有机物和无机物，比重小的漂浮在水面并随污水漂流；较重的分布在水流断面上并呈悬浮状态流动；最重的沿着管底移动或淤积在管壁上。这种情况与清水的流动略有不同。总的说来，污水含水率一般在99%以上，可按照一般水体流动的规律，并假定管道内水流是均匀流。但在污水管道中实测流速的结果表明管内的流速是有变化的。这主要是因为管道中水流流经转弯、交叉、变径、跌水等地点时水流状态发生改变，流速也就不断变化，同时流量也在变化。因此，污水管道内水流不是均匀流。但在直线管段上，当流量没有很大变化又无沉淀物时，管内污水的流动状态可接近均匀流。如果在设计与施工中，注意改善管道的水力条件，则可使管内水流尽可能接近均匀流。所以，在污水管道设计中采用均匀流相关水力学计算方法是合理的。

2.水力计算的基本公式

污水管道水力计算的目的，在于经济合理地选择管道断面尺寸、坡度和埋深。由于这种计算是根据水力学规律，所以称作管道的水力计算。根据前面所述，如果在设计与施工中注意改善管道的水力条件，可使管内污水的流动状态尽可能地接近均匀流。

明渠均匀流水力计算的基本公式是谢才公式，即

$$v = C\sqrt{RI}$$

由于明渠均匀流水力坡度I与管渠底坡i相等，I=i，故谢才公式可写为

$$v = C\sqrt{Ri}$$

若明渠过流断面面积为A，则流量为

$$Q = CA\sqrt{Ri} = K\sqrt{i}$$

式中：v——过流断面平均流速，m/s；

C——谢才系数，综合反映断面形状、尺寸和渠壁粗糙情况对流速的影响，一般由经验公式求得，$m^{1/2}/s$；

R——水力半径，m；

I——水力坡度；

i——管渠底坡度；

Q——过流断面流量，m^3/s；

K——流量模数，m^3/s。

流量模数综合反映渠道断面形状、尺寸和壁面粗糙程度对明渠输水能力的影响，当渠壁粗糙系数n一定时，K仅与明渠的断面形状、尺寸及水深有关。

由于土木工程中明渠水流多处于紊流粗糙区，因此谢才系数C可采用曼宁公式计算，即

$$C=\frac{1}{n}R^{\frac{1}{6}}$$

式中：n——粗糙系数，反映渠道壁面粗糙程度的综合系数。

对于人工渠道，可根据人们的长期工程经验和实验资料确定其粗糙系数n值。该值根据管渠材料而定。混凝土和钢筋混凝土污水管道的管壁粗糙系数一般采用0.014。

3.污水管道水力计算的设计数据

（1）设计充满度

当无压圆管均匀流的充满度接近1时，均匀流不易稳定，一旦受外界波动干扰，则易形成有压流和无压流的交替流动，且不易恢复至稳定的无压均匀流的流态。工程上进行无压圆管断面设计时，其设计充满度并不能达到输水性能最优充满度或是过流速度最优充满度，而应根据有关标准的规定，不允许超过最大设计充满度。

这样规定的原因是：①有必要预留一部分管道断面，为未预见水量的介入留出空间，避免污水溢出妨碍环境卫生。因为污水流量时刻在变化，很难精确计算，而且雨水可能通过检查井盖上的孔口流入，地下水也可能通过管道接口渗入污水管道。②污水管道内沉积的污泥可能厌氧降解释放出一些有害气体。此外，污水中如含有汽油、苯、石油等易燃液体时，可能产生爆炸性气体，故需留出适当的空间，以利管道通风，及时排除有害气体及易爆气体。③便于管道的疏通和维护管理。

（2）设计流速

与设计流量、设计充满度相对应的水流平均速度称为设计流速。污水在管内流动缓慢

时，污水中所含杂质可能下沉，产生淤积；当污水流速增大时，可能产生冲刷现象，甚至损坏管道。为了防止管道中产生淤积或冲刷，设计流速不宜过小或过大，应在最小设计流速和最大设计流速范围内。

最小设计流速是保证管道内不致发生沉淀淤积的流速。这一最低的限值与污水中所含悬浮物的成分和粒度大小有关，与管道的水力半径、管壁的粗糙系数有关。从实际运行情况看，流速是防止管道中污水所含悬浮物沉淀的重要因素，但不是唯一的因素。根据国内污水管道实际运行情况的观测数据并参考国外经验，污水管道的最小设计流速定为0.6m/s。含有金属、矿物固体或重油杂质的生产污水管道，其最小设计流速宜适当加大，其值要根据试验或运行经验确定。最大设计流速是保证管道不被冲刷损坏的流速。该值与管道材料有关，通常金属管道的最大设计流速为10m/s，非金属管道的最大设计流速为5m/s。

（3）最小管径

一般污水在污水管道系统的上游部分，设计污水流量很小，若根据流量计算，则管径会很小。根据养护经验，管径过小极易堵塞，比如150mm支管的堵塞次数，有时达到200mm支管堵塞次数的两倍，使养护管道的费用增加。而200mm与150mm管道在同样埋深下，施工费用相差不多。此外，因采用较大的管径，可选用较小的坡度，使管道埋深减小。因此，为了便于养护，常规定一个允许的最小管径。在街坊和厂区内最小管径为200mm，在街道下为300mm。在进行管道水力计算时，上游管段由于服务的排水面积小，因而设计流量小、按此流量计算得出的管径小于最小管径，此时就采用最小管径值。因此，一般可根据最小管径在最小设计流速和最大充满度情况下能通过的最大流量值，进一步估算出设计管段服务的排水面积。若设计管段的服务面积小于此值，即直接采用最小管径和相应的最小坡度而不再进行水力计算，这种管段称为非计算管段。在这些管段中，当有适当的冲洗水源时，可考虑设置冲洗井，以保证这类小管径管道的畅通。

（4）最小设计坡度

在污水管道系统设计时，通常使管道埋设坡度与设计地区的地面坡度基本一致，但管道坡度造成的流速应等于或大于最小设计流速，以防止管道内产生沉淀。这一点在地势平坦或管道走向与地面坡度相反时尤为重要。因此，将对应于管内流速为最小设计流速时的管道坡度叫作最小设计坡度。

从水力计算公式看出，设计坡度与设计流速的平方成正比，与水力半径的4/9次方成反比。由于水力半径又是过水断面积与湿周的比值，因此当在给定设计充满度条件下管径越大，相应的最小设计坡度值也就越小。所以，只需规定最小管径的最小设计坡度值即可。具体规定是，管径200 m的最小设计坡度为0.004；管径300mm的最小设计坡度为0.003。

在给定管径和坡度的圆形管道中，满流与半满流运行时的流速是相等的，处于满流和半满流之间的理论流速则略大一些，而随着水深降至半满流以下，其流速逐渐下降。所以，在确定最小管径的最小坡度时采用的设计充满度为0.5。

第三节 新型给水排水管材及其连接方式

一、新型给水排水管材概述

（一）管材的分类

管材分类方法很多，按材质可分为金属管、非金属管和钢衬非金属复合管。非金属管主要有橡胶管、塑料管、石棉水泥管、玻璃钢管等。给水排水管材品种繁多，随着经济高速的发展，新型管材也层出不穷。下面简要介绍给水排水管道常用管材的类别。

1.按管道材质分

（1）金属管

①焊接钢管。

钢管按其制造方法分为无缝钢管和焊接钢管两种。焊接钢管，也称有缝钢管，一般由钢板或钢带以对缝或螺旋缝焊接而成。按管材的表面处理形式分为镀锌和不镀锌两种。表面镀锌的发白色，又称为白铁管或镀锌钢管；表面不镀锌的即普通焊接钢管，也称为黑铁管。焊接钢管的连接方法较多，有螺纹连接、法兰连接和焊接。法兰连接又分螺纹法兰连接和焊接法兰连接，焊接又分为气焊和电弧焊。

②无缝钢管。

无缝钢管在工业管道中用量较大，品种规格很多，基本上可分为流体输送用无缝钢管和带有专用性的无缝钢管两大类，前者是工艺管道常用的钢管，后者如锅炉专用钢管、热交换器专用钢管等。无缝钢管按材质可分为碳素无缝钢管、铬钼无缝钢管和不锈钢、耐酸无缝钢管等。按公称压力可分为低压（≤1.0MPa）、中压（1.0～10MPa）、高压（≥10MPa）三类。

③铸铁管。

铸铁管是由生铁制成的。铸铁管按制造方法不同可分为离心铸管和连续铸管。按所用的材质不同可分为灰口铁管、球墨铸铁管及高硅铁管。铸铁管多用于给水、排水和煤气等管道工程，主要采用承插连接，还有法兰连接、钢制卡套式连接等。

④有色金属管。

有色金属管在给水排水中常见的是铜管。铜管在给水方面应用较久，优点较多，管材和管件齐全，接口方式多样，现在较多地应用在室内热水管路中。铜管主要采用螺纹连接、焊接连接及法兰连接等方式。

（2）混凝土管

混凝土管包括普通混凝土管、自应力混凝土管、预应力钢筋混凝土管、预应力钢筒混凝土管。自应力混凝土管是我国自行研制成功的，其原理是用自应力水泥在混凝土中产生的膨胀张拉钢筋，使管体呈受压状态，可用于中小口径的给水管道；预应力钢筋混凝土管是人为地在管材内产生预应力状态，用以减小或抵消外荷载所引起的应力以提高其强度的管材，在同直径的条件下，预应力钢筋混凝土管比钢管节省钢材60%～70%，并具有足够的刚度；预应力钢筒混凝土管是在混凝土中加一层薄钢板，具备了混凝土管和钢管的特性，能承受较高压力和耐腐蚀，是大输水量较理想的管道材料。钢筋混凝土管可采用承插式橡胶圈密封接头。

（3）塑料管

塑料管所用的塑料并不是一种纯物质，它是由许多材料配制而成的。其中高分子聚合物（或称合成树脂）是塑料的主要成分，此外，为了改进塑料的性能，还要在聚合物中添加各种辅助材料，如填料、增塑剂、润滑剂、稳定剂、着色剂等，才能成为性能良好的塑料。塑料管材按成型过程分为两大类：热塑性塑料管材和热固性塑料管材。热塑性塑料（ther-moplastic pipe）是在温度升高时变软，温度降低时可恢复原状，并可反复进行，加工时可采用注塑或挤压成型。常见的塑料管均属热塑性塑料管道，如硬聚氯乙烯（UPVC）管、聚乙烯（PE）管、交联聚乙烯（PEX）管、聚丙烯（PP）塑料管、ABS塑料管等。热固性塑料（ther-mosetting plastic pipe）是在加热并添加固化剂后进行模压成型，一旦固化成型后就不再具有塑性，如玻璃纤维强热固性树脂夹砂管属于热固性塑料管道。

（4）复合管

复合管材有铝塑复合管、钢塑复合管塑复铜管、孔网钢带塑料复合管等。常用的铝塑复合管是由聚乙烯（或交联聚乙烯）—热溶胶—铝—热溶胶—聚乙烯（或交联聚乙烯）五层构成，具有良好的力学性能、抗腐蚀性能、耐温性能和卫生性能，是环保的新型管材；钢塑复合管是以普通镀锌钢管为外层，内衬聚乙烯管，经复合而成。钢塑管结合了钢管的强度、刚度及塑料管的耐腐蚀、无污染、内壁光滑、阻力小等优点，具有优越的价格性能比。

（5）玻璃钢管

玻璃钢又称为玻璃纤维增强塑料，玻璃钢管是由玻璃纤维、不饱和聚酯树脂和石英砂填料组成的新型复合管道。管道制造工艺主要有纤维缠绕法和离心浇铸法。连接形式主要有承插、对接、法兰连接等。

（6）石棉水泥管

石棉水泥管是20世纪初，首先在欧美开始使用的，其成分构成为15%～20%石棉纤维、48%～51%水泥和32%～34%硅石。石棉是一系列纤维状硅酸盐矿物的总称，这些矿物有着不同的金属含量、纤维直径、柔软性和表面性质。石棉可能是种致癌物质，对人体健康有着严重影响，出于环保和健康考虑，尽量避免采用。

2.按变形能力分

（1）刚性管道

刚性管道主要是依靠管体材料强度支撑外力的管道，在外荷载作用下其变形很小，管道的失效由管壁强度控制。如钢筋混凝土、预（自）应力混凝土管道。

（2）柔性管道

在外荷载作用下变形显著的管道，竖向荷载大部分由管道两侧土体产生的弹性抗力平衡，管道的失效通常由变形而不是管壁的破坏造成。如塑料管道和柔性接口的球墨铸铁管。

（二）各种塑料管简介

1.硬聚氯乙烯（UPVC）管

硬聚氯乙烯属热塑性塑料，具有良好的化学稳定性和耐候能力。硬聚氯乙烯管是各种塑料管道中消费量最大的品种，其抗拉、抗弯、抗压缩强度较高，但抗冲击强度相对较低。UPVC管的连接主要采用黏结连接和柔性连接两种方式。一般来说，口径在63 mm以下的多采用黏结连接，更大口径的则更多地采用柔性连接。

UPVC实壁管主要适用于供水管道及排水管道。

2.聚乙烯管（PE管）

PE管也是一种热塑性塑料，可多次加工成型。聚乙烯本身是一种无毒塑料，具有成型工艺相对简单、连接便利、卫生环保等优点。PE树脂是由单体乙烯聚合而成，由于在聚合时因压力、温度等聚合反应条件不同，可得出不同密度的树脂，因而有低密度聚乙烯（LDPE）、中密度聚乙烯（MDPE）、高密度聚乙烯（HDPE）管道之分。国际上把聚乙烯管的材料分为PE32、PE40、PE63、PE80、PE100五个等级，而用于给水管的材料主要是PE80和PE100。

PE管的连接通常采用电熔焊连接及热熔连接两种方式。PE管适用于室内外供水管道，并要求水温不高于40℃（冷水用管）。PE原料技术、连接安装工艺的发展极大地促进了PE管材在建筑工程中的广泛应用，并在旧管网的修复中起着越来越重要的作用。

3.聚丙烯及共聚物管材

聚丙烯种类包括均聚聚丙烯（PP–H）、嵌段共聚聚丙烯（PP–B）和无规共聚聚丙烯（PP–R）三种。三种材料的性能是不一样的，总体来说，PP–R材料整体性能要优于前两种，因此市场上用于塑料管道的主要为PP–R管。PP–R无毒、卫生、可回收利用。最高使用温度为95℃，长期使用温度为70℃，属耐热、保温节能产品。

PP–R管及配件之间可采用热熔连接。PP–R管与金属管件连接时，则采用带金属嵌件的聚丙烯管件作为过渡。

PP–R管主要适用于建筑物室内冷热水供应系统，也适用于采暖系统。

4.铝塑复合管

铝塑复合管是由中间铝管、内外层PE以及铝管PE之间的热熔胶共挤复合而成。由于结构的特点，铝塑复合管具有良好的金属特性和非金属特性。

铝塑复合管的生产现有两种工艺，分别是搭接式和对接式。搭接式是先做搭焊式纵向铝管，然后在成型的铝管上再做内外层塑料管，一般适用于口径在32mm以下的管道。对接式是先做内层的塑料管，然后在上面做对焊的铝管，最后在外面包上塑料层，适用于口径在32mm以上的管道。

铝塑复合管材连接须采用金属专用连接件，适用于建筑物冷热水供应系统，其中通用型铝塑复合管适用于冷水供应，内外交联聚乙烯铝塑复合管适用于热水供应。

5.中空壁缠绕管

中空壁缠绕管是一种利用PE缠绕熔接成型的结构壁管，是一种为节约管壁材料而不采用密实结构的管道。由于本身缠绕成型的结构特点，能够在节约原料的前提下使产品具有良好的物理及力学性能，以达到使用的要求。

中空壁缠绕管连接方式有电热熔带连接、管卡连接、热收缩套连接、法兰连接、承插式密封橡件连接。

中空壁缠绕管广泛应用于排水工程大型水利枢纽、市政工程等建设用管以及各类建筑小区的生活排水排污用管。中空壁缠绕管口径可做到3000mm甚至更大，在市政排水管材应用中具有一定的优势。

6.双壁波纹管

双壁波纹管也属于结构壁管道。原料有PVC和PE两种可供选择，其生产工艺基本相同，主要应用于各类排水排污工程。

双壁波纹管不但有塑料原料本身的优点，还兼有质轻，综合机械性能高，安装方便等优势。PVC双壁波纹管和PE双壁波纹管都采用承插式连接，即扩口后利用天然橡胶密封圈密封的柔性连接方式。

7.径向加筋管

径向加筋管是结构壁管道的一种，其特点是减薄了管壁厚度，同时还提高了管子承受外压荷载的能力，管外壁上带有径向加强筋，起到了提高管材环向刚度和耐外压强度的作用。此种管材在相同外压荷载能力下，比普通管材可节约30%左右的材料，主要用于城市排水。连接方式视主材种类和管道型号而定。

8.其他塑料管材

除了上面介绍的几种塑料管材外，目前市场上还有交联聚乙烯（PEX）管、氯化聚氯乙烯（CPVC）管、聚丁烯（PB）管和ABS管等。这几种管材主要用于输送热水，在此不一一介绍。

（三）管道管径、压力表示方法

1.管道管径

管道的直径可分为外径、内径、公称直径。无缝钢管可用符号D后附加外径的尺寸和壁厚表示，如外径为108的无缝钢管，壁厚为5 mm，用D108×5表示；塑料管也用外径表示，如De63，表示外径为63 mm的管道。其他如钢筋混凝土管、铸铁管、镀锌钢管等采用公称直径DN（nominal diameter）表示。

2.管道的公称压力PN、工作压力和设计压力

公称压力PN是与管道系统元件的力学性能和尺寸特性相关，由字母和数字组成的标识。它由字母PN和后跟无因次的数字组成。字母PN后跟的数字不代表测量值，不应用于计算目的，除非在有关标准中另有规定。管道元件允许压力取决于元件的PN数值材料和设计以及允许工作温度等，允许压力应在相应标准的压力和温度等级表中给出。

工作压力是指给水管道正常工作状态下作用在管内壁的最大持续运行压力，不包括水的波动压力。设计压力是指给水管道系统作用在管内壁上的最大瞬时压力，一般采用工作压力及残余水锤压力之和。一般而言，管道的公称压力≥工作压力；化学管材的设计压力=1.5×工作压力，管道工作压力由管网水力计算得出。

城镇埋地给水排水管道，必须保证50年以上使用寿命。对城镇埋地给水管道的工作压力，应按长期使用要求达到的最高工作压力，而不能按修建管道时初期的工作压力考虑。管道结构设计应根据《给水排水工程管道结构设计规范》规定采用管道的设计内水压力标准值。

（四）埋地排水塑料管的受力性能分析

给水排水塑料管按其使用时承受的负载大体可以分四大类：①承受内压的管材管件，如建筑给水用管等；②承受外压负载的管材管件，如埋地排水管、埋地的电缆、光缆

护套管；③基本上不承受内压也不承受外压的管材管件，如建筑内的排水管、雨水管；④同时承受内压和外压负载的管材管件，如埋地给水管、埋地燃气管等。

管材管件在承受内压负载时在管壁中产生均匀的拉伸应力，设计时主要考虑的是强度问题（要根据其长期耐蠕变的强度设计）。如果强度不够，管材管件将发生破坏。管材管件在承受外压负载时，在管壁中产生的应力比较复杂，在埋设条件比较好时，由于管土共同作用，管壁内主要承受压应力；在埋设条件比较差时，管壁内产生弯矩，部分内外壁处承受较大的压应力或拉伸应力，设计时主要考虑环向刚度问题。如果环向刚度不够，管材管件将产生过大的变形引起连接处泄漏或者产生压塌（管壁部分向内曲折）。

1.埋地排水管性能要求

埋地排水管的用途是在重力的作用下把污水或雨水等排送到污水处理厂或江河湖海中去。从表面上看，塑料埋地排水管在强度和刚度方面不及混凝土排水管。但实际应用中，因为塑料埋地排水管总是和周围土壤共同承受负载的，所以塑料埋地排水管的强度和刚度并不需要达到混凝土排水管（刚性管）那样高。而对其耐温、冲击性能及耐集中载荷能力上要求更高一些。在水力特性方面，塑料埋地排水管由于内壁光滑，对于液体流动的阻力明显小于混凝土管。实践证明，在同样的坡度下，采用直径较小的塑料埋地排水管就可以达到要求的流量；在同样的直径下，采用塑料埋地排水管可以减少坡度。

2.塑料埋地排水管的负载分析

由于塑料埋地排水管是和周围的回填土壤共同承受负载，工程上被称为管–土共同作用，所以塑料埋地排水管根本没必要达到混凝土管的强度和刚度。

（1）埋地条件下排水管的负载分析

地排水管埋在地下，其中液体靠重力流动无内压负载，排水管主要承受外压负载。外压负载分为静载和动载两部分。静载主要是由管道上方的土壤重量造成的。在工程设计中一般认为静载等于管道正上方土壤的重量，即宽等于其直径，长等于其长度，高等于其埋深的那一部分土壤的厚度。动载主要是由地面上的运输车辆压过时造成的。需根据车辆的重量和压力在土壤中分布来计算管道承受的负载。

埋地排水管承受的静载和动载都和埋深有关系。埋地越深，静载越大；反之埋地越浅，动载越小。

埋深在2.4 m以上的车辆负载可以忽略不计。如果埋深很浅，还要考虑车辆经过时的冲击负载。此外，埋地排水管还可能承受其他的负载。如在地下水位高过管道时承受的地下水水头的外加压力和浮力。

（2）塑料埋地排水管承受负载的机制——柔性管理论

塑料埋地排水管破坏之前可以有较大的变形，即属于柔性管。混凝土排水管破坏之前没有大变形，属于刚性管。刚性管承受外压负载时，负载完全沿管壁传递到底部。在管壁内产生弯矩，在管材的上下两点管壁内侧和管材的左右两点管壁外侧产生拉应力。随着直径加大，管壁内的弯矩和应力急剧加大。大口径的混凝土排水管通常要加钢筋。

柔性管承受外压负载时，先产生横向变形，如果在柔性管周围有适当的回填土壤时，回填土壤阻止柔性管的外扩就产生对柔性管的约束压力。外压负载就这样传递和分担到周围的回填土中去了。约束压力在管壁中产生的弯矩和应力恰好和垂直外压负载产生的弯矩和应力相反。在理想情况下，柔性管受到的负载为四周均匀外压。当负载是四周均匀外压时，管材内只有均匀的压应力，没有弯矩和弯矩产生的拉应力。所以，同样外压负载下柔性管内的应力比较小，它是和周围的回填土壤共同承受负载，即管-土共同作用。

（3）环刚度的实现

埋地排水管等承受外压负载的塑料管必须达到足够的环刚度，因此，既达到要求的环刚度又尽量降低材料的消耗才是关键。在埋地排水管领域发展结构壁管代替实壁管，就是因为结构壁管可以用较少的材料实现较大的环刚度。如前所述，结构壁管有很多的种类和不同的设计，在选择和设计时，在同样的直径和环刚度下，材料的消耗量常常是决定性的因素，因为塑料管材批量生产的总成本中材料成本常常要占到60%以上。

在决定环刚度的三个因素中，直径是由输送流量决定的；弹性模量是由材质决定的，而管道选材又是由流体性质和价格决定的；惯性矩是由管壁的截面设计决定的。对于结构壁管，在保证管壁的惯性矩的前提下，应尽量降低材料的消耗量。

（五）室外给水排水管材的选择

管材选用应根据管道输送介质的性质、压力、温度及敷设条件（埋地、水下、架空等），环境介质及管材材质（管材物理力学性能、耐腐蚀性能）等因素确定。对输送高温高压介质的油、气管道，管材的选用余地很少，基本上都用焊接连接的钢管；对输送有腐蚀作用的介质，则应按介质的性质采用符合防腐要求的管材。

对埋地给水管道，可用管材品种较多，一般可按内压与管径来选用，如对小于DN800的管道，可选用UPVC实壁管、PE实壁管、自应力及预应力混凝土管和离心铸造球墨铸铁管；对DN1600以下的管道，可选用预应力混凝土管、预应力钢筒混凝土管、钢管、离心铸造球墨铸铁管、玻璃钢管等，预应力混凝土管不宜用于内压大于0.8 MPa的管道；对大于DN1800的大口径管道，可选用预应力钢筒混凝土管、离心铸造球墨铸铁管、钢管等。

对用沉管法施工的水下管道，以往都用钢管。由于HDPE管可用热熔连接成几十米甚至几百米整体管道，也可用浮运沉管法埋设水下管道和用定向钻进行地下牵引的不开槽施工，在给水排水管道上完全可以替代钢管。基于HDPE管的这种特点，还可将其用于更新城市各种用途的钢管、铸铁管、混凝土管等旧管道，可将PE管连续送入旧管道内作为旧管的内衬，由于PE管的水力摩阻系数小，不会影响旧管的输送流量，在施工时还不影响管道的流水。

选用管材时，管件与连接是一个容易忽视却十分关键的问题。由于管件生产模具多、投资大、周期长，许多企业不愿意或难以配齐管件（尤其是大规格管件）的生产设备，这给建设单位带来很大的不便，即使有其他企业生产的管件，也往往难以匹配。如柔性接口止水橡胶圈的质量会直接影响到管材、管件连接部位的止水效果，从一些工程的渗漏情况来看，大多为橡胶圈质量较差而引起。另外，对于管道工程中各种管配件及配套的检查井等附属构筑物，最好采用同管道一样的材料。

需要指出的是，一个城市或地区对管材品种的应用要有宏观控制，宜适当规定各类管道工程用的管材的品种，不宜多种管材交叉使用，应出一种新型管就推广用一种。管道工程要养护管理50年以上，一个地区用的管材品种太多，对养护检修工作很不利，要求需要的管材备件和操作工具都备齐是很难做到的。

二、球墨铸铁管及其连接方式

（一）球墨铸铁管性能

1.球墨铸铁管（简称球铁管，DCIP）

球墨铸铁管是以镁或稀土球化剂在浇注前加入铁水中，使石墨球化，应力集中降低，强度大，延伸率高，具有柔韧性、抗弯强度比钢管大，使用过程中不易弯曲变形，能承受较大负荷，具有较好的抗高压、抗氧化、抗腐蚀等性能。在埋地管道中能与管道周围的土体共同工作，改善管道的受力状态，从而提高了管网运行的可靠性。其接口采用柔性接口，具有伸缩性和弯曲性，适应基础不均匀沉降。球墨铸铁管在韧性、耐腐蚀性等方面的特性，使之可替代灰口铸铁管、钢管成为供水管网建设中的重要管材。

球墨铸铁管按生产工艺不同可以分为两类：一类是经连铸工艺生产的球墨铸铁管通常叫铸态球墨铸铁管；另一类是经离心工艺生产的球墨铸铁管，通常叫离心球墨铸铁管。铸态球墨铸铁管由于其性能不如离心球墨铸铁管，在供水、燃气管道中基本已退出市场，广泛使用的是离心球墨铸铁管。离心铸造工艺有两种方法：一是水冷法，二是热模法。热模法根据管模内所使用的保护材料不同，又分为树脂砂法和涂料法。用树脂砂法生产的铸管表面质量较差，所以常用涂料法生产。水冷法可用于DN80～DN1400铸管的生产，外观质量很好，生产率较高。热模法常用于DN1000以上大口径铸管的生产。

为适应用户的特殊需要，以及饮用水标准的提高，一些地区开始注意新内衬复合管的应用，开发特种复合管，如内衬聚氨酯、内衬环氧陶瓷的球墨铸管，将成为行业发展趋势。

2.球墨铸铁管的特点

（1）球墨铸铁管具有优于钢管和灰口铸铁管的性能

球墨铸铁管在与钢管、灰口铸铁管的性能比较中充分体现了其性能特点。球墨铸铁管重量比同口径的灰口铁管轻1/3～1/2，更接近钢管，但其耐腐蚀性却比钢管高出几倍甚至十几倍。球墨铸铁管具有管壁薄、重量轻、弹性好、耐腐蚀性好、使用寿命长、对人体无害、安装方便等特点。同时，兼有普通灰铁管的耐腐蚀性和钢管的强度及韧性。

（2）球墨铸铁管在价格上比钢管有优势，比灰口铸铁管具有相对优势

球墨铸铁管在DN100～DN500的规格中，除DN100以外，单位长度的球墨铸铁管价格均低于钢管价格，且随着管径的增大，与钢管的价格差距越来越大；球墨铸铁管在DN100～DN500的规格中，价格均比灰口铸铁管高，但随着管径的增大，球墨铸铁管与灰口铸铁管的价格差距在缩小。

（3）球墨铸铁管具有使用安全性和安装方便性

球墨铸铁管对人体无害，采用柔性接口，施工方便，是一种具有高科技附加值的铁制品。

（4）球墨铸铁管具有优良的耐腐蚀性能

球墨铸铁管的耐腐蚀性能优于钢管，与普通铸铁管不相上下。球墨铸铁由于电阻较大，电阻值为50～70Ω，是钢的5倍左右，故不易产生电腐蚀。离心球墨铸铁管由于连接系统使用橡胶密封圈而具有很高的电阻，所以一般情况下不需要做阴极防腐保护。即使对于一些需要做阴极防腐保护的地区，只要使用了聚乙烯套保护，也不需要做阴极防腐保护。

（二）球墨铸铁管的连接技术

1.滑入式（T形）连接

滑入式（T形）柔性接口连接的施工步骤如下：

（1）安装前的清扫与检查

在安装前仔细清扫承口内表密封面以及插口外表面的沙、土等杂物。仔细检查连接用密封圈，不得粘有任何杂物。仔细检查插口倒角是否满足安装需要。

（2）放置橡胶圈

对较小规格的橡胶圈，将其弯成“心”形放入承口密封槽内。对较大规格的橡胶圈，将其弯成“十”字形。橡胶圈放入后，应施加径向力将其完全放入密封槽内。

（3）涂润滑剂

为了便于管道安装，安装前在管道及橡胶圈密封面处涂上一层润滑剂。润滑剂不得含有有毒成分；应具有良好的润滑性质，不影响橡胶圈的使用寿命；应对管道输送介质无污

染；且现场易涂抹。

（4）检查插口安装线

铸管出厂前已在插口端标示安装线。如未在插口标出安装线或铸管切割后，需要重新在插口端标出。标志线距离插口端为承口深度10 mm。

（5）连接

对于小规格的铸管（一般指小于DN400），采用导链或撬杠为安装工具，采用撬杠作业时，须先在承口垫上硬木块保护。对中、大规格的铸管（一般指大于DN400），采用的安装工具为挖掘机。采用挖掘机须先在铸管与掘斗之间垫上硬木块保护，慢而稳地将铸管推入；采用起重机械安装，须采用专用吊具在管身吊两端，确保平衡，由人工扶着将铸管推入承口。

管件安装：由于管件自身重量较轻，在安装时采用单根钢丝绳，容易使管件方向偏转，导致橡胶圈被挤，不能安装到位。因此，可采用双倒链平行用力的方法使管件平行安装，橡胶圈不致被挤。

（6）承口连接检查

安装完承口、插口连接后，一定要检查连接间隙。沿插口圆周用金属尺插入承插口内，直到顶到橡胶圈的深度，检查所插入的深度应一致。

（7）现场安装过程

需切割铸管的，切割后要对铸管插口进行修磨、倒角，以便于安装。

2.机械式（K形）柔性接口连接施工

机械式（K形）柔性接口连接的施工步骤如下：

（1）安装前的清扫与检查

在安装前，仔细清扫承口内表密封面以及插口外表面的沙、土等杂物。仔细检查连接用密封圈，不得粘有任何杂物。仔细检查插口倒角是否满足安装需要。

（2）装入压兰和橡胶圈

把压兰和橡胶圈套在插口端。注意橡胶圈的方向，橡胶圈带有斜度的一端朝向承口端。

（3）承口、插口定位

将插口推入承口内，完全推入承口端部后再拔出10 mm。

（4）压兰及橡胶圈的安装

将橡胶圈推入承口内，然后将压兰推入顶住橡胶圈，插入螺栓，用手将螺母拧住。检查压兰的位置是否正确，然后用扳手按对称顺序拧紧螺母。应反复拧紧，不要一次拧紧。

对于口径较大的管道，在拧紧螺母的过程中，要用吊车将铸管或管件吊起，使承口和插口保持同心。试压完成后，一定要检查螺栓，若有必要可再拧紧一次。

（5）现场安装

现场安装时需要切管的，切管后应对插口外壁修磨光滑，以确保接口的密封性。

3.球墨铸铁管安装注意事项

（1）内壁的保护

球墨铸铁管（DN80～DN600）内壁均采用3～5 mm厚的水泥砂浆内衬涂层作防腐保护层，其若遇大的震动易局部脱落而失去防腐作用。为此，运输装卸时需要专用工具，不得由车上直接滚落，且应做到轻起轻放。管道安装下管就位应缓慢放置，不得用金属工具敲打对口。

（2）接口处理

管道连接多为承插式橡胶“O”形密封圈密封接口，要严格控制其同心度及直线度（同心度不得超出±2mm，直线度不得大于4°），同心度的偏离易造成密封圈过紧或过松，极易产生渗漏现象，而直线度的偏离除造成密封圈的受压、松弛现象外，还会产生水压轴向力的分压力造成接口的破坏或加大渗漏的产生。为此，在安装施工中一般应在转角处采用混凝土加固措施。

三、高密度聚乙烯管及其连接方式

（一）高密度聚乙烯（HDPE）管的性能

1.高密度聚乙烯（HDPE）管

目前，在给水排水管道系统中，塑料管材逐渐取代铸铁管和镀锌钢管等传统管材成为主流使用管材。和传统管材相比，塑料管材具有重量轻、耐腐蚀、水流阻力小、节约能源、安装简便迅速、造价较低等显著优势，受到了管道工程界的青睐。同时，随着石油化学工业的飞速发展，塑料制造技术的不断进步，塑料管材产量迅速增长，塑料制品种类更加多样化。而且，塑料管材在设计理论和施工技术等方面取得了很大的发展和完善，并积累了丰富的实践经验，促使塑料管材在给水排水管道工程中占据了相当重要的位置，并形成一种势不可当的发展趋势。

高密度聚乙烯（HDPE）管由于其优异的性能和相对经济的造价，在欧美等发达国家已经得到了极大的推广和应用。在我国于20世纪80年代首先研制成功，经过近20年的发展和完善，已经由单一的品种发展到完整的产品系列。目前在生产工艺和使用技术上已经十分成熟，在许多大型市政排水工程中得到了广泛的应用。目前国内生产该管材的厂家已达上百家。

高密度聚乙烯（HDPE）是一种结晶度高、非极性的热塑性树脂。原态HDPE的外表呈乳白色，在微薄截面呈一定程度的半透明状。高密度聚乙烯是在1.4 MPa压力、100℃

下聚合而成的，又称低压聚乙烯，其密度为0.941～0.955g/cm³；中密度聚乙烯是在1.8～8.0MPa压力、130℃～270℃温度下聚合而成的，其密度为0.926～0.94g/cm³；低密度聚乙烯是在100～300 MPa压力、180℃～200℃下聚合而成的，又称高压聚乙烯，其密度为0.91～0.935g/cm³。由于聚乙烯的密度与硬度成正比，故密度越高，刚度越大。聚乙烯管有较好的化学稳定性，因而这种管材不能用黏合连接，而应采用热熔连接。HDPE管具有无毒、耐腐蚀、强度高、使用寿命长（可达50年）等优点，是优良的绿色化学建材，具有广阔的应用前景。

2.高密度聚乙烯（HDPE）管的类型

高密度聚乙烯（HDPE）管是一种新型塑料管材，由于管道规格不同，管壁结构也有差别。根据管壁结构的不同，HDPE管可分为实壁管、双壁波纹管、中空壁缠绕管。给水用HDPE管为实壁管，依据国家标准《给水用聚乙烯（PE）管材》，用于温度不超过40℃、一般用途的压力输水，以及饮用水的输送。HDPE双壁波纹管和中空壁缠绕管适用于埋地排水系统，双壁波纹管的公称管径不宜大于1200mm，中空壁缠绕管的公称管径不宜大于2500mm。

3.高密度聚乙烯（HDPE）管的特点

同传统管材相比，HDPE管具有以下一系列优点：

（1）水流阻力小

HDPE管具有光滑的内表面，其曼宁系数为0.009。光滑的内表面和非黏附特性保证HDPE管具有较传统管材更高的输送能力，同时降低了管路的压力损失和输水能耗。

（2）低温抗冲击性好

聚乙烯的低温脆化温度极低，可在-60℃～40℃温度范围内安全使用。冬季施工时，因材料抗冲击性好，不会发生管子脆裂。

（3）抗应力开裂性好

HDPE管具有较低的缺口敏感性、较高的剪切强度和优异的抗刮痕能力，耐环境应力开裂性能也非常突出。

（4）耐化学腐蚀性好

HDPE管可耐多种化学介质的腐蚀，土壤中存在的化学物质不会对管道产生任何降解作用。聚乙烯是电的绝缘体，因此不会发生腐烂、生锈或电化学腐蚀现象；此外，它也不会促进藻类、细菌或真菌生长。

（5）耐老化，使用寿命长

含有2%～2.5%的均匀分布的炭黑的聚乙烯管道能够在室外露天存放或使用50年，不会因遭受紫外线辐射而损害。

（6）耐磨性好

HDPE管与钢管的耐磨性对比试验表明，HDPE管的耐磨性为钢管的4倍。在泥浆输送领域，同钢管相比，HDPE管具有更好的耐磨性，这意味着HDPE管具有更长的使用寿命和更好的经济性。

（7）可挠性好

HDPE管的柔性使得它容易弯曲，工程上可通过改变管道走向的方式绕过障碍物，在许多场合，管道的柔性能够减少管件用量并降低安装费用。

（8）搬运方便

HDPE管比混凝土管道、镀锌管和钢管更轻，它容易搬运和安装，降低了人力和设备需求，意味着工程的安装成本大大降低。

（9）多种全新的施工方式

HDPE管具有多种施工技术，除了可以采用传统开挖方式进行施工外，还可以采用多种全新的非开挖技术，如顶管、定向钻孔、衬管、裂管等方式进行施工，并可用于旧管道的修复，因此HDPE管应用领域非常广泛。

（二）高密度聚乙烯管的连接技术

1.连接形式

（1）热熔连接

热熔连接具有性能稳定、质量可靠、操作简便、焊接成本低的优点，但需要专用设备。热熔连接方式有承插式和对接式。热熔承插连接主要用于室内小管径，设备为热熔焊机；而热熔对接适用于直径大于90mm的管道连接，利用热熔对接焊机焊接，首先加热塑料管道（管件）端面，使被加热的两端面熔化，然后迅速将其贴合，在保持一定压力下冷却，从而达到焊接的目的。热熔对接一般都在地面上连接。如在管沟内连接，其连接方法同地面上管道的热熔连接方式相同，但必须保证所连接的管道在连接前必须冷却到土壤的环境温度。

热熔连接时，应使用同一生产厂家的管材和管件，如确需将不同厂家（品牌）的管材、管件连接，则应经实验证明其可靠性之后方准使用。

热熔对接机的设备形式多种多样，用户根据焊接管材的规格及能力选用。控制方式分为手动、半自动、全自动三种。

（2）电熔焊

电熔焊是通过对预埋于电熔管件内表面的电热丝通电而使其加热，从而使管件的内表面及管道的外表面分别被熔化，冷却到要求的时间后而达到焊接的目的。电熔焊的焊接过程由准备阶段、定位阶段、焊接阶段、保持阶段四个阶段组成。

（3）机械连接

在塑料管道施工中，经常见到塑料管道与金属管道的连接及不同材质的塑料管道间的相互连接，这时都需使用过渡接口，采用机械连接。主要方式有：钢塑过渡接头连接、承插式缩紧型连接、承插式非缩紧型连接、法兰连接。

承插式缩紧型连接和承插式非缩紧型连接在施工中，承口内嵌有密封的橡胶圈，材料为三元乙丙或丁苯橡胶施工连接时，要准确测量承口深度和胶圈后部到承口根部的有效插入长度。

施工时，将橡胶圈正确安装在承口的橡胶圈沟槽区中，不得装反或扭曲，为了安装方便可先用水浸湿胶圈，但不得在橡胶圈上涂润滑剂安装，防止在接口安装时将橡胶圈推出。

承插式橡胶圈接口不宜在-10℃以下施工，管口各部尺寸、公差应符合国家标准的规定，管身不得有划痕，橡胶密封圈应采用模压成型或挤出成型的圆形或异形截面，应由管材厂家提供配套供应。

（4）承插式橡胶圈柔性接口

承插式橡胶圈柔性接口适用于管外径不小于63 mm的管道连接。但承插式橡胶圈接口不宜在-10℃以下施工，橡胶密封圈应采用模压成型或挤出成型的圆形或异形截面，应由管材提供厂家配套供应。接口安装时，应预留接口伸缩量，伸缩量的大小应按施工时的闭合温差经计算确定。

2.HDPE管连接工序

（1）热熔承插连接工序

热熔承插连接时，公称外径大于或等于63mm的管道不得采用手工热熔承插连接而应采用机械装置的热熔承插连接。具体程序如下：①用管剪根据安装需要将管材剪断，清理管端，使用清洁棉布擦净加热面上的污物；②在管材待承插深度处标记号；③将热熔机模头加温至规定温度。④同时加热管材、管件，然后承插（承插到位后待片刻松手，在加热、承插、冷却过程中禁止扭动）；⑤自然冷却；⑥连接后应及时检查接头外观质量；⑦施工完毕经试压，验收合格后方可投入使用。

（2）热熔对接焊连接工序

①清理管端，使用清洁棉布擦净加热面上的污物；②将管子夹紧在熔焊设备上，使用双面修整机具修整两个焊接接头端面；③取出修整机具，通过推进器使两管端相接触，检查两端面的一致性，严格保证管端正确对中；④在两端面之间插入210℃的加热板，以指定压力推进管子，将管端压紧在加热板上，在两管端周围形成一致的熔化束（环状凸起）；⑤一旦完成加热，迅速移出加热板，避免加热板与管子熔化端发生摩擦；⑥以指定的连接压力将两管端推进至结合，形成一个双翻边的熔化束（两侧翻边、内外翻边的环状

凸起），熔焊接头冷却至少30 min；⑦连接后应及时检查接头外观质量；⑧施工完毕经试压，验收合格后投入使用。

值得注意的是，加热板的温度都由焊机自动控制在预先设定的范围内。但如果控制设施失控，加热板温度过高，会造成熔化端面的PE材料失去活性，相互间不能熔合。良好焊接的管子焊缝能承受十几磅大锤的数次冲击而不破裂，而加热过度的焊缝一拗即断。

（3）电熔焊接头连接工序

①清理管子接头内外表面及端面，清理长度要大于插入管件的长度。管端要切削平整，最好使用专用非金属管道割刀处理。②管子接头外表面（熔合面）要用专用工具刨掉薄薄的一层，保证接头外表面的老化层和污染层彻底被除去。专用刨刀的刀刃呈锯齿状，处理后的管接头表面会形成细丝螺纹状的环向刻痕。③如果管子接头刨削后不能立即焊接，应使用塑料薄膜将之密封包装，以防二次污染。在焊接前应使用厂家提供的清洁纸巾擦拭管接头外表面。如果处理后的接头被长时间放置，建议在正式连接时重新制作接头。考虑到刨削使管壁减薄，重新制作接头时最好将原刨削过的接头切除。④管件一般密封在塑料袋内，应在使用前再开封。管件内表面在拆封后使用前也应使用同样的清洁纸巾擦拭。⑤将处理好的两个管接头插入管件，并用管道卡具固定焊接接头以防止对中偏心或震动破坏焊接熔合。每个接头的插入深度为管件承口到内部突台的长度（或管箍长度的一半）。接头与突台之间（或两个接头之间）要留出5～10 mm间隙，以避免焊接加热时管接头膨胀伸长互相顶推，破坏熔合面的结合。在每个接头上做出插入深度标记。⑥将焊接设备连到管件的电极上，启动焊接设备，输入焊接加热时间。开始焊接至焊机设定时间停止加热。通电加热的电压和加热时间等参数按电熔连接机具和电熔管件生产企业的规定进行。⑦焊接接头开始冷却。在此期间严禁移动、振动管子或在连接件上施加外力。实际上因PE材料的热传导率不高，加热过程结束后再过几分钟管箍外表面温度才达到最高，须注意避免烫伤。⑧连接后应及时检查接头外观质量。⑨施工完毕经试压，验收合格后方可投入使用。

（4）橡胶圈柔性接口连接工序

①先将承口内的内工作面和插口外工作面用棉纱清理干净。②将橡胶圈嵌入承口槽内。③用毛刷将润滑剂均匀地涂在装嵌在承口处的橡胶圈和管插口端的外表面上，但不得将润滑剂涂到承口的橡胶圈沟槽内；不得采用黄油或其他油类作润滑剂。④将连接管道的插口对准承口，保持插入管段的平直，用手动葫芦或其他拉力机械将管一次插入至标线。若插入的阻力过大，切勿强行插入，以防橡胶圈扭曲。⑤用塞尺顺承插口间歇插入，沿管周围检查橡胶圈的安装是否正常。

第十一章　城市给排水管道工程安装及验收

第一节　管道材料

一、材料选用条件

（一）强度应能承受各种外部荷载

由于给水排水管道通常是沿公路或铁路埋地敷设的，有的甚至需要穿越公路或铁路，，因此为保证其运行安全，应选择强度有保证的管材。

（二）管道水密性好

管道水密性的好坏，直接影响到管网运行成本及运行安全。如果水密性较差，漏水后会直接冲刷地层，泡软管道基础，则水量损失较大，导致运行成本增加。

（三）管道内壁光滑

内壁光滑的管道，摩阻系数小，则水流流经管道的水头损失相应降低，水泵扬程减少，管网运行所需电费也随之降低。

（四）其他

价格低廉，使用寿命长，并要求具有一定的抗水土侵蚀能力。

承压管道建议采用成品管及配件，所选成品的制作应符合相关的国家标准或行业标准。

应依据输配管网系统的布置、管径、工作压力、埋深、地质情况以及施工条件和运输条件，并结合运行维护管理进行技术经济比较来选用承压管材，做到因地制宜，便于选用。

在管材选用时，还应考虑节约能源、保护环境，尽可能采用技术成熟、抗腐蚀性强、节能好的非金属新型管材。

输配水管道材质的选择，应根据管径、内压、外部荷载、管道敷设区的地形和地质、管材的供应，按照运行安全、耐久、减少漏损施工、维护方便、经济合理以及清水管道防止二次污染的原则，进行技术、经济、安全等综合分析确定。

二、管材要求

（一）铸铁管

铸铁管属于压力流水管道，即管道中的水是在压力的作用下进行流动的，故而其埋深只需满足冰冻线、地面荷载和跨越障碍物即可，对管道内部的水力要素没有影响。因此，沟槽较浅，以放坡开槽为主，尽量不加支撑，便于用机械分散下管。由于铸铁管的管节较长，一般为5～6m，其接口间距也相应增大。为了减少开挖土方量，一般开挖的宽度较小，但接口部必须满足接口施工工艺要求，应加宽加深。

铸铁管一般可直接铺设在天然地基上，这就要求地基原状土不得被扰动，如果超挖，应用碎石或砂子进行回填，并振密捣实。当沟槽为岩石或坚硬地基时，应按设计规定施工。若设计无规定时，为保证管身受力的合理性，防止管身防腐层遭到破坏，管身下方应铺设砂垫层。

（二）钢管

钢管钢材有焊接钢管和无缝钢管两种。从防腐蚀性能来说可分为保护层型、无保护层型与质地型；按壁厚又有普通钢管和加厚钢管之分。国内最大钢管直径可达DN4000，每节钢管的长度一般在10m左右。

保护层型（主要指管道内壁）有金属保护层型与非金属保护层型，金属保护层型常用的有表面镀层保护层型和表面压合保护层型。表面镀层保护层型中常见的是镀锌管，镀锌管也有冷镀锌管和热镀锌管之分。热镀锌管因为保护层致密均匀、附着力强、稳定性比较好，目前仍被大量采用。而冷镀锌管由于保护层不够致密均匀，稳定性差，各地已在生活给水管道中禁止使用。

金属管道应考虑防腐措施。金属管道内防腐宜采用水泥砂浆衬里，金属管道外防腐宜采用环氧煤沥青、胶粘带等涂料。金属管道敷设在腐蚀性土中以及电气化铁路附近或其他有杂散电流存在的地区时，为防止发生电化学腐蚀，应采取阴极保护措施（外加电流阴极保护或牺牲阳极）。

（三）非金属管材

1.自应力钢筋混凝土管

自应力钢筋混凝土管采用离心工艺制造，依靠膨胀作用张拉环向和纵向钢丝，使管体混凝土在环向和纵向处于受压状态。该管材试验压力规定可在覆土不大于2m的埋地给水管道上应用。自应力钢筋混凝土管是借膨胀水泥在养护过程中发生膨胀，张拉钢筋，而混凝土则因钢筋所给予的张拉反作用力而产生压应力，能很好地承受管内的水压，在使用上，具有与预应力钢筋混凝土管相同的优点。

2.预应力钢筋混凝土管

预应力钢筋混凝土管是将钢筋混凝土管内的钢筋预先施加纵向与环向预应力后，制成的双向预应力钢筋混凝土管，具有良好的抗裂性能，其耐土壤电流侵蚀的性能远较金属管好。预应力钢筋混凝土管均为承插式胶圈柔性接头，其转弯或变径处采用特制的铸铁或钢板配件进行处理，可敷设在未经扰动的土基上，施工方便、价格低廉。

3.聚乙烯管

聚乙烯管的优点是化学稳定性好，不受环境因素和管道内输送介质成分的影响，耐腐蚀性好；水力性能好，管道内壁光滑，阻力系数小，不易积垢；相对于金属管材，密度小、材质轻；施工安装方便，维修容易。

同时由于该管属柔性管，对小口径管可用盘管供应，连接时采用热熔对接，连接方式可采用电热熔、热熔对接焊和热熔承插连接。管道敷设既可采用通常使用的直埋方式施工，也可采用插入管敷设。

三、管道接口

（一）刚性接口

刚性接口是承插铸铁管的主要接口形式之一，由嵌缝材料和密封填料组成。刚性接口是往插口缝隙中填打油麻和填料，过去常用青铅，现在大多使用石棉水泥，黏合力很强。刚性接口填料分为内侧填料与外侧填料，内侧填料为接口内层填料，外侧填料为接口外层填料。

1.内侧填料

内侧填料放置于管口缝隙的内侧，以保证管口严密，不漏水，并起扩圆作用和防止外侧填料如水泥等漏入管内。因此，内侧填料材料应柔软，有弹性和疏水性，常用的材料有油麻、橡胶圈等。

（1）油麻

油麻的制作，采用松软、有韧性、清洁、无麻皮的长纤维麻加工成麻辫，放在由5%

的石油沥青、95%的汽油配制的溶液中，没透拧干，并经风干而成油麻，具有较好的柔性和韧性，不会因敲打而断碎。

油麻的填塞深度与密封材料的性质有关，若以石棉水泥为密封材料时，填麻深度约为承接口总深度的1/3；以铅为密封材料时，其填麻深度约距承口水线里缘5mm为宜。不同管径的承插铸铁管接口的填麻深度及用量不同。

油麻具有很多优点，但管内长时间承受水压后，油将从麻中脱出并沿管壁与石棉水泥间渗出，从而减弱管壁与石棉水泥间的黏着力。此外，油麻为进口黄麻制成，货源紧张而且打麻操作费时费力。常用材料有油麻和线麻，线麻应在填塞前在石油沥青溶液中（5%的石油沥青和95%的汽油）浸透，然后进行防腐处理，晾干后使用。接口时，拧紧的麻辫直径约为缝隙宽度的1.5倍，以保证接口填塞严密。

填麻前先将承口、插口处用毛刷蘸清水洗干净，然后用铁牙将环形间隙背匀，将粗细是承接口间隙1.5倍左右的油麻，按一定方向拧紧，其长度应大于管外径50～100mm。塞麻时，需要不断移动铁牙，以保证间隙均匀，直到第一圈油麻打实后再卸下铁牙。打麻所用手锤一般重1.5kg。填麻后在进行下层密封填料时，应将麻口重打一遍，以麻不再走动为合格。在打套管（揣袖）接口填麻时，一般比普通接口多填1～2圈，而且第一圈稍粗，可不用锤打，将麻塞至插口端约10mm处为宜，防止油麻掉入管口内。第二圈麻填打用力不宜过大，其他圈填打方法与普通接口相同。

（2）橡胶圈

目前，除油麻外内侧填料还经常采用橡胶圈。橡胶圈的弹性、防水性都比麻好，也是一种良好的阻水材料，但价格较高。橡胶圈通常采用丁苯合成橡胶或天然橡胶制成圆形截面（O形圈），用模具做成整圈或采用热黏法及化学法黏结而成。

橡胶圈外观应粗细均匀，椭圆度在允许范围内，质地柔软，无气泡，无裂缝，无重皮，接头平整牢固，胶圈内环径一般为插口外径的0.85～0.90倍。当管径不大于300mm时为0.85倍，大于300mm时则为0.9倍。

橡胶圈在填塞过程中，下管前，应先将橡胶圈套在插口上，然后将承插口工作面用毛刷清洗干净，对好管口，用铁牙背好环形间隙，然后自下而上移动铁牙，用錾子将橡胶圈填入承口。第一遍先打入承口水线位置，錾子贴插口壁使橡胶圈沿着一个方向依次均匀滚入承口水线。为防止出现“麻花”，可再分2～3遍将橡胶圈打至插口小台，每遍不宜将橡胶圈打入过多，以免出现“闷鼻”或“凹兜”。如出现上述弊病，可用铁牙将接口适当撑大，进行调整。对于插口无小台的管材，橡胶圈可打至距插口边缘10～20mm处，以防止橡胶圈掉入管缝。

2.外侧填料

外侧填料要保证接口有一定强度，并能承受冲击和少量接口弯曲（接口借转），可采用石棉水泥、膨胀水泥、铅和铅绒等。

（1）石棉水泥

石棉水泥接口承受弯曲应力和温度应力性能较差，接口经养护硬化后才能通水试压，接口作业的劳动强度大。石棉水泥是一种最常用的密封填料，有较高的抗压强度。石棉纤维对水泥颗粒有较强的吸附能力，水泥中掺入石棉纤维可提高接口材料的抗拉强度。水泥在硬化过程中会收缩，而石棉纤维可阻止其收缩，提高接口材料与管壁的黏着力和接口的水密性。

填料制作过程中所用填料，应采用具有一定纤维长度的机选4F级温石棉和42.5以上强度级的硅酸盐水泥。使用之前应将石棉晒干弹松，不要出现结块现象，其施工配合比为石棉：水泥=3：7，加水量为石棉水泥总重的10%左右，视气温与大气湿度酌情增减水量。拌和时，先将石棉与水泥干拌，拌至石棉水泥颜色一致，然后将定量的水徐徐倒进，随倒随拌，拌匀为止。实践中，使拌料捏能成团，抛能散开为准。也可集中拌制成干料，装入桶内，每次干拌填料不应超过一天的用量，使用时随用随加水，湿拌成填料，加水拌和石棉水泥应在1.5h内用完，否则影响接口质量。

填料施工时，在已经填好油麻或橡胶圈承接口内，将拌和好的石棉水泥，用捻灰錾自下而上往承口内填塞。填打石棉水泥时，每遍均应按规定深度填塞均匀。气温低于-5℃，不宜进行石棉水泥接口，必须进行接口时，可采取保温措施。管径小于300mm时，一般每个管口安排一人操作；管径大于300mm时，可两人操作。管道试压或通水时，发现接口局部渗漏，可用剔口錾子将局部填料剔除，剔除深度以见到嵌缝油麻、胶圈为止，然后淋湿，补打石棉水泥填料。为了提供水泥的水化条件，于接口完毕之后，应立即在接口处浇水养护。养护时间为1～2昼夜。养护方法是春秋两季每日浇水两次；夏季在接口处盖湿草袋，每天浇水四次；冬天在接口抹上湿泥，覆土保温。

（2）膨胀水泥砂浆

膨胀水泥能够在水化过程中体积膨胀。膨胀的结果，一方面是密度减小，体积增大，提高了水密性，使膨胀水泥与管壁连接；另一方面是产生微小的封闭性气孔，使水不易渗漏。接口所用的膨胀性外填料水泥一般由硅酸盐水泥、矾土水泥和石膏组成。硅酸盐水泥为强度组分，矾土水泥和石膏为膨胀组分。

作为密封填料的膨胀水泥砂浆，其施工配合比通常采用膨胀水泥：砂：水=1：1：0.3。当气温较高或风力较大时，用水量可酌情增加，但最大水灰比不宜超过0.35。按一定比例用作接口的膨胀水泥水化膨胀率不宜超过150%，接口填料的线膨胀系数控制在1%～2%，以免胀裂管口。砂应采用洁净中砂，最大粒径不大于1.2mm，含泥量不大于2%。

操作时先将膨胀水泥与砂浆配好，干拌要十分均匀，拌和混合物的外观颜色要一致，然后在使用地点附近进行掺水拌和，随用随拌，一次拌和量不宜过多。膨胀水泥的初凝期约半小时，所以砂浆应在半小时内用完。当气温较高或风较大时，用水量可酌量增加，但最大水灰比不宜超过0.35。膨胀水泥的膨胀作用主要在再结晶过程中发生。为了延缓早期膨胀应减小水灰比，通常应在0.2～0.3。降低水灰比会使砂浆的稠度增高，致使拌和不易均匀，因此为保证搅拌质量，有时可掺入塑化剂。为延长初凝时间（延长初凝过程），使接口填料的膨胀在填塞后再发生于管口内，可适当掺加浓度0.2%～0.5%的缓凝剂（酒石酸溶液），其掺量应根据试验确定。

填膨胀水泥砂浆之前，用探尺检查嵌料层深度是否正确，然后用清水湿润接口缝隙。接口操作时，不需要打口，可将拌制的膨胀水泥砂浆分层填塞。最外一层找平，应比承口边缘凹进1～2mm。膨胀水泥水化过程中硫酸铝钙的结晶需要大量的水，因此其接口应采用湿养护。接口成活后，应及时用湿草帘覆盖，2h以后，用湿泥将接口糊严，并用潮湿土覆盖。养护时间为12～24h。

（3）铅接口

铅接口应用很早，由于铅的成本高、来源少，现在已较少使用。但铅接口具有一定的柔性，有较好的抗震、抗弯性能，止水性能好，容易维修，接口完毕后可立即通水，目前仅在特殊情况及个别地方还有应用，如用于水厂和泵站进出站水管关键部位、河道穿越管道、铁路穿越管道、地基易产生不均匀沉降地段的管道、管路转弯和管径在DN600以上的管道、管道抢修等场合管道的接口。此外，管道接口渗漏时，由于铅的柔性好，不必剔口，只需将铅重新敲击紧密即可堵漏，所以它是管道抢修常用的接口方法。铅接口的铅是作为外填料使用的，其内填料通常为麻辫或胶圈。

常用的铅为6号铅，其纯度应在99%以上。铅经加热熔化后直接灌入接口内，其熔化温度在320℃左右，当熔铅呈紫红色时，即为灌铅适宜温度。

在灌铅前检查嵌缝材料填打情况，承口内需擦洗干净，保持干燥，然后将特制的布卡箍或泥绳贴在承口外端。上方留一灌铅口，用卡子将布卡箍卡紧，卡箍与管壁接缝处用湿黏土抹严，以防漏铅。灌铅前应在管口安设石棉绳，绳与管壁之间接触处敷泥堵严，并留出灌铅口。雨天禁止灌铅，否则易引起溅铅或爆炸。灌铅及化铅人员应佩戴石棉手套和眼镜，灌铅人应站在灌铅口承口一侧，使铅液从铅口一侧倒入，以便排气。每个铅口应一次连续灌完，凝固后，方可卸下布卡箍和卡子。

灌铅凝固后，先用铅钻切去铅口的飞刺，再用薄口钻子贴紧管身，沿铅口管壁敲打一遍，一钻压半钻，而后逐渐改用较厚口钻子重复上法各打一遍直到打实为止，最后用厚口钻子找平。

（二）柔性接口

刚性接口抗弯性能较差，受外力作用容易使密封填料产生裂缝，造成向外漏水事故，尤其在松软地基和地震区，接口破坏率较高。因此，可采用柔性接口方式，以减少漏水事故的发生。常用的柔性密封材料多为橡胶圈，由于铸铁管材的种类不同而具有多种形式。

1.楔形橡胶圈接口

当管道承口的内壁为斜槽形时，插口端部分可做成坡形，此时可在承口斜槽内嵌入起密封作用的楔形橡胶圈。由于斜形槽的限制作用，橡胶圈在管内水压的作用下与管壁压紧，具有自密性，使接口对于承插口的椭圆度、尺寸公差插口轴向相对位移及角位移具有一定的适应性。工程实践表明，此种接口抗震性能良好，并且可以提高施工速度，减轻劳动强度。

2.其他橡胶圈接口

因铸铁管管材种类的不同，其接口橡胶圈也有多种形式，常见的有角唇形、圆形、螺栓压盖形和中缺形胶圈接口。

3.柔性接口安装

不论采用何种形式的承插铸铁管或橡胶圈，都必须做到铸铁管的承插口形状与合适的橡胶圈配套，不得盲目选用，否则不是无法使用，就是造成接口漏水。

（1）橡胶圈的选择

根据承插铸铁管材种类的不同，可选择适当的橡胶圈。

（2）安装

①清理承口。清刷承口，铲去所有黏结物，并擦洗干净。

②清理橡胶圈。清擦干净，检查接头、毛刺、污斑等缺陷。

③上胶圈。把胶圈上到承口内，由于胶圈外径比承口凹槽内径稍大，故嵌入槽内后，需用手沿圆周轻轻按压一遍。

④安装。如使用机械安装，应安装好顶推工具，使插口中心对准承口中心，扳动手拉葫芦，均匀地将插口推入承口内。为便于操作，也可在胶圈内表面和插口工作面刷涂润滑剂。

⑤检查。插口推入位置应符合规定，若无标志，施工时画一标志，以便于掌控。安装完毕后，可用一探尺伸入承插口间隙中，以确定胶圈位置是否正确。

第二节　管道安装

一、管道基础施工

（一）原状地基施工

（1）原状土地基层部分超挖或扰动时应按有关规定进行处理；岩石地基局部超挖时，应将基底碎渣全部清理干净，回填低强度等级混凝土或粒径10～15mm的砂石回填夯实。

（2）原状地基为岩石或坚硬土层时，管道下方应铺设砂垫层。

（3）非水冻土地区，管道不得铺设在冻结的地基上；管道安装过程中，应防止地基冻胀。

（二）混凝土基础施工

（1）平基与管座的模板，可一次或两次支设，每次支设高度宜略高于混凝土的浇筑高度。

（2）平基、管座的混凝土设计无要求时，宜采用强度等级不低于C15的低坍落度混凝土。

（3）管座与平基分层浇筑时，应先将平基凿毛冲洗干净，并将平基与管体相接触的腋角部位，用同强度等级的水泥砂浆填满、捣实后，再浇筑混凝土，使管体与管座混凝土结合严密。

（4）管座与平基采用垫块法一次浇筑时，必须先从一侧灌注混凝土，对侧的混凝土高过管底与灌注侧混凝土高度相同时，两侧再同时浇筑，并保持两侧混凝土高度一致。

（5）管道基础应按设计要求留变形缝，变形缝的位置应与柔性接口相一致。

（6）管道平基与井室基础宜同时浇筑。跌落水井上游接近井基础的一段应砌砖加固，并将平基混凝土浇至井基础边缘。

（7）混凝土浇筑中应防止离析。浇筑后应进行养护，强度低于1.2MPa时不得承受荷载。

（三）砂石基础施工

（1）铺设前应先对槽底进行检查，槽底高程及槽宽须符合设计要求，且不应有积水和软泥。

（2）柔性管道的基础结构设计无要求时，宜铺设厚度不小于100mm的中粗砂垫层；软土地基宜铺垫一层厚度不小于150mm的沙砾或5～40mm粒径碎石，其表面再铺厚度不小于50mm的中、粗砂垫层。

（3）柔性接口的刚性管道的基础结构无设计要求时，一般土质地段可铺设砂垫层，亦可铺设25mm以下粒径碎石，表面再铺20mm厚的砂垫层（中、粗砂）。

（4）管道有效支承角范围必须用中、粗砂填充，插捣密实，与管底紧密接触，不得用其他材料填充。

（四）质量验收标准

1.主控项目

（1）原状地基的承载力符合设计要求。检查方法：观察，检查地基处理强度或承载力检验报告，复合地基承载力检验报告。

（2）混凝土基础的强度符合设计要求。检查方法：混凝土基础的混凝土强度验收应符合现行国家标准《混凝土强度检验评定标准》的有关规定。

（3）砂石基础的压实度符合设计要求或《给水排水管道工程施工及验收规范》的规定。检查方法：检查砂石材料的质量保证资料和压实度试验报告。

2.一般项目

（1）原状地基、砂石基础与管道外壁间接触均匀，无空隙。检查方法：观察，检查施工记录。

（2）混凝土基础外光内实，无严重缺陷；混凝土基础的钢筋数量、位置正确。检查方法：观察，检查钢筋质量保证材料，检查施工记录。

二、钢管安装

（一）施工准备

（1）钢管及其管件，必须有出厂合格证。镀锌钢管内外壁镀锌要均匀，无锈蚀，内壁无飞刺。

（2）阀门的型号规格应符合设计要求，并有出厂合格证。其外观要求表面光滑，无裂纹、气孔、砂眼等缺陷，密封面与阀体接触紧密，阀芯开关灵活，关闭严密，填料密封完好，无渗漏，手轮无损坏。

（3）消火栓、水表的品种型号规格应符合设计要求，并有相应的检测报告及出厂合格证。

（4）捻口用水泥强度等级不低于32.5级，并有合格证。

（5）管沟平直，深度、宽度符合要求，沟底夯实，沟内无障碍物。

（6）沟沿两侧1.5m范围内不得堆放施工材料和其他物品，并根据土质情况和沟槽深度按要求设置边坡等防塌方措施。

（7）管材、管件及其配件齐全，阀门强度和严密性试验应合格。

（8）标高控制点测试完毕。

（二）预制加工

（1）按施工图纸及施工草图和实际情况正确测量和计算所需管段的长度，记录在施工草图上，然后根据测定的尺寸进行管段下料和接口处理。

（2）阀门、水表等附件在安装前预先组装好再进行现场施工。

（3）钢管在安装前做好防腐处理。

（三）安装条件

（1）根据设计图纸的要求对管沟中线和高程进行测量复核，放出管道中线和标高控制线，沟底应符合安装要求。

（2）准备好吊装机具及绳索，并进行安全检查，直径大的管道应根据实际情况使用起重吊装设备。

（3）管道安装前必须对管材进行复查。

（4）将有三通、弯头、阀门等的部件预先确定其具体位置，再按承口朝来水方向逐个确定工作坑的位置，管道安装前应先将工作坑挖好。

（5）管道安装应符合下列规定：对首次采用的钢材焊接材料、焊接方法或焊接工艺，施工单位必须在施焊前按设计要求和有关规定进行焊接试验，并应根据试验结果编制焊接工艺指导书。焊工必须按规定经相关部门考试合格后持证上岗，并应根据经过评定的焊接工艺指导书施焊。沟槽内焊接时，应采取有效技术措施保证管道底部的焊缝质量。

（6）管节的材料、规格、压力等级等应符合设计要求，管节宜工厂预制，现场加工应符合下列规定：管节表面应无斑疤、裂纹、严重锈蚀等缺陷；焊缝外观质量应符合规定，焊缝无损检验合格；直焊缝卷管管节几何尺寸的允许偏差应符合规定；同一管节允许有两条纵缝，管径大于或等于600mm时，纵向焊缝的间距应大于300mm，管径小于600mm时，其间距应大于100mm；管道安装前，管节应逐根测量、编号，宜选用管径相差最小的管节对接。

（7）下管前应先检查管节的内外防腐层，合格后方可下管。

（8）管段下管时，管段的长度、吊距，应根据管径、壁厚外防腐层材料的种类及下管方法确定。

（9）弯管起弯点至接口的距离不得小于管径，且不得小于100mm。

（四）钢管安装要求

1.管道对口连接

管节组在焊接时应先修口、清根，管端端面的坡口角度、钝边、间隙，应符合设计要求，不得在对口间隙夹焊帮条或用加热法缩小间隙施焊。对口时应使内壁齐平，错口的允许偏差应为壁厚的20%，且不得大于2mm。不同壁厚的管节对口时，管壁厚度相差不宜大于3mm。不同管径的管节相连时，两管径相差大于小管管径的15%时，可用渐缩管连接。渐缩管的长度不应小于两管径差值的2倍，且不应小于200mm。

2.对口时纵、环向焊缝的位置

纵向焊缝应放在管道中心垂线上半圆的45°左右处。纵向焊缝应错开，管径小于600mm时，错开的间距不得小于100mm，管径大于或等于600mm时，错开的间距不得小于300mm。有加固环的钢管，加固环的对焊焊缝应与管节纵向焊缝错开，其间距不应小于100mm，加固环距管节的环向焊缝不应小于50mm。环向焊缝距支架净距离不应小于100mm，直管管段两相邻环向焊缝的间距不应小于200mm，且不应小于管节的外径。另外，管道任何位置不得有十字形焊缝。

3.管道上开孔

不得在干管的纵向、环向焊缝处开孔；管道上任何位置不得开方孔；不得在短节上或管件上开孔；开孔处的加固补强应符合设计要求。

4.管道焊接

（1）组合钢管固定口焊接及两管段间的闭合焊接，应在无阳光直照和气温较低时施焊；采用柔性接口代替闭合焊接时，应与设计协商确定。

（2）在寒冷或恶劣环境下焊接应符合下列规定：清除管道上的冰、雪、霜等；工作环境的风力大于5级、雪天或相对湿度大于90%时，应采取相应的保护措施；焊接时，应使焊缝可自由伸缩，并应使焊口缓慢降温；冬季焊接时，应根据环境温度进行预热处理。

（3）钢管对口检查合格后，方可进行接口定位焊接。定位焊接采用点焊时，应符合下列规定：点焊焊条应采用与接口焊接相同的焊条；点焊时，应对称施焊，其焊缝厚度应与第一层焊接厚度一致；钢管的纵向焊缝及螺旋焊缝处不得点焊。

（4）焊接方式应符合设计和焊接工艺评定的要求，管径大于800mm时，应采用双面焊。

5.管道连接

（1）直线管段不宜采用长度小于800mm的短节拼接。

（2）管道对接时，环向焊缝的检验应符合下列规定：检查前应清除焊缝的渣皮、飞溅物；应在无损检测前进行外观质量检查，并应符合有关规定；无损探伤检测方法应按设计要求选用；无损检测取样数量与质量要求应按设计要求执行；设计无要求时，压力管道的取样数量应不小于焊缝量的10%；不合格的焊缝应返修，返修次数不得超过三次。

（3）钢管采用螺纹连接时，管节的切口断面应平整，偏差不得超过一扣；丝扣应光洁，不得有毛刺、乱扣、断扣，缺扣总长不得超过丝扣全长的10%；接口坚固后宜露出2～3扣螺纹。

（4）管道采用法兰连接时，应符合下列规定：法兰应与管道保持同心，两法兰间应平行；螺栓应使用相同规格，且安装方向应一致；螺栓应对称紧固，紧固好的螺栓应露出螺母之外；与法兰接口两侧相邻的第一个至第二个刚性接口或焊接接口，待法兰螺栓紧固后方可施工；法兰接口埋入土中时，应采取防腐措施。

（五）管道试压

（1）水压试验前应将管道进行加固。干线始末端用千斤顶固定，管道弯头及三通处用水泥支墩或方木支撑固定。

（2）当采用水泥接口时，管道在试压前用清水浸泡24h，以增强接口强度。

（3）管道注满水时，排出管道内的空气，注满后关闭排气阀，进行水压试验。

（4）试验压力为工作压力的1.5倍，但不得小于0.6MPa。

（5）用试压泵缓慢升压，在试验压力下10min内压力降不应大于0.05MPa，然后降至工作压力进行检查，压力应保持不变，检查管道及接口不渗不漏为合格。

（六）管道冲洗、消毒

（1）冲洗水的排放管应接入可靠的排水井或排水沟，并保持通畅和安全。排放管截面不应小于被冲洗管截面的60%。

（2）管道应以不小于1.5m/s流速的水进行冲洗。

（3）管道冲洗应以出口水色和透明度与入口的一致为合格。

（4）生活饮用水管道冲洗后用消毒液灌满管道，对管道进行消毒，消毒水在管道内滞留24h后排放。管道消毒后，水质须经水质部门检验合格后方可投入使用。

（七）质量验收标准

1.主控项目

（1）管节及管件、焊接材料等检查方法：检查产品质量保证资料；检查成品管进场验收记录；检查现场制作管的加工记录。

（2）接口焊缝坡口检查方法：逐口检查；用量规量测；检查坡口记录。

（3）焊口错边，焊口无十字形焊缝。检查方法：逐口检查；用长300mm的直尺在接口内壁周围顺序贴靠测量错边量。

（4）焊口焊接检查方法：逐口观察；按设计要求进行抽检；检查焊缝质量检测报告。

（5）法兰接口的法兰应与管道同心，螺栓自由穿入，高强度螺栓的终拧扭矩应符合设计要求和有关标准的规定。检查方法：逐口检查；用扭矩扳手等检查；检查螺栓拧紧记录。

2.一般项目

（1）接口组对时，纵、环缝检查方法：逐口检查；检查组对检验记录；用钢尺测量。

（2）管节组对前，坡口及内外侧焊接影响范围内表面应无油、漆、垢、锈、毛刺等污物。检查方法：观察；检查管道组对检验记录。

（3）不同壁厚的管节对接检查方法：逐口检查；用焊缝量规、钢尺测量；检查管道组对检验记录。

（4）焊缝层次有明确规定时，焊接层数、每层厚度及层间温度应符合焊接作业指导书的规定，且层间焊缝质量均应合格。检查方法：逐个检查；对照设计文件、焊接作业指导书检查每层焊缝检验记录。

（5）法兰中轴线与管道中轴线的允许偏差应符合：直径小于或等于300mm时，允许偏差小于或等于1mm；直径大于300mm时，允许偏差小于或等于2mm。检查方法：逐个接口检查；用钢尺、角尺等测量。

连接的法兰之间应保持平行，其允许偏差不大于法兰外径的1.5%，且不大于2mm；螺孔中心允许偏差应为孔径的5%。检查方法：逐口检查；用钢尺、塞尺等测量。

三、球墨铸铁管安装

（一）施工准备

（1）认真熟悉图纸，掌握管道分析情况，深化设计意图。

（2）根据地下原有构筑物、管线和设计图纸实际情况，充分研究分析，合理布局。

遵守的原则包括小管让大管，有压管让无压管，新建管让原有管，临时管让永久管，可弯管让不能弯管；充分考虑现行国家规范规定的各种管线间距要求；充分考虑现有建筑物、构筑物进出口管线的坐标、标高；确定堆土、堆料、运料、下管的区间或位置；组织人员、机械设备、材料进场。

（3）做好管膛、管口清理和管道预制工作。

（4）施工现场水源、电源已接通，道路已平整。

（5）临建设施已具备，能满足施工需要。

（6）施工现场障碍物已排除。

（7）确保各设备处于正常状态。

（8）管材、管件及其配件齐全。

（9）标高控制点等各种基线测放完毕。

（二）球形铸铁管安装

（1）管节及管件的规格、尺寸公差、性能应符合国家有关标准规定和设计要求，进入施工现场时其外观质量应符合下列规定：管节及管件表面不得有裂纹，不得有妨碍使用的凹凸不平的缺陷；采用橡胶圈柔性接口的球墨铸铁管，承口的内工作面和接口的外工作面应光滑、轮廓清晰，不得有影响接口密封性的缺陷。

（2）管节及管件下沟槽前，应清除承口内部的油污、飞刺、铸砂及凹凸不平的铸瘤；柔性接口铸铁管及管件承口的内工作面、插口的外工作面应修整光滑，不得有沟槽、凸脊缺陷；有裂纹的管节及管件不得使用。

（3）沿直线安装管道时，宜选用管径公差组合最小的管节组对连接，确保接口的环向间隙均匀。

（4）采用滑入式或机械式柔性接口时，橡胶圈的质量、性能、细部尺寸，应符合国家有关球墨铸铁管及管件标准的规定。

（5）橡胶圈安装经检验合格后，方可进行管道安装。

（6）安装滑入式橡胶圈接口时，推入深度应达到标记环，并复查与其相邻已安好的第一个至第二个接口推入深度。

（7）安装机械式柔性接口时，应使插口与承口法兰压盖的轴线相重合；螺栓安装方向应一致，用扭矩扳手均匀、对称地紧固。

（三）灌水试验

（1）管道及检查井外观质量已验收合格，管道未回填土且沟槽内无积水；全部预留孔应封堵，不得渗水。

（2）管道两端封堵，预留进出水管和排气管。

（3）按排水检查井分段试验，试验水头应以试验段上游管顶加1m，时间不少于30min，管道无渗漏为合格。

（四）管沟回填

（1）管道经过验收合格后，管沟方可进行回填土。

（2）在管沟回填土时，以两侧对称下土，水平方向均匀地摊铺，用木夯捣实。管道两侧直到管顶0.5m以内的回填土必须分层人工夯实，回填土分层厚度200～300mm，同时防止管道中心线位移及管口受到震动松动；管顶0.5m以上可采用机械分层夯实，回填土分层厚度250～400mm；各部位回填土密度应符合设计和有关规范的规定。

（3）沟槽若有支撑，随同回填土逐步拆除，横撑板的沟槽应先拆撑后填土，自下而上拆卸支撑；若用支撑板或板桩时，可在回填土过半时再拔出，拔出后立刻灌砂充实。如拆除支撑不安全，可以保留支撑。

（4）沟槽内有积水必须排除后方可回填。

（五）质量验收标准

1.主控项目

（1）管节及管件的产品质量检查方法：检查产品质量保证资料；检查成品管进场验收记录。

（2）承插接口连接时，两管节中轴线应保持同心，承口、插口部位无破损变形、开裂；插口推入深度应符合要求。检查方法：逐个观察；检查施工记录。

（3）法兰接口连接时，插口与承口法兰压盖的纵向轴线一致，连接螺栓终拧扭矩应符合设计或产品使用说明要求；接口连接后，连接部位及连接件应无变形、破损。检查方法：逐个接口检查；用扭矩扳手检查；检查螺栓拧紧记录。

（4）橡胶圈安装位置应准确，不得扭曲、外露；沿圆周各点应与承口端面等距，其允许偏差为±3mm。检查方法：观察；用探尺检查；检查施工记录。

2.一般项目

（1）连接后管节间平顺，接口无突起、突弯、轴向位移现象。检查方法：观察；检查施工测量记录。

（2）接口的环向间隙应均匀，承接口间的纵向间隙不应小于3mm。检查方法：观察；用塞尺、钢尺检查。

（3）法兰接口的压兰、螺栓和螺母等连接件应规格型号一致，采用钢制螺栓和螺母时，防腐处理应符合设计要求。检查方法：逐个接口检查；检查螺栓和螺母质量合格证明书、性能检验报告。

（4）管道沿曲线检查方法：用直尺测量曲线段接口。

四、钢筋与预应力钢筋混凝土管道安装

（一）施工准备

（1）校核中线，定施工控制桩；在引测水准点时，校测原有管道出入口与本管线交叉管线的高程。

（2）放沟槽开挖线：根据设计要求的埋深、土层情况、管径大小等计算出开槽宽度、深度，在地面上定出沟槽上口边线位置，作为开槽的依据。

（3）在开槽前后应设置控制管道中心线、高程和坡度的坡度板，一般均跨槽埋设。当槽深在2.5m之内时，应于开槽前在槽上口每隔10～15m埋设一块。

（4）坡度板埋设要牢固，其顶面要保持水平。坡度板埋好后，应将管道中线投测到坡度板上。

（5）为了控制管道的埋设，在已钉好的坡度板上测设坡度钉，使各坡度钉的连接平行于管道设计坡度线，利用下反数来控制管道坡度和高程。

（6）钉好坡度钉后，立尺于坡度钉上，检查实读前视与应读前视是否一致，误差在±2mm之内。

（7）为防止观测或计算中的错误，每测一段后应复合到另一个水准点上进行校核。

（8）管沟沿线中各种地下、地上障碍物和构筑物已拆除或改移。

（9）沟沿两侧1.5m范围内不得堆放施工材料和其他物品，并根据土质情况，按要求留出一定的坡度等防塌方措施。

（10）管材、管件及其配件齐全。

（11）标高控制点等各种基线测放完毕。

（二）沟槽开挖

（1）槽底开挖宽度等于管道结构基础宽度加两侧工作面宽度，每侧工作面宽度应不小于300mm。

（2）用机械开槽或开挖沟槽后，当天不能进行下一道工序作业，沟底应留出200mm左右一层土不挖，待下道工序开始前用人工清挖。

（3）沟槽土方应堆在沟的一侧，便于下道工序作业。

（4）堆土底边与沟边应保持一定的距离，不得小于1m，高度应小于1.5m。

（5）堆土时严禁掩埋消火栓、地面井盖及雨水口，不得掩埋测量标志及道路附属构

筑物等。

（6）当设计无规定时，沟边坡的大小与土质和沟深有关。

（7）人工挖槽深度宜为2m左右。

（8）人工开挖多层槽的层间留出的宽度应不小于500mm。

（9）槽底高程的允许偏差不得超过下列规定：基础的重力流管道沟槽，允许偏差为±10mm；非重力流无管道基础的沟槽，允许偏差为±20mm。

（三）管道安装

1.基底钎探

（1）基槽（坑）挖好后，应将槽清底检查，并进行钎探。如遇松软土层、杂土层等深于槽底标高时，应予以加深处理。

（2）打钎可用人工打钎，直径25mm，钎头为60°，尖锤状，长为20m。打钎用的10kg穿心锤，举锤高度为500mm。打钎时，每贯入300mm，记录锤击数一次，并填入规定的表格中。一般分五步打，钢钎上留500mm。钎探点的记录编号应与注有轴线尺寸和编号顺序的钎探点平面布置图相符。

（3）钎探后钎孔要进行灌砂，并将不同强度等级的土在记录上用色笔或符号分开；在平面布置图上应注明特硬和较软的点的位置，以便分析处理。

2.地基处理

（1）地基处理应按设计规定进行；施工中遇有与设计不符的松软地基及杂土层等情况，应会同设计协商解决。

（2）挖槽应控制槽底高程，槽底局部超挖宜按以下方法处理：含水量接近最佳含水量的疏干槽超挖深度小于或等于150mm时，可用含水量接近最佳含水量的挖槽原土回填夯实，其压实度不应低于原天然地基上的密实度，或用石灰土处理，其压实度不应低于95%；槽底有地下水或地基土壤含水量较大，不利于压实时，可用天然级配砂石回填夯实。

（3）排水不良造成地基土壤扰动，可按以下方法处理：扰动深度在100mm以内，可换天然级配砂石或沙砾石处理；扰动深度在300mm以内，但下部坚硬时，可换大卵石或填块石，并用砾石填充空隙和找平表面。填块石时应由一端顺序进行，大面向下，块与块相互挤紧。

（4）设计要求采用换土方案时，应按要求清槽，并经检查合格，方可进行换土回填。回填材料、操作方法及质量要求，应符合设计规定。

3.钢筋混凝土管接口连接

（1）管节的规格、性能、外观质量及尺寸公差应符合国家有关标准的规定。

（2）管节安装前应进行外观检查，发现裂缝、保护层脱落、空鼓、接口掉角等缺陷，应修补并经鉴定合格后方可使用。

（3）管节安装前应将管内外清扫干净，安装时应使管道中心及内底高程符合设计要求，稳管时必须采取措施防止管道发生滚动。

（4）采用混凝土基础时，管道中心、高程复验合格后，应按有关规定及时浇筑管座混凝土。

（5）柔性接口形式应符合设计要求，橡胶圈应符合下列规定：材质应符合相关规范的规定；应由管材厂配套供应；外观应光滑平整，不得有裂缝、破损、气孔、重皮等缺陷；每个橡胶圈的接头不得超过两个。

（6）柔性接口的钢筋混凝土管、预（自）应力混凝土管安装前，承口内工作面、插口外工作面应清洗干净；套在插口上的橡胶圈应平直，无扭曲，应正确就位；橡胶圈表面和承口工作面应涂刷无腐蚀性的润滑剂；安装后放松外力，管节回弹不得大于10mm，且橡胶圈应在承口、插口工作面上。

（7）刚性接口的钢筋混凝土管道施工应符合下列规定：抹带前应将管口的外壁凿毛，洗净；钢丝网端头应在浇筑混凝土管座时插入混凝土内，在混凝土初凝前，分层抹压钢丝网，水泥砂浆抹带；抹带完成后应立即用吸水性强的材料覆盖，3～4h后洒水养护；应清楚水泥砂浆填缝及抹带接口作业时落入管道内的接口材料；管径大于或等于700mm时，应采用水泥砂浆将管道内接口部位抹平、压光；管径小于700mm时，填缝后应立即拖平。

（8）钢筋混凝土管沿直线安装时，管口间的纵向间隙应符合设计及产品标准要求；预（自）应力混凝土管沿曲线安装时，管口间的纵向间隙最小处不得小于5mm。

（9）预（自）应力混凝土管不得截断使用。

（10）井室内暂时不接支线的预留管（孔）应封堵。

（11）预（自）应力混凝土管道采用金属管件连接时，管件应进行防腐处理。

（四）质量验收标准

1.主控项目

（1）管及管件、橡胶圈的产品质量检查方法：检查产品质量保证资料；检查成品管进场验收记录。

（2）柔性接口的橡胶圈位置应正确，无扭曲、外露现象；承口、插口无破损、开裂；双道橡胶圈的单口水压试验合格。检查方法：观察；用探尺检查；检查单口水压试验记录。

（3）刚性接口的强度符合设计要求，不得有开裂、空鼓、脱落现象。检查方法：观察；检查水泥砂浆、混凝土试块的抗压强度试验报告。

2.一般项目

（1）柔性接口的安装位置正确。检查方法：逐个检查；用钢尺测量；检查施工记录。

（2）刚性接口的宽度、厚度符合设计要求；其相邻管接口错口允许偏差；Di小于700mm时，应在施工中自检；Di大于700mm，小于或等于1000mm时，应不大于3mm；Di大于1000mm时，应不大于5mm。检查方法：两井之间取3点，用钢尺、塞尺测量；检查施工记录。

（3）管道沿曲线检查方法：用直尺测量曲线段接口。

（4）管道接口的填缝应符合设计要求，密实、光洁、平整。检查方法：观察；检查填缝材料质量保证资料、配合比记录。

第三节 给水管道工程的竣工验收

一、给排水管道工程验收

工程验收制度是检验工程质量必不可少的一道程序，也是保证工程质量的一项重要措施。如质量不符合规定时，可在验收中发现并处理，避免影响使用和增加维修费用。因此，必须严格执行工序验收制度。

给排水管道工程验收分为中间验收和竣工验收。中间验收主要是验收埋在地下的隐蔽工程，凡是在竣工验收前被隐蔽的工程项目，都必须进行中间验收，验收合格后，方可进行下一道工序。当隐蔽工程全部验收合格后，方可回填沟槽。竣工验收就是全面检验给水排水管道工程是否符合工程质量标准，不仅要查出工程的质量结果，更重要的是还应该找出产生质量问题的原因，对不符合质量标准的工程项目必须经过整修，甚至返工，再经验收达到质量标准后，方可投入使用。

给排水管道工程竣工验收以后，建设单位应按规范规定的文件和资料进行整理、分类、立卷归档。这对工程投入使用后维修管理、扩建、改建以及对标准规范修编工作等有重要作用。

二、给水管道工程质量检查

（一）质检的目的与依据

把好给水管道工程的质量关，是给排水系统正常运行的前提。一项工程从审批、设计到施工等都应符合国家有关标准、给排水专业规范以及主管部门的相关规定及要求。质检的目的在于控制给水管道工程的施工质量，保证给水管道系统安全运行，减少维修工作量，并为城市规划建设提供准确的第一手资料。

质检依据现行国家有关标准、给排水专业规范、主管部门的相关规定及要求进行。国家标准是国家法规，必须严格遵照执行；专业规范是对设计、施工等提出的常规做法及要求，通常情况下应遵照执行；主管部门依据国家标准及专业规范，结合当地的实际情况，制定了一系列的规章制度，也应遵照执行。

（二）质检的程序及内容

1.审查设计

根据规划及设计方案制定人员的审批内容，审查设计管道的位置、管径、长度及管道附件的数量、口径等；审查设计是否符合国家标准、专业规范及主管部门的规定。对给水管网设计方案的几点特殊要求是：为了减少维修工作量，应避免在同一条规划道路的一侧或一条胡同内同时存在两条可接用户的配水管道，要求在设计新管道时对现状管道的连通、撤除作出设计，解决现状管网的不合理之处，为今后的管理创造良好条件，特别注意设计管道有无穿越房屋或院落的情况，如有，应落实拆迁或调整管道位置；审查管道附件的设置是否合理，包括消火栓、闸门、排气门、测流井和排泥井；管道在立交桥下或其他不能开挖修理的路面下埋设时要考虑做全通或单通行管沟，以便维修；室外管道与建筑物距离一般为距楼房3m以外、距平房1.5m以外，对于公称直径为400mm及400mm以上的大管道，应距建筑物5m以外。

2.参加设计交底

（1）听取设计人员说明设计依据的原则以及内容；听取施工单位的疑难问题；对于审查设计中发现的问题明确提出要求和改进意见。

（2）对使用的管材、管件和管道设备的型号、生产厂家以及防腐材料的选择等提出要求；及时将审查设计中发现的问题通知设计和施工单位；对于较大问题，在与设计和施工单位统一意见后，要通过设计变更或洽商的方式给予解决。

（三）验收过程

1.验槽

测量定线的工程，按规划批准的位置和控制高程开槽；非测量定线的工程，按设计位置和高程开槽。例如，用机械挖槽不应扰乱或破坏沟底土壤结构。管道如安装在回填土等土质不好的地方要采取相应措施，以保证不会因基础下沉或土质腐蚀使管道受到影响。

2.验管

下管之前需检查球墨铸铁管或普通铸铁管的规格、生产厂家、外观及防腐等；检查非金属管道的规格、生产厂家外观等；检查钢管的钢号、直径、壁厚及防腐等。下管时用软带吊装以防破坏管道外防腐，且承插口管道注意大口朝来水方向。下管后检查球墨铸铁管及普通铸铁管的接口质量；铸铁管的弯头、三通处要砌后背或支墩；钢管要检查焊口质量、接口的防腐处理，施工当中破坏的防腐层要重新防腐。检查外防腐时可以使用电火花仪，检查焊口时可以用X射线检测仪。

3.竣工验收

在以上各项验收的基础上，要对工程进行竣工验收。竣工验收合格后，可以正式通水。竣工验收包括各种井室（闸门井、消火栓井、测压测流井及水表井）的砌筑是否符合要求；设备安装是否合格；管道埋深是否符合要求；管道有无被圈、压、埋、占的地方。

三、管道冲洗和消毒

（一）管道冲洗

各种管道在投入使用前，必须进行清洗，以清除管道内的焊渣等杂物。一般管道在压力试验（强度试验）合格后进行清洗。对于管道内杂物较多的管道系统，可在压力试验前进行清洗。

清洗前，应将管道系统内的流量孔板、滤网、温度计、调节阀阀芯、止回阀阀芯等拆除，待清洗合格后再重新装上；冲洗时，以系统内可能达到的最大压力和流量进行，直到出口处的水色和透明度与入口处目测一致。

给水管道水冲洗工序，是竣工验收前的一项重要工作，冲洗前必须认真拟定冲洗方案，做好冲洗设计，以保证冲洗工作顺利进行。

1.一般程序

设计冲洗方案→贯彻冲洗方案→冲洗前检查→开闸冲洗→检查冲洗现场→目测合格→关闸→出水水质化验。

2.基本规定

管道冲洗时的流速不小于1m/s；冲洗应连续进行，当排出口的水色、透明度与入口处目测一致时即可取水化验；排水管截面积不应小于被冲洗管道截面积的60%；冲洗应安排在用水量较小、水压偏高的夜间进行。

3.设计要点

（1）冲洗水的水源。管道冲洗要耗用大量的水，水源必须充足。一种方法是被冲洗的管线可直接与新水源厂（水源地）的预留管道连通，开泵冲洗；另一种方法是用临时管道接通现有供水管网的管道进行冲洗。必须选好接管位置，设计好临时来水管线。

（2）放水口。放水路线不得影响交通及附近建筑物（构筑物）的安全，并与有关单位取得联系，以确保放水安全、畅通。在安装放水管时，与被冲洗管的连接应严密、牢固，管上应装有阀门、排气管和放水取样龙头，放水管的弯头处必须进行临时加固，以确保安全工作。

（3）排水路线。由于冲洗水量大并且较集中，必须选好排放地点，若排至河道和下水道要考虑其承受能力能否正常泄水。临时放水口的截面不得小于被冲洗管截面的1/2。

（4）人员组织。设专人指挥，严格实行冲洗方案；派专人巡视，专人负责阀门的开启、关闭，并和有关协作单位密切配合联系。

（5）制定安全措施。放水口处应设置围栏，由专人看管，夜间设照明灯具等。

（6）通信联络。配备通信设备，确定联络方式，做到了解冲洗全线情况，指挥得当。

（7）拆除冲洗设备。冲洗消毒完毕，及时拆除临时设施，检查现场，恢复原有设施。

4.放水冲洗注意事项

（1）准备工作。放水冲洗前应与管理单位联系，共同商定放水时间、用水量及取水化验时间等。管道第一次冲洗应用清洁水冲洗到出水口水样浊度小于3NTU为止。宜安排在城市用水量较小、管网水压偏高的时间内进行。放水口应有明显标志和栏杆，夜间应加标志灯等安全措施。放水前，应仔细检查放水路线，确保安全、畅通。

（2）放水冲洗。放水时，应先开出水阀门，再开来水阀门。注意冲洗管段，特别是出水口的工作情况，做好排气工作，并派人监护放水路线，有问题及时处理。另外，支管线也应放水冲洗。

（3）检查。检查沿线有无异常声响、冒水和设备故障等现象，检查放水口水质外观。

（4）关水。放水后应尽量使来水阀门、出水阀门同时关闭，如果做不到，可先关出水阀门，但留一两扣先不关死，等来水阀门关闭后，再将出水阀门全部关闭。

（5）取水样化验。冲洗生活饮用水给水管道，放水完毕，管内应存水24h以上再化验。由管理单位进行取水样操作。

（二）管道消毒

生活饮用水的给水管道在放水冲洗后，再用清水浸泡24h，取出管道内水样进行细菌检查。如水质化验达不到要求标准，应将漂白粉溶液注入管道内浸泡消毒，然后再冲洗，经水质部门检验合格后交付验收。化验水质应符合国家《生活饮用水卫生标准》要求。

消毒对硬聚氯乙烯给水管道特别重要，除了冲洗要使管道内的杂物冲出，消毒要杀死管道内的细菌外，还要降低氯乙烯单体（VCM）的含量。经过几天的浸泡，氯乙烯大部分随冲洗水或消毒水排掉，使氯乙烯的浓度降低，保证饮用水安全。

参考文献

[1] 刘娟．基于绿色交通理念的生态城市规划设计[J]．今日财富，2021（4）：203–204．

[2] 黄齐名．城市规划设计中的健康生态城市规划探索[J]．城市建筑，2020，17（24）：32–33．

[3] 张勇．城市规划设计如何适应城市发展的思考[J]．建材与装饰，2021，17（28）：71–72．

[4] 罗立红．探析城市规划设计如何适应城市发展[J]．城市建筑，2020（11）：40–41．

[5] 刘晓畅.改革开放40年来中国城乡规划研究领域演进[J].城市发展研究，2021（1）：6–12.

[6] 叶丹，蒋希冀，俞屹东.近二十年我国城乡规划领域的山地城镇研究热点与演进[J].小城镇建设，2021（1）：16–23.

[7] 庄煜钿，侯君捷，曹展翡.论城乡规划的空间正义[J].中国建筑装饰装修，2021（1）：51–53.

[8] 刘勇，冯小杰.城乡规划专业集中性实习实践教学改革探索：以西安工业大学为例[J].创新创业理论研究与实践，2021（1）：23–25.

[9] 石楠.城乡规划学学科研究与规划知识体系[J].城市规划，2021（2）：9–22.

[10] 孙施文.我国城乡规划学科未来发展方向研究[J].城市规划，2021（2）：23–35.

[11] 唐燕.我国城市更新制度建设的关键维度与策略解析[J].国际城市规划，2022，37（1）：1–8.

[12] 江嘉宇.城市治理与城市更新同行[J].城市开发，2022（1）：41–43.

[13] 杜雁，胡双梅，王崇烈，等.城市更新规划的统筹与协调[J].城市规划，2022，46（3）：15–21.

[14] 李锦生，石晓冬，阳建强，等.城市更新策略与实施工具[J].城市规划，2022，46（3）：22–28.

[15] 姜凯凯，孙洁.城市更新地方法规文件的内容框架、关键问题与政策建议：基于21个样本城市的分析[J].城市发展研究，2022，29（2）：72–78.

[16] 杨唯嘉.基于城市更新理念下的风景园林设计研究[J].居舍，2022（33）：131–134.

[17] 朱祥明.城市更新背景下的风景园林设计思考与实践[J].上海建设科技，2022（4）：1–4.

[18] 袁牧，梁斯佳.城市更新背景下风景园林专业的协同与应对[J].风景园林，2021，28（9）：47–51.

[19] 张伟.给排水管道工程设计与施工[M].郑州：黄河水利出版社，2020.04.

[20] 许彦，王宏伟，朱红莲.市政规划与给排水工程[M].长春：吉林科学技术出版社，2020.

[21] 饶鑫，赵云.市政给排水管道工程[M].上海：上海交通大学出版社，2019.

[22] 陈春光.城市给水排水工程[M].成都：西南交通大学出版社，2017.

[23] 伍培，李仕友.建筑给排水与消防工程[M].武汉：华中科技大学出版社，2017.

[24] 赵金辉.给排水科学与工程实验技术[M].南京：东南大学出版社，2017.

[25] 杨顺生，黄芸.城市给水排水新技术与市政工程生态核算[M].成都：西南交通大学出版社，2017.